Docker+ Kubernetes
应用开发与快速上云

李文强 编著

机械工业出版社
China Machine Press

图书在版编目（CIP）数据

Docker+ Kubernetes应用开发与快速上云 / 李文强编著.—北京：机械工业出版社，2020.1

ISBN 978-7-111-64301-2

Ⅰ．①D… Ⅱ．①李… Ⅲ．①Linux操作系统–程序设计 Ⅳ．①TP316.85

中国版本图书馆CIP数据核字（2019）第269909号

　　Docker 是目前流行的容器技术，Kubernetes（简称 k8s）则是目前流行的容器编排平台，本书主要围绕 Docker 和 k8s 进行讲解。

　　本书一共分为 11 章。前 7 章主要讲解 Docker 相关内容，从发展简史到基础概念，从市场趋势、应用场景到各环境的安装，从基础操作命令到 Docker 应用持续开发的工作流程，从主流的编程语言实践到数据库容器化。第 8~10 章主要讲解 Kubernetes 的相关内容，从主体架构、核心概念到开发、生产环境搭建以及集群故障处理，从应用部署、伸缩、回滚到应用访问，从云端理念到将应用部署到容器云服务。第 11 章主要讲解容器化之后的 DevOps 实践，从 DevOps 的理念到 CI/CD 的流程和实践，最后述如何使用 Azure DevOps、Tencent Hub 以及自建的 TeamCity 来完成 CI/CD，并附有相关参考流程。

　　本书兼具基础知识、理念、实战和工作流程的讲解，既可以作为初学者学习和实践的参考书，也可以作为实际工作中技术人员学习和使用的参考书。

Docker+ Kubernetes 应用开发与快速上云

出版发行：机械工业出版社（北京市西城区百万庄大街 22 号　邮政编码：100037）

责任编辑：夏非彼　迟振春　　　　　　　　责任校对：闫秀华
印　　刷：中国电影出版社印刷厂　　　　　版　　次：2020 年 4 月第 1 版第 1 次印刷
开　　本：188mm×260mm　1/16　　　　　印　　张：24.25
书　　号：ISBN 978-7-111-64301-2　　　　定　　价：79.00 元

客服电话：(010) 88361066　88379833　68326294　　　投稿热线：（010）88379604
华章网站：www.hzbook.com　　　　　　　　　　　　　读者信箱：hzit@hzbook.com

本书法律顾问：北京大成律师事务所　韩光/邹晓东

前　言

作为互联网大军中的一员，我经常会思考：如何避免"996"和"ICU"？如何更好地解决软件的交付速度和质量的问题？毕竟过度的加班不仅伤身劳神，结果还不太理想——Bug 和问题往往与加班时间成正比，修复问题的时间可能远远大于开发功能的时间。

针对这个问题，我们要一分为二地去看：一方面，我们需要明确自己的远近目标，确保正确的方向以及有效的工作；另一方面，团队需要不断地接受适合自身的先进理念、思维以及工作方式、团队文化、技术和工具，以提高交付速度，并且保障软件交付质量。

关于适合自身的先进理念、思维和工作方式、团队文化、技术和工具，时下流行的有很多，最热门的理念莫过于 DevOps。它其实并不是新创造出来的，而是软件工程的过程和方法论变化、进化和升级的必然结果（可以参见本书的第 11 章）。做好了 DevOps 实践，团队必然可以更快、更可靠地交付软件，提高客户的满意度。但是，做好 DevOps 实践不但对团队文化有很高的要求，而且对相关工具、技术、部署环境等也有很高的要求，这对于大部分团队来说是一个极大的挑战——既没有精力，也没有实力。

抛开团队文化等，有没有更易于落地的配合 DevOps 的解决方案呢？有，那就是以 Docker 为代表的容器技术作为基础保障、以 Kubernetes（简称 k8s）为代表的容器编排技术作为支撑的解决方案！它们"出世"并不算早，Docker 诞生于 2013 年，k8s v1 发布于 2015 年，公开面世虽只有短短几年，它们却已经成为相关领域的事实标准。它们的出现是历史的必然，并不能算是新的技术和理念，而是容器技术和容器编排技术演进的创新结果，也是一代又一代互联网人追求高效生产活动的解决方案、思想、工具和愿景。

Docker+k8s 短短几年就脱颖而出，除了更易配合 DevOps 落地之外，还有众多原因（比如 Docker 更轻、更快、开源、隔离应用，以及 k8s 便携、可扩展、自动修复等），但是其中很重要的一个原因是，在虚拟机时代那些无法解决或者说很难解决的问题以及那些积压已久的需求（比如分布式系统的部署和运维，物联网边缘计算的快速开发、测试、部署和运维，大规模的云计算，等等）在 Docker+k8s 的组合下找到了突破口，并且极大地促进了云计算的发展。尤其是 k8s，更是代表了云原生应用平台的未来——它借助 Docker 和微服务架构的发展迅速崛起，高举着云原生应用的设计法则，硬生生地打败了所有的对手，赢得了一片更广阔的天地和更璀璨的未来（在原有的云计算基础设施上抽象出了云原生平台基础设施，形成了一个高度自治的自动化系统平台）。

开发者普遍将 Docker+k8s 应用于敏捷开发、DevOps 实践、混合云和微服务架构。同时，主流的互联网公司都将应用托管到了应用容器上，比如谷歌、微软、亚马逊、腾讯、阿里、京东、美团和新浪。主流的云厂商均提供了容器服务，并且为之打造了极其强大和丰富的生态。其中许多云

Docker+Kubernetes 应用开发与快速上云

厂商还推出了无服务器计算容器实例产品，这意味着容器能够在无服务器计算的基础设施上运行。比如在某些机器学习的场合，用户可以在无服务器计算的基础设施上几秒内启动成千上万个容器，然后挂载共享存储的数据或图像进行处理。当批量处理完成后，容器自动销毁，用户仅需按量付费。

现在的技术发展很快，Docker 和 k8s 的技术点、命令行、接口参数说明以官网为主、本书为辅。一方面，官网的内容往往是最新、最及时的；另一方面，本书更多的是指导大家快速进入相关的实践，分享相关的思维、理念和技巧，并且指导大家将容器应用托管到自建或者云端的 k8s 集群以及云厂商提供的容器云服务。

为什么要编写本书

促使我编写本书的原因主要有：

- 大家对 Docker+k8s 的认知程度还比较低，缺乏宏观的认知。
- 大家普遍认为 Docker+k8s 只是一种单纯的相对先进的技术，不能够很好地理解其优势和趋势，认为其并不能给现有的开发运维体系带来什么改变。而许多同类书籍往往只是介绍了一些技术点和细节，并没有让大家从宏观角度、发展趋势去认知 Docker+k8s，也没有很好的体系去指导实践和生产。
- 对于想更好地学习相关知识的开发者，缺少系统的教程以及完整的工作流程的实践案例，不能提供很好的技术引导。这使得普通开发者普遍认为使用 Docker+k8s 很麻烦，改造成本过大，只有大公司才能用，门槛很高。
- 云端容器服务产品的用户体验不够友好，对于初学者门槛太高（指的是消化这些概念和理念，并且能够掌握和可控）；同时，各家云端的容器产品都进行过包装，体验各不相同，和原生的体验也不同。

内容介绍

本书共分为 11 章。

第 1 章，主要介绍 Docker 以及容器技术的发展简史，并且对比 Docker 和虚拟机，最后讲述 Docker 的 3 个基本概念和版本区别，为后续进一步讲解 Docker 做铺垫。

第 2 章，主要介绍 Docker 的市场趋势和主要应用场景。

第 3 章，主要讲解各个环境（Windows 10、Ubuntu、CentOS、树莓派）下的 Docker 安装过程，以及如何使用树莓派搭建个人网盘。

第 4 章，主要结合实践示例讲解 Docker 的一些镜像操作命令和容器操作命令，以及相关参数，最后介绍如何使用 Kitematic 来管理 Docker 容器。

第 5 章，主要围绕 Docker 应用开发的持续工作流程进行讲解，在开发、测试、部署整个过程中穿插 Dockerfile、Docker Compose 等知识、编写准则和要求。最后侧重介绍 Visual Studio（VS）和 Visual Code 对 Docker 的支持，尤其是如何利用 VS 一键生成 Dockerfile。

第 6 章，主要讲解如何使用主流的编程语言（例如.NET Core、Java、Go、Python、PHP、Node.js）进行 Docker 应用开发，如何选择合适的官方镜像，如何查看 Docker 应用的日志以及资源使用情况等。针对各大编程语言，笔者均精心准备了一些案例，比如使用.NET Core 开发云原生应用，使用 Python 编写博客爬虫，使用 PHP 搭建个人博客站点等。

第 7 章，主要讲述主流的数据库容器化并且侧重讲解容器化之后如何持久保存数据。同时，针对 SQL Server、MySQL、Redis、MongoDB 等主流数据库，从官方镜像开始，结合使用场景、相关的使用和实践以及管理进行讲解。

第 8 章，主要讲述 Kubernetes 的主体架构、核心概念、集群搭建和故障处理。

第 9 章，从 k8s 应用部署开始，主要讲述其部署流程以及简单的部署示例，然后结合实践讲解应用伸缩（包括自动伸缩）和回滚的相关命令与语法。接下来通过实例讲解如何通过 Service、Ingress 在集群内外部访问 k8s 应用。最后讲述使用 Helm 简化 k8s 应用的部署。

第 10 章，从云计算的基础理念开始，讲述上云的问题，并且得出为什么 Docker+k8s 的组合是上云的不二选择。然后针对国内外主流的云计算提供的容器服务进行说明和讲解，对比自建和托管的成本。接下来给出一个一般服务的部署流程。最后讲解容器上云之后节约成本的一些技巧、方式以及问题处理。

第 11 章，主要讲述容器化之后的 DevOps 实践。从"什么是 DevOps""为什么需要 DevOps"开始，讲述 Docker 与持续集成和持续部署，以及参考流程，包括 Git 代码分支流。最后讲述使用 Azure DevOps、Tencent Hub 以及 TeamCity 来完成 CI/CD，并附有相关流程。

下载资源

本书的脚本和代码可以从 GitHub（https://github.com/xin-lai/docker-k8s）下载。如果下载有问题，请发送电子邮件至 booksaga@126.com，邮件主题为"求 Docker+Kubernetes 应用开发与快速上云下载资源"。

读者群体

- 开发工程师
- 运维工程师
- 架构师
- 测试工程师
- 技术经理
- 学生
- 其他对容器以及容器编排感兴趣的人

致　谢

写书的过程还是比较漫长的，从策划到成稿，整个过程涉及很多的环节和细节，而且因为个人时间有限导致进度多次受阻，也犯了很多低级错误。最开始对笔记梳理和整合，然后形成知识体系，这其中的难度比预想的大了许多，如书中的技术术语是否得当、举例和比喻是否恰当等。在本书的结构和内容的考量上，我和策划编辑也反复进行了讨论。在工作忙碌之余，坚持写技术博客，同时又花费不少时间来编排图书内容，着实是一件很辛苦的事情，但我还是坚持了下来，想到读者能够在我的一些案例中得到启示和帮助，实在是一件很让人欣喜的事情。

当然书的内容质量离不开朋友们的支持，感谢李文斌、张善友、邹锭、孙夏、周尹、代瓒、张极贵对于部分书稿的审阅，他们是奋斗在一线的容器专家或者技术管理者，在工作中积累了大量的实践经验，对本书提出了很多宝贵的建议；感谢长沙互联网技术社区和腾讯云对于本书的支持；感谢心莱科技的同事们在我写作期间给予的支持和理解。

完成本书也离不开家庭的大力支持，感谢妻子阳帅给予支持和理解，为此她承担了更多家庭事务；感谢父母默默地支持我的想法，虽然他们看不懂我写的内容，但是总是会询问写书的进度。

由于本人知识水平有限，书中难免存在一些不妥之处，敬请大家批评指正。如果你有更多的宝贵意见，也欢迎在我的微信公众号（麦扣聊技术）讨论交流，希望大家一起学习，共同进步。

李文强
2019 年 11 月

目　录

前言

第 1 章　走进 Docker 1

1.1　主流的互联网公司均在使用 Docker 1

1.2　什么是 Docker 4

1.3　容器简史 4

1.4　打消偏见，迎接 Docker 5

1.5　Docker 和虚拟机 6

1.6　Docker 的三个基本概念 8

　　1.6.1　镜像：一个特殊的文件系统 8

　　1.6.2　容器：镜像运行时的实体 9

　　1.6.3　仓库：集中存放镜像文件的地方 9

1.7　Docker 版本概述 11

第 2 章　Docker 的市场趋势和主要应用场景 12

2.1　Docker 的市场趋势 12

2.2　Docker 的主要应用场景 15

　　2.2.1　简化配置，无须处理复杂的环境依赖关系 15

　　2.2.2　搭建轻量、私有的 PaaS 环境、标准化开发、测试和生产环境 15

　　2.2.3　简化和标准化代码流水线，助力敏捷开发和 DevOps 实践 16

　　2.2.4　隔离应用 17

　　2.2.5　整合服务器资源 17

　　2.2.6　现代应用 17

　　2.2.7　调试能力 18

　　2.2.8　快速部署 18

　　2.2.9　混合云应用、跨环境应用、可移植应用 18

　　2.2.10　物联网和边缘计算 18

第 3 章　安装和运行 20

3.1　Windows 10 下的安装 20

　　3.1.1　配置 Docker 本地环境 22

3.1.2 运行一个简单的 demo 23

3.2 Ubuntu 下的安装 25

3.2.1 了解 Ubuntu 25

3.2.2 使用 Hyper-V 快速安装 Ubuntu 25

3.2.3 配置外网 27

3.2.4 使用 SSH 远程 Ubuntu 30

3.2.5 安装 Docker 33

3.3 CentOS 下的安装 37

3.3.1 了解 CentOS 37

3.3.2 使用 CentOS 7 安装 Docker 38

3.4 基于树莓派搭建个人网盘 41

3.4.1 什么是树莓派 41

3.4.2 开启 SSH 43

3.4.3 安装 Docker 44

3.4.4 基于树莓派的一行命令搭建个人网盘 46

第 4 章 Docker 命令基础知识 48

4.1 登 录 49

4.1.1 OPTIONS 说明 49

4.1.2 登录 Docker Hub 49

4.1.3 登录到腾讯云镜像仓库 50

4.2 拉取镜像 51

4.2.1 OPTIONS 说明 51

4.2.2 从 Docker Hub 拉取镜像 51

4.2.3 从腾讯云镜像仓库拉取镜像 52

4.3 列出本地镜像 53

4.3.1 OPTIONS 说明 53

4.3.2 按名称和标签列出镜像 54

4.3.3 筛选 55

4.4 运行镜像 58

4.4.1 OPTIONS 说明 58

4.4.2 简单运行 60

4.5 列出容器 61

4.5.1 OPTIONS 说明 61

4.5.2 查看正在运行的容器 61

4.5.3 显示正在运行和已停止的容器 61

4.5.4 筛选 62

4.5.5 根据指定模板输出 62

4.6 查看镜像详情 63

4.7　删除镜像 64

4.7.1　OPTIONS 说明 64

4.7.2　批量删除 65

4.8　清理未使用的镜像 65

4.9　磁盘占用分析 67

4.10　删除容器 68

4.10.1　OPTIONS 说明 68

4.10.2　停止容器再删除 68

4.10.3　强制删除正在运行的容器 69

4.10.4　删除所有已停止的容器 69

4.11　镜像构建 70

4.11.1　OPTIONS 说明 70

4.11.2　简单构建 71

4.12　镜像历史 73

4.12.1　OPTIONS 说明 73

4.12.2　查看镜像历史 74

4.12.3　格式化输出 74

4.13　修改镜像名称和标签 75

4.14　镜像推送 76

4.14.1　推送到 Docker Hub 76

4.14.2　推送到腾讯云镜像仓库 77

4.15　使用 Kitematic 来管理 Docker 容器 77

第 5 章　Docker 持续开发工作流 81

5.1　基于 Docker 容器的内部循环开发工作流 81

5.1.1　开发 82

5.1.2　编写 Dockerfile 83

5.1.3　创建自定义镜像 90

5.1.4　定义 docker-compose 91

5.1.5　启动 Docker 应用 97

5.1.6　测试 99

5.1.7　部署或继续开发 100

5.2　Visual Studio 和 Docker 100

5.2.1　使用 VS 自动生成工程的 Dockerfile 文件 101

5.2.2　VS 支持的容器业务协调程序 102

5.2.3　使用 VS 发布镜像 104

5.3　使用 Visual Studio Code 玩转 Docker 105

5.3.1　官方扩展插件 Docker 105

5.3.2　Docker Compose 扩展插件 109

第 6 章 Docker 应用开发之旅 111

6.1 使用.NET Core 开发云原生应用 111

6.1.1 什么是"云原生" 112

6.1.2 .NET Core 简介 112

6.1.3 官方镜像 114

6.1.4 Kestrel 115

6.1.5 按环境加载配置 118

6.1.6 查看和设置容器的环境变量 119

6.1.7 ASP.NET Core 内置的日志记录提供程序 121

6.1.8 编写一个简单的 Demo 输出日志 122

6.1.9 使用"docker logs"查看容器日志 124

6.1.10 使用"docker stats"查看容器资源使用 125

6.1.11 如何解决容器应用的时区问题 125

6.2 使用 Docker 搭建 Java 开发环境 127

6.2.1 官方镜像 127

6.2.2 使用 Docker 搭建 Java 开发环境 127

6.2.3 Docker 资源限制 130

6.2.4 防止 Java 容器应用被杀 130

6.3 使用 Go 推送钉钉消息 131

6.3.1 Go 的优势 131

6.3.2 官方镜像 132

6.3.3 使用 Go 推送钉钉消息 133

6.4 使用 Python 实现简单爬虫 140

6.4.1 关于 Python 140

6.4.2 官方镜像 140

6.4.3 使用 Python 抓取博客列表 141

6.5 使用 PHP 搭建个人博客站点 145

6.5.1 官方镜像 146

6.5.2 编写简单的"Hello world" 146

6.5.3 使用 WordPress 镜像搭建个人博客站点 148

6.5.4 修改 PHP 的文件上传大小限制 151

6.6 使用 Node.js 搭建团队技术文档站点 151

6.6.1 官方镜像 152

6.6.2 编写一个简单的 Web 服务器 152

6.6.3 使用 Hexo 搭建团队技术文档站点 154

第 7 章 数据库容器化 161

7.1 什么是数据库 161

7.2　关系型数据库和非关系型数据库对比 162

7.3　主流的数据库 162

7.4　数据库容器化 163

7.5　SQL Server 容器化 163

　　7.5.1　镜像说明 164

　　7.5.2　运行 SQL Server 容器镜像 165

　　7.5.3　管理 SQL Server 168

7.6　如何持久保存数据 174

　　7.6.1　方式一：使用主机目录 175

　　7.6.2　方式二：使用数据卷 178

7.7　MongoDB 容器化 179

　　7.7.1　适用场景 179

　　7.7.2　不适用场景 180

　　7.7.3　镜像说明 180

　　7.7.4　运行 MongoDB 容器镜像 180

　　7.7.5　管理 MongoDB 181

7.8　Redis 容器化 184

　　7.8.1　优势 184

　　7.8.2　运行 Redis 镜像 185

　　7.8.3　使用 redis-cli 185

　　7.8.4　使用 Redis Desktop Manager 管理 Redis 186

　　7.8.5　既好又快地实现排行榜 187

7.9　MySQL 容器化 191

　　7.9.1　镜像说明 191

　　7.9.2　运行 MySQL 容器镜像 192

　　7.9.3　管理 MySQL 194

第 8 章　搭建 Kubernetes 集群 198

8.1　Docker+ Kubernetes 已成为云计算的主流 198

　　8.1.1　什么是 Kubernetes 198

　　8.1.2　Kubernetes 正在塑造应用程序开发和管理的未来 199

8.2　Kubernetes 主体架构 199

　　8.2.1　主要核心组件 200

　　8.2.2　基本概念 202

8.3　使用 Minikube 部署本地 Kubernetes 集群 208

　　8.3.1　什么是 Kubernetes 集群 208

　　8.3.2　使用 Minikube 创建本地 Kubernetes 实验环境 209

8.4　使用 kubectl 管理 Kubernetes 集群 217

　　8.4.1　概述 217

8.4.2 语法 217

8.4.3 主要命令说明 218

8.4.4 资源类型说明 220

8.4.5 命令标志说明 221

8.4.6 格式化输出 221

8.5 使用 kubeadm 创建集群 222

8.5.1 kubeadm 概述 222

8.5.2 kubelet 概述 223

8.5.3 定义集群部署目标和规划 223

8.5.4 开始部署 224

8.5.5 主节点部署 229

8.5.6 工作节点部署 237

8.5.7 安装仪表盘 239

8.6 集群故障处理 243

8.6.1 健康状态检查——初诊 244

8.6.2 进一步诊断分析——听诊三板斧 247

8.6.3 容器调测 252

8.6.4 对症下药 254

8.6.5 部分常见问题处理 255

8.6.6 小结 260

第 9 章 将应用部署到 Kubernetes 集群 261

9.1 使用 kubectl 部署应用 261

9.1.1 kubectl 部署流程 261

9.1.2 部署一个简单的 Demo 网站 262

9.2 应用伸缩和回滚 264

9.2.1 使用 "kubectl scale" 命令来伸缩应用 264

9.2.2 使用 "kubectl autoscale" 命令来自动伸缩应用 265

9.2.3 使用 "kubectl run" 命令快速运行应用 265

9.2.4 使用 "kubectl set" 命令更新应用 266

9.2.5 使用 "kubectl rollout" 命令回滚应用 268

9.3 通过 Service 访问应用 269

9.3.1 通过 Pod IP 访问应用 269

9.3.2 通过 ClusterIP Service 在集群内部访问 270

9.3.3 通过 NodePort Service 在外部访问集群应用 272

9.3.4 通过 LoadBalancer Service 在外部访问集群应用 274

9.3.5 Microsoft SQL Server 数据库实战 276

9.4 使用 Ingress 负载分发微服务 278

9.4.1 Demo 规划 279

9.4.2　准备 Demo 并完成部署 279
9.4.3　创建部署资源 280
9.4.4　创建服务资源 282
9.4.5　创建 Ingress 资源并配置转发规则 283
9.5　利用 Helm 简化 Kubernetes 应用部署 286
9.5.1　Helm 基础 287
9.5.2　安装 Helm 287
9.5.3　使用 Visual Studio 2019 为 Helm 编写一个简单的应用 289
9.5.4　定义 charts 293
9.5.5　使用 Helm 部署 Demo 296
9.5.6　Helm 常用操作命令 301

第 10 章　将应用托管到云端 303
10.1　什么是云计算 303
10.1.1　为什么要上云 304
10.1.2　云计算的三种部署方式 305
10.1.3　云服务的类型 305
10.2　Docker+k8s 是上云的不二选择 306
10.2.1　上云的问题 306
10.2.2　利用 Docker+k8s 解决传统应用上云问题 306
10.3　主流云计算容器服务介绍 307
10.3.1　亚马逊 AWS 307
10.3.2　微软 Azure 308
10.3.3　阿里云 310
10.3.4　腾讯云 311
10.4　自建还是托管 312
10.4.1　自建容器服务存在的问题 312
10.4.2　云端容器服务的优势 313
10.5　一般应用服务部署流程 313
10.5.1　创建集群和节点 314
10.5.2　创建命名空间和镜像 314
10.5.3　创建服务 317
10.5.4　配置镜像触发器 323
10.5.5　推送镜像 324
10.6　如何节约云端成本 325
10.6.1　无须过度购买配置，尽量使用自动扩展 325
10.6.2　最大化地利用服务器资源 325
10.6.3　使用 Ingress 节约负载均衡资源 326
10.6.4　使用 NFS 盘节约存储成本 327

10.7　问题处理 327

　　10.7.1　镜像拉取问题 327

　　10.7.2　绑定云硬盘之后 Pod 的调度问题 329

　　10.7.3　远程登录 329

　　10.7.4　利用日志来排查问题 330

第 11 章　容器化后 DevOps 之旅 332

11.1　DevOps 基础知识 332

　　11.1.1　什么是 DevOps 332

　　11.1.2　为什么需要 DevOps 333

　　11.1.3　DevOps 对应用程序发布的影响 335

　　11.1.4　如何实施 DevOps 335

11.2　Docker 与持续集成和持续部署 336

　　11.2.1　Docker 与持续集成和持续部署 336

　　11.2.2　参考流程 338

11.3　使用 Azure DevOps 完成 CI/CD 340

　　11.3.1　适用于容器的 CI/CD 流程 341

　　11.3.2　使用 Azure DevOps 配置一个简单的 CI/CD 流程 341

11.4　使用 Tencent Hub 完成 CI/CD 347

　　11.4.1　关于 Tencent Hub 347

　　11.4.2　使用 Tencent Hub 配置一个简单的 CI 流程 348

　　11.4.3　直接使用容器服务的镜像构建功能 360

11.5　使用内部管理工具完成 CI/CD 流程 361

　　11.5.1　一个简单的 CI/CD 流程 361

　　11.5.2　关于 TeamCity 361

　　11.5.3　运行 TeamCity Server 363

　　11.5.4　运行 TeamCity Agent 364

　　11.5.5　连接和配置 Agent 366

　　11.5.6　创建项目以及配置 CI 367

　　11.5.7　使用 Jenkins 完成 CI/CD 372

第1章

走进 Docker

什么是 Docker？为什么主流的互联网公司均在使用 Docker？相信读者会有很多疑问。不过，对于初学者来说，无法一口吃成一个胖子。

在第 1 章中，笔者将会带领大家走进 Docker，以揭开容器技术的神秘面纱。在后续的章节，笔者将会结合这十几年日新月异的技术、概念（比如 DevOps、微服务（Microservice）、云原生、物联网）进行讲解。

本章主要包含以下内容：

- Docker 技术概述；
- 容器技术的发展历史；
- Docker 和虚拟机的区别；
- Docker 的三个基本概念（为后续进一步讲解 Docker 做铺垫）；
- Docker 的两个版本。

1.1 主流的互联网公司均在使用 Docker

随着生产力的发展，尤其是弹性架构的广泛应用（比如微服务），主流的互联网公司都将应用托管到了应用容器上，比如谷歌、微软、腾讯、阿里、京东和美团，如图 1-1~图 1-6 所示。

图 1-1

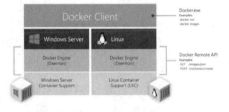

图 1-2

图 1-3

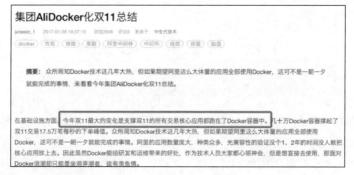

图 1-4

图 1-5

图 1-6

主流的互联网公司都在使用 Docker，那么什么是 Docker 呢？

1.2　什么是 Docker

Docker 是一个开源的应用容器引擎，可以轻松地为任何应用创建一个轻量级、可移植、自给自足的容器。开发者在本地编译测试通过的容器可以批量地在生产环境中部署，包括 VM（虚拟机）、bare metal、OpenStack 集群和其他基础应用平台。

简单地理解，Docker 类似于集装箱（见图 1-7）。各式各样的货物经过集装箱的标准化进行托管，而集装箱和集装箱之间没有影响。也就是说，Docker 平台就是一个软件集装箱化平台。这就意味着我们自己可以构建应用程序，将其依赖关系一起打包到一个容器中，然后这个容器就很容易运送到其他的机器上运行，而且非常易于装载、复制、移除，非常适合软件弹性架构。

图 1-7

因此，就像船只、火车或卡车运输集装箱一样，软件容器充当软件部署的标准单元，其中可以包含不同的代码和依赖项。按照这种方式容器化软件，开发人员和 IT 专业人员只需进行极少的修改或不修改，即可将其部署到不同的环境。

总而言之，Docker 是一个开放平台，使开发人员和管理员可以在称为容器的松散、隔离的环境中构建镜像、交付和运行分布式应用程序，以便在开发、QA 和生产环境之间进行高效的应用程序生命周期管理。

1.3　容器简史

初步了解了 Docker，我们一起来追溯一下容器的发展历史。和虚拟机一样，容器技术也是一种资源隔离的虚拟化技术，算不上新技术，其技术雏形早已有之。

容器概念始于 1979 年提出的 UNIX chroot，chroot 是一个 UNIX 操作系统的系统调用，将一个进程及其子进程的根目录改变到文件系统中的一个新位置，让这些进程只能访问到这个新的位置，从而达到进程隔离的目的。

2000 年 FreeBSD 开发了一个类似于 chroot 的容器技术 Jails。这是最早期，也是功能最多的容器技术。Jails 翻译过来是监狱的意思,这个"监狱"(用"沙盒"更为准确)包含了文件系统、用户、网络、进程等的隔离。

2001 年 Linux 发布了自己的容器技术 Linux VServer。2004 年 Solaris 发布了 Solaris Containers。两者都将资源进行划分,形成一个个 zones,又叫作虚拟服务器。

2005 年推出 OpenVZ,通过对 Linux 内核进行补丁来提供虚拟化的支持,每个 OpenVZ 容器完整支持了文件系统、用户及用户组、进程、网络、设备和 IPC 对象的隔离。

2007 年谷歌实现了 Control Groups(Cgroups),能够限制和隔离一系列进程的资源使用(CPU、内存、磁盘 I/O、网络等)。同年,Cgroups 被加入 Linux 内核中,这是划时代的,为后期容器的资源配额提供了技术保障。

2008 年基于 Cgroups 和 Linux Namespaces 推出了第一个最为完善的 Linux 容器 LXC。LXC 指代的是 Linux Containers,其功能通过 Cgroups 和 Linux Namespaces 实现,也是第一套完整的 Linux 容器管理实现方案。

2013 年 DotCloud(后更名为 Docker)推出了到现在为止最为流行和使用最广泛的容器 Docker,其理念是,"一次构建,随处运行"。Docker 在起步阶段使用 LXC,而后利用自己的 libcontainer 库(谷歌工程师一直在与 Docker 合作研发 libcontainer,并将核心概念和抽象移植到了 libcontainer)将其替换下来。相比其他早期的容器技术,Docker 引入了一整套与容器管理相关的生态系统,其中包括一套高效的分层式容器镜像模型、一套全局及本地容器注册表、一个精简化 REST API 以及一套命令行界面等。

2014 年 CoreOS 推出了一个类似于 Docker 的容器 Rocket。CoreOS 是一个更加轻量级的 Linux 操作系统,Rocket 在安全性上比 Docker 更严格。

2016 年微软在 Windows 上提供了对容器的支持,Docker 可以以原生方式运行在 Windows 上,而不需要使用 Linux 虚拟机。

至此,容器技术趋于成熟,并且迎来了容器云的发展,由此衍生出多种容器云的平台管理技术,其中以 Kubernetes(一个容器编排平台)最为出众。这些细粒度的容器集群管理技术为微服务的发展奠定了基石。

容器技术的出现是历史的必然,是技术演进的一种创新结果,也是人们追求高效生产活动的一个解决方案、思想、工具和愿景。

1.4 打消偏见,迎接 Docker

如上历史所述,容器化是生产力发展的必然趋势。容器技术还会不断地进化,而我们可以从 Docker 起航。Docker 是如此令人向往和引人深入,但是在国内,开发者普遍迁移到云端,基本上都是只用到了虚拟机等基础设施。其实大家都听说过 Docker,但是总是有一道门槛挡在大家面前,导致大家无法逾越或者产生了一些偏见:

- 缺乏完整的系统的教程和实践,开发者普遍认为使用 Docker 很麻烦,只有大公司能用,门槛很高。
- 云端容器服务产品用户体验不够友好,对于初学者门槛太高(太高指的是消化这些概念和理念，并且能够掌握和可控）；同时，云端的容器产品各家都进行过包装，各家的体验各不相同，和原生的体验也不同。

- 对容器服务的认知还不够，对它的好处以及吸引之处还不太了解。
- 认为对现有系统、架构改造太大，成本太高。
- 认为 Docker 只是一种单纯的相对先进的技术，并不能给现有的开发带来什么改变。
- 深度使用存在一定的门槛，尤其是结合 Kubernetes（一个容器编排平台，本书后续会讲解）的使用。

为了让大家能够更好地认知 Docker，打消以上偏见，以及更好地使用 Docker，本书将先讲述 Docker 的一些概念、场景，然后讲述搭建、使用步骤、相关编程实践、开发工作流，最后将讲述 Kubernetes、云端容器服务以及适用于容器的 DevOps。

1.5　Docker 和虚拟机

我们先来看一个简单的图，如图 1-8 所示，容器是一个应用层抽象，用于将代码和依赖资源打包在一起。多个容器可以在同一台机器上运行，共享操作系统内核，但各自作为独立的进程在用户空间中运行。与虚拟机相比，容器占用的空间较少（容器镜像大小通常只有几十兆），瞬间就能完成启动。

图 1-8

虚拟机（VM）则是一个物理硬件层抽象，用于将一台服务器变成多台服务器。管理程序允许多个 VM 在一台机器上运行。每个 VM 都包含一整套操作系统、一个或多个应用、必要的二进制文件和库资源，因此占用大量空间，启动也十分缓慢。

其区别主要如图 1-9 所示。

特性	容器	虚拟机
启动速度	秒级 几秒内即可启动	分钟级 有时候需要长达十几分钟才能启动
存储空间占用	一般单位为MB 主流的编程语言的基础镜像往往都在几百兆以内	一般单位为GB 往往为几十吉字节到上百吉字节
性能	接近原生，基本无额外消耗	弱于原生，并且操作系统会占用较多的资源
系统支持量	一台普通的服务器可以很轻松地支持上千个容器	一般最多仅支持几十个虚拟机

图 1-9

我们再来看一下对比图，如图 1-10 所示，由于容器所需的资源要少得多（例如，它们不需要一个完整的 OS），因此它们易于部署且可快速启动。这使你能够具有更高的密度，也就是说，这允许你在同一硬件单元上运行更多服务，从而降低了成本。

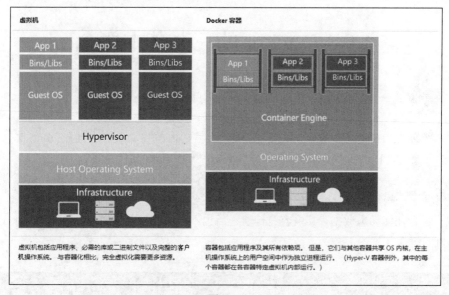

图 1-10

在同一内核上运行的副作用是，你获得的隔离比 VM 要少。

镜像的主要目标是使环境（依赖项）在不同的部署中保持不变。也就是说，可以在计算机上调试它，然后将其部署到保证具有相同环境的另一台计算机上。

借助容器镜像，可打包应用或服务并采用可靠且可重现的方式对其进行部署。可以说 Docker 不只是一种技术，还是一种原理和过程。

在使用 Docker 之前，我们经常会听到，"这个问题在开发环境是正常的"。而在使用 Docker 后，你不会听到开发人员说："为什么它能在我的计算机上使用却不能用在生产中？"开发人员只需说"它在 Docker 上运行"，因为打包的 Docker 应用程序可在任何支持的 Docker 环境上执行，而且它在所有部署目标（例如，开发、QA、暂存和生产）上都能按预期运行。

刚才我们讲述了容器和虚拟机的区别，其实将容器和虚拟机配合使用，可以为应用的部署和管理提供极大的灵活性，架构如图 1-11 所示。

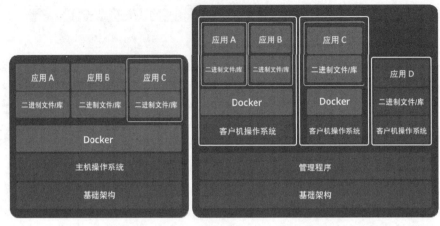

图 1-11

1.6 Docker 的三个基本概念

1.6.1 镜像：一个特殊的文件系统

操作系统分为内核和用户空间。对于 Linux 而言，内核启动后，会挂载 root 文件系统为其提供用户空间支持。Docker 镜像（Image）就相当于一个 root 文件系统。

Docker 镜像是一个特殊的文件系统，除了提供容器运行时所需的程序、库、资源、配置等文件外，还包含了一些为运行时准备的配置参数（如匿名卷、环境变量、用户等）。

镜像不包含任何动态数据，其内容在构建之后也不会被改变。我们可以使用"docker image ls"来列出本机的镜像（见图 1-12）。

```
Windows PowerShell                                                          -   □   ×
PS C:\Users\Lys_Desktop> docker image ls
REPOSITORY               TAG          IMAGE ID       CREATED         SIZE
webredismanager          latest       c06ac96b5012   17 hours ago    222MB
<none>                   <none>       e17a5566b431   17 hours ago    1.84GB
<none>                   <none>       0fa884a4b9e6   17 hours ago    222MB
<none>                   <none>       abc66e7161fe   17 hours ago    1.84GB
<none>                   <none>       5f9f92acf7c0   17 hours ago    222MB
<none>                   <none>       6bcb3872d87b   17 hours ago    1.84GB
<none>                   <none>       de3a045ba07e   17 hours ago    222MB
<none>                   <none>       1a7e22e17e1c   17 hours ago    1.84GB
<none>                   <none>       bcc7d8165f5d   17 hours ago    222MB
<none>                   <none>       aa7104990d9e   17 hours ago    1.84GB
saeawebredismanager      dev          08a1e7afb25c   17 hours ago    219MB
redis                    latest       0f55cf3661e9   13 days ago     95MB
docker4w/nsenter-dockerd latest       2f1c802f322f   4 months ago    187kB
microsoft/dotnet         2.0-sdk      9e06837225a4   5 months ago    1.79GB
microsoft/dotnet         2.0-runtime  79bb740a9a6e   5 months ago    219MB
PS C:\Users\Lys_Desktop>
```

图 1-12

在设计时，充分利用 Union FS 的技术，将 Docker 设计为分层存储的架构。 镜像实际是由多层文件系统联合组成的。

镜像构建时会一层层构建，前一层是后一层的基础。每一层构建完就不会再发生改变，后一层上的任何改变只发生在自己这一层。

比如，删除前一层文件的操作，实际不是真的删除前一层的文件，而是仅在当前层标记为该文件已删除。

在最终容器运行的时候，虽然不会看到这个文件，但是实际上该文件会一直跟随镜像。

因此，在构建镜像的时候需要额外小心，每一层尽量只包含该层需要添加的东西，任何额外的东西应该在该层构建结束前清理掉。

分层存储的特征还使得镜像的复用、定制变得更为容易，甚至可以用之前构建好的镜像作为基础层，然后进一步添加新的层，以定制自己所需的内容来构建新的镜像。

1.6.2　容器：镜像运行时的实体

镜像（Image）和容器（Container）的关系就像是面向对象程序设计中的类和实例一样，镜像是静态的定义，容器是镜像运行时的实体。容器可以被创建、启动、停止、删除、暂停等。

我们可以使用命令“docker ps”来查看正在运行的容器列表，如图 1-13 所示。

图 1-13

容器的实质是进程，但与直接在宿主执行的进程不同，容器进程运行于属于自己的独立的命名空间中。前面讲过镜像使用的是分层存储，容器也是如此。

容器存储层的生存周期和容器一样，容器消亡时，容器存储层也随之消亡。因此，任何保存于容器存储层的信息都会随容器删除而丢失。

按照 Docker 最佳实践的要求，容器不应该向其存储层内写入任何数据，容器存储层要保持无状态化。

所有的文件写入操作，都应该使用数据卷（Volume）或者绑定宿主目录，在这些位置的读写会跳过容器存储层，直接对宿主（或网络存储）发生读写，其性能和稳定性更高。

数据卷的生存周期独立于容器，容器消亡，数据卷不会消亡。因此，使用数据卷后，容器可以随意删除、重新运行，数据却不会丢失。

> **注　意**
>
> 容器在整个应用程序生命周期工作流中提供的优点有隔离性、可移植性、灵活性、可伸缩性和可控性，最重要的优点是可在开发和运营之间提供隔离。

1.6.3　仓库：集中存放镜像文件的地方

镜像构建完成后，可以很容易地在当前宿主上运行，但是如果需要在其他服务器上使用这个镜像，我们就需要一个集中的存储、分发镜像的服务，Docker Registry 就是这样的服务。

一个 Docker Registry 中可以包含多个仓库（Repository）；每个仓库可以包含多个标签（Tag）；每个标签对应一个镜像。所以说，镜像仓库是 Docker 用来集中存放镜像文件的地方，类似于我们之前常用的代码仓库。

　　通常，一个仓库会包含同一个软件不同版本的镜像，而标签就常用于对应该软件的各个版本。我们可以通过"<仓库名>:<标签>"的格式来指定具体是这个软件哪个版本的镜像。如果不给出标签，就以 latest 作为默认标签。

Docker Registry 公开服务和私有 Docker Registry

Docker Registry 公开服务是开放给用户使用、允许用户管理镜像的 Registry 服务。一般这类公开服务允许用户免费上传、下载公开的镜像，并可能提供收费服务供用户管理私有镜像。

除了使用公开服务外，用户还可以在本地搭建私有 Docker Registry。Docker 官方提供了 Docker Registry 镜像，可以直接作为私有 Registry 服务。

　　开源的 Docker Registry 镜像只提供了 Docker Registry API 的服务端实现，足以支持 Docker 命令，不影响使用，但不包含图形界面以及镜像维护、用户管理、访问控制等高级功能。

关于 Docker Hub

Docker Hub 是 Docker 官方维护的一个镜像仓库，也是我们最常使用的 Registry 公开服务，这也是默认的 Registry 服务。其拥有大量的高质量的官方镜像，网址为 https://hub.docker.com/（见图 1-14）。

图 1-14

我们可以在上面免费托管自己的私人镜像。不过，在国内访问 Docker Hub 可能会比较慢，因此国内也有一些云服务商提供类似于 Docker Hub 的公开服务，比如腾讯云和阿里云。在后续的章节中，我们会介绍腾讯云镜像仓库的使用。

1.7　Docker 版本概述

在使用 Docker 之前，我们要对其版本有一个基本的了解。目前，Docker 有两个版本：

- 社区版（Docker Community Edition，CE），可以免费使用。
- 企业版（Docker Enterprise Edition，EE），需要购买，面向企业，强调安全。

社区版非常适合个人开发者和小型团队。企业版专为企业开发和 IT 团队设计，以在生产中大规模构建、发布和运行关键业务的应用程序。在本书中，将使用 Docker CE 进行演示和讲解。

第2章

Docker 的市场趋势和主要应用场景

Docker 的市场趋势如何？Docker 为软件开发提供了什么？大家使用 Docker 主要应用于哪些方面？它有哪些主要的应用场景？在本章中，笔者将带领大家了解和学习 Docker 的市场趋势和应用场景，以便于后续的实践。

本章主要包含以下内容：

- Docker 广受市场欢迎，开发者普遍将 Docker 应用于敏捷开发、DevOps 实践、混合云和微服务架构；
- Docker 有很多应用场景，非常适用于敏捷开发、DevOps、物联网以及现代架构。

2.1　Docker 的市场趋势

我们先来看一份国际用户的调查结果。

（1）Docker 为软件供应链提供了应用程序开发的敏捷性、可控性和可移植性（见图 2-1）。

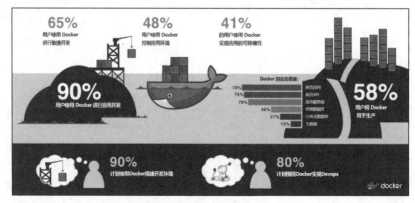

图 2-1

用户如何使用 Docker？

- 90% 的用户使用 Docker 进行应用开发。
- 65% 的用户使用 Docker 进行敏捷开发。
- 58% 的用户将 Docker 用于生产。
- 48% 的用户使用 Docker 控制应用环境。
- 41% 的用户使用 Docker 实现应用的可移植性。

Docker 的业务覆盖：

- 78%：网页应用。
- 75%：网页 API。
- 70%：应用服务端。
- 42%：传统数据库。
- 27%：分布式数据库。
- 13%：大数据。

Docker 带来的敏捷性（响应速度和灵活性）吸引了越来越多的开发者。他们不仅能知道容器内部到底跑了什么，也能进一步理解 Docker 如何加速了软件开发进程。另外，41% 的用户表示应用的可移植性是他们决定使用 Docker 的关键因素。

（2）通过 DevOps 的实践，Docker 正在给应用交付带来很多可以量化的提升（见图 2-2）。

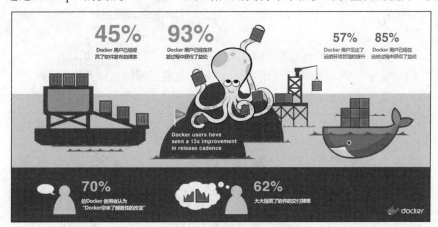

图 2-2

- 93% 的 Docker 用户已经在开发过程中获得了益处。
- 85% 的 Docker 用户已经在运维过程中获得了益处。
- 57% 的 Docker 用户见证了运维环境管理的提升。
- 45% 的 Docker 用户已经提高了软件发布的频率。

大约一半的受访者表示已经采用持续集成（CI）和 DevOps，并且希望把这些实战经验应用到生产环境的持续交付中。剩下的受访者则准备尽快跟上步伐，尽快尝试 DevOps 和持续集成。另外，据调查显示，用户使用 Docker 发布应用的频率平均提升了 13 倍。

（3）Docker 对混合云策略至关重要，它使得用户可以根据需求自由选择私有和公有环境（见图 2-3）。

图 2-3

- 80% 的用户表示 Docker 已经是云策略的一部分。
- 60% 的用户正在计划使用 Docker 将业务迁移到云端。
- 41% 的用户希望实现跨环境的应用移植。
- 35+% 的用户希望避免被云供应商绑定。

通过容器来交付的应用可以在任何基础设施之上灵活迁移，同时这些基础设施又可以提供不同层次的应用管理方式，当业务在多个服务供应商之中寻求混合云或全云模式时可以完美地避免被平台捆绑。

对于按需部署或部署到云环境，Docker 提供了独一无二的选择：80%的用户表示 Docker 已经成为云策略的一部分；35+%的用户使用 Docker 来避免被云服务供应商绑定。

（4）Docker 实现了微服务架构，也让遗留的单体应用转变为现代应用（见图 2-4）。

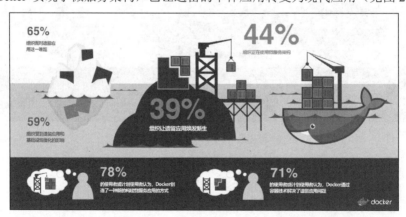

图 2-4

- 65% 的组织面对遗留应用这一难题。
- 59% 的组织受到遗留应用和基础设施僵化的影响。
- 44% 的组织正在使用微服务架构。
- 39% 的组织让遗留应用焕发新生。

Docker 使得微服务架构的快速发展成为可能，同时它也将传统的业务迁移到容器环境中，使应用程序变得更加可移植。使用微服务架构进行交付是 Docker 的关键优势！

2.2　Docker 的主要应用场景

Docker 非常受市场欢迎，那么它有哪些应用场景呢？接下来我们一起了解一下 Docker 的主要应用场景。

2.2.1　简化配置，无须处理复杂的环境依赖关系

虚拟机的最大好处是能在硬件设施上运行各种配置不一样的应用。Docker 在降低额外开销的情况下可以提供同样的功能，并且能让开发者将运行环境和配置（包括环境变量）放在代码（包括 Dockerfile）中来执行部署。同一个 Docker 的配置可以在不同的环境中使用，大大降低了硬件要求和应用环境之间的耦合度。

简单地说，容器镜像打包完成后就是一个独立的个体了，丢到符合要求的地方就能直接跑起来，而无须针对各个系统、平台再去独立配置，以及安装各种运行时和环境，也无须处理复杂的环境依赖关系。

2.2.2　搭建轻量、私有的 PaaS 环境、标准化开发、测试和生产环境

对于大部分企业来说，搭建 PaaS 既没有那个精力，也没有那个必要。Docker 占用资源非常小，一台服务器跑几十、上百个容器都绰绰有余。因此，Docker 非常适合用于企业内部搭建轻量、私有的 PaaS 环境，并且不依赖于任何语言、框架或系统。

同时，Docker 非常适用于标准化开发、测试、生产环境。我们可以搭建好一个标准的容器环境到各个部门，每个工程师都可以拥有自己单独的容器。

标准化开发、测试和生产环境之后：

- 开发人员可以利用容器进行开发调试和开发测试，完成任务后仅需提交代码即可。
- 测试人员不再需要与运维、开发人员进行配合，进行测试环境的搭建与部署，仅需拉取指定分支代码后利用容器进行测试，亦可通过代码流水线来完成自动化测试。在测试中，不但可以非常简单地同时运行多个版本的代码，而且可以随时"从头再来"——快速重置环境和数据。
- 运维人员也仅需拉取指定分支的正式代码基于容器进行部署，无须再针对不同应用搭建不同的环境。当然，这一切也可以通过代码流水线来完成自动部署。

如图 2-5 所示，我们可以在一个虚拟机上运行多个不同系统和不同语言的容器。

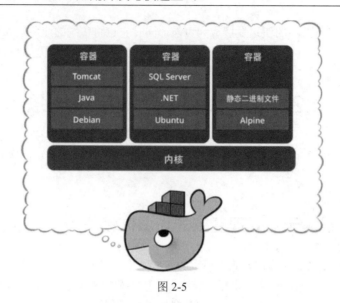

图 2-5

2.2.3 简化和标准化代码流水线，助力敏捷开发和 DevOps 实践

Docker 镜像一次构建，即可到处运行，无须处理复杂的环境依赖关系，可以极大地简化整个代码流水线，并且可以标准化整个 CI（持续集成）、CD（持续部署）流程，因此可以大大加速软件的开发进程，提高团队的敏捷性，保障产品持续快速交付。

一个简单、可供参考的基于 Docker 的代码流水线如图 2-6 所示。

图 2-6

搬运箱子比搬运一堆没有打包的"杂碎"要简单省事得多，也便于堆放和管理。在后续的章节中，我们会详细地讲解如何使用 Docker 来加速产品开发以及助力 DevOps 实践。

2.2.4　隔离应用

很多情况下，我们需要在一台服务器上运行多个不同的应用，比如运行不同编程语言不同版本的多个应用。如果是部署在虚拟机，那么我们还需要考虑应用以及版本之间的兼容性，有时即使花费大量的精力也无法保障应用环境不起冲突。对于 Docker 来说，支持起来非常简单，利用其隔离功能即可：同一台机器，我们可以同时运行 N 个 Docker 应用，基于不同的运行时和版本（比如.NET Core、Java、Python 的应用），托管到不同的 Web 服务器（Kestrel、Ngnix、Tomcat），而无须担心它们会搞起 3Q 大战（见图 2-7），也往往无须担心开发、测试和生产机器会跑不起来。

图 2-7

2.2.5　整合服务器资源

如同通过虚拟机来整合多个应用，Docker 隔离应用的能力使得 Docker 可以整合多个服务器，以降低成本。没有多个操作系统的内存占用，并能在多个实例之间共享没有使用的内存，因此 Docker 可以比虚拟机提供更好的服务器整合解决方案。

我们可以在服务器或云端创建或销毁资源，而无须担心重新启动带来的开销。通常情况下，服务器的资源利用率只有 30%。使用 Docker 并进行有效的资源分配可以大大提高资源的利用率。这意味着资源可以得到更有效的利用——可以做更多衣服，而且没有边角料、成本更低。

2.2.6　现代应用

Docker 非常适合于微服务架构、分布式架构和弹性架构，使用 Docker 会让架构师搭建现代架构时事半功倍！其适应性主要体现在以下几点：

- 应用隔离优势。
- 轻量和快，支持秒级启动、秒级伸缩。
- 低成本优势。
- 环境一致性。
- 一次编译，到处运行。

2.2.7　调试能力

Docker 提供了很多工具，不一定只是针对容器，却适用于容器。它们提供了很多功能，包括可以为容器设置检查点、设置版本和查看两个容器之间的差别，以帮助调试 Bug。

2.2.8　快速部署

在虚拟机之前，引入新的硬件资源需要消耗几天的时间。虚拟化（Virtualization）技术将这个时间缩短到了分钟级别。Docker 为进程创建一个容器，而无须启动一个操作系统，再次将这个过程缩短到了秒级。

Docker 除了支持秒级启动之外，部署时镜像的拉取还支持差异化更新，不仅能够减少镜像的拉取时间（节约部署时间），还可以降低更新部署时的流量使用。

2.2.9　混合云应用、跨环境应用、可移植应用

通过容器来交付的应用可以在任何基础设施之上灵活迁移，同时这些基础设施又可以提供不同层次的应用管理方式，当业务在多个服务供应商之中寻求混合云或全云模式时，还可以完美地避免被平台捆绑。因此，Docker 在混合云应用、跨环境应用、可移植应用中大有可为。

2.2.10　物联网和边缘计算

1. 什么是物联网

物联网（Internet of Things，IoT）是新一代信息技术的重要组成部分，也是"信息化"时代的重要发展阶段。顾名思义，物联网就是物物相连的互联网。这有两层意思：其一，物联网的核心和基础仍然是互联网，是在互联网基础上延伸和扩展的网络；其二，其用户端延伸和扩展到物品与物品之间进行信息交换和通信，也就是物物相连。物联网通过智能感知、识别技术与普适计算等通信感知技术，广泛应用于网络的融合中，也因此被称为继计算机、互联网之后世界信息产业发展的第三次浪潮。物联网是互联网的应用拓展，与其说是网络，不如说是业务和应用。因此，应用创新是物联网发展的核心，以用户体验为核心的创新 2.0 是物联网发展的灵魂。

2. Docker 和物联网

物联网正在快速发展，是智慧设备（包括环境传感器、健康跟踪器、家用电器和工业设备等）的高度互联网络。开发人员正在快速为 IoT 创建应用程序，而使用容器可在很多方面带来帮助。首先，容器是一种轻量型的虚拟化解决方案，开发人员可使用容器快速、大规模地开发、测试、部署和更新 IoT 应用程序，尤其是可以大大加速自动化测试、持续集成和移动应用程序的交付。其次，Docker 可以帮助开发人员轻松、快速地构建容器并将它们部署在任何地方（一次构建，到处运行）：私有和公有云中、本地 VM 中（包括 IoT 设备在内的物理硬件上）。因此，只要 IoT 设备上可运行 Linux，我们就能够将容器直接部署到相关设备上。尽管这些 IoT 设备上通常仅有有限

的系统资源，但部署 Docker 容器是可行的（因为它们的运行时开销几乎为 0），甚至可在设备上运行多个容器（例如，并排运行应用程序的不同版本来进行比较）。

目前，支持 Linux 的 IoT 设备越来越多，比如流行的树莓派、香蕉派、LattePanda。

另外，物联网设备往往运行不太可靠，比如经常因为省电需要而进行休眠，或者使用低带宽或者偶尔联网，因此应用更新一直是一个难题。在这块，Docker 给出了一个可行的解决方案——设备通过无线连接获取镜像差异，而不是整个镜像。基于差异的更新的完成速度快得多，这会减少连接设备所需的时间量、降低故障概率，进而减轻低带宽网络上的压力。这使更频繁地应用更新成为可能。

3. 边缘计算

这里顺便提一下边缘计算。随着物联网设备的大爆发，必然会产生大量的数据，以及随之而来的数据处理和数据安全等需求，而这些已经无法通过传统云计算的集中式处理方式来满足（比如带宽、实时性、隐私以及能耗等），于是就产生了边缘计算。边缘计算的核心目的就是拉近云端和物联网终端的距离，降低网络延迟，提供新的服务。在 2018 年，两大著名的备受瞩目的开源组织 Linux 基金会和 Eclipse 基金会共同努力将已经在超大规模云计算环境中普遍使用的 Kubernetes（简称 k8s，一个容器编排平台）带入到物联网边缘计算场景中，试图利用开源平台 k8s 的优势，发挥其在边缘计算领域的应用潜能。K8s 物联网边缘工作组将会把容器的理念带到边缘计算，并促进 k8s 在边缘环境中的适用性。

总之，要满足对物联网应用程序的预计需求，开发人员将需要采用一些工具和实践，以便能够快速开发 IoT 应用程序和服务在智慧设备、移动设备、穿戴设备和云中运行。Docker 容器能够将应用程序传送到任何地方运行，拥有极低的运行时开销，而且拥有一个能够实现轻量型可移植镜像和快速构建镜像的分层文件系统，是面向 IoT 开发人员的一个绝佳工具，并能提供优秀的整体解决方案。

第3章

安装和运行

了解了 Docker 的应用场景和市场趋势，接下来我们开始逐步进行实践。

我们已经清楚 Docker 是什么了，但是如何开始使用呢？在本章中，笔者将带领大家熟悉各个环境（包括树莓派）下的 Docker 安装过程并运行一个 Docker 应用示例。

本章主要包含以下内容：

- 在 Windows 10 下安装 Docker，即使我们将容器应用托管到 Linux 容器之中，也可以在 Windows 10 下开发和调测 Linux 容器应用；
- 在 Ubuntu 下安装 Docker，推荐使用 Hyper-V 安装 Ubuntu 实验环境；
- 在 CentOS 下安装 Docker；
- 基于树莓派安装 Docker，并据此搭建个人网盘。

3.1　Windows 10 下的安装

这里以 Docker for Windows 为例。Docker for Windows 指的是 Docker 官方提供的 Windows 安装包，并不是指基于 Windows 的镜像开发。笔者推荐的方式是——在 Windows 上开发和调测，将容器托管到 Linux。

注　意
不推荐使用 Docker Toolbox。Docker Toolbox 适用于较旧的 Mac 和 Windows 系统。

要安装 Docker，请先查看用于 Windows 的 Docker 安装须知并了解相关信息。安装须知的链接为 https://docs.docker.com/docker-for-windows/install/#what-to-know-before-you- install。

使用 Docker for Windows 需要启用 Hyper-V 功能。以下是系统要求：

- Windows 10 64 位：Pro、Enterprise 或 Education（Build 14393 或更高版本）。

- 在 BIOS 中启用虚拟化。通常，默认情况下启用虚拟化。这与启用 Hyper-V 不同。
- 支持 CPU SLAT 的功能。
- 至少 4GB 的 RAM。

提　示

Docker for Windows 安装包包括 Docker Engine、Docker CLI 客户端、Docker Compose、Docker Machine 和 Kitematic。安装包下载链接为 https://store.docker.com/editions/community/docker-ce-desktop-windows。文档参考网址为 https://docs.docker.com/docker-for-windows/。

安装完后，会提示重启电脑。重启后会自动启动 Docker 程序，如果未启用虚拟化配置就会弹出如图 3-1 所示的错误提示，此时需要在 Windows 功能中启用 Hyper-V 功能（请参考图 3-2）并在 BIOS 系统的 CPU 配置中打开"虚拟化配置"；如果虚拟化已启用，那么"任务管理器"的 CPU 面板中会显示已启用虚拟化，如图 3-3 所示。

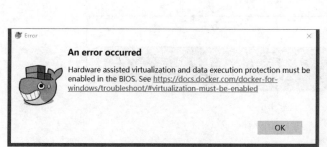

图 3-1　　　　　　　　　　　　　　　　　　图 3-2

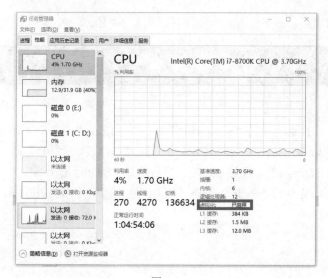

图 3-3

以上配置完成后我们推荐将 Docker 容器切换到 Linux 环境，选择右下角 Docker 图标后右击，选择"Switch to Linux containers"进行切换，如图 3-4 所示。如果显示"Switch to Windows containers"（见图 3-5），就表明已处于 Linux 容器。

图 3-4

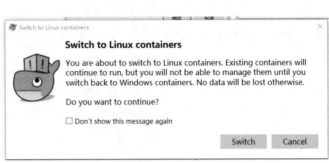

图 3-5

安装完成后，我们可以检查已安装的 Docker 版本。打开命令行，输入"docker –version"（可简写为"docker -v"），如图 3-6 所示。

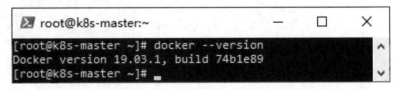

图 3-6

3.1.1　配置 Docker 本地环境

安装完成并且启动后，右下角有一个小图标，如图 3-7 所示。

图 3-7

单击鼠标右键，选择菜单中的"Settings"选项，即可进入如图 3-8 所示的设置界面。

Docker for Windows 中的共享驱动器必须配置为支持卷映射和调试。右击系统托盘中的 Docker 图标，单击"Settings"（设置）选项，然后选择"Shared Drives"（共享驱动器），选择 Docker 存储文件所在的驱动器，单击"Apply"（应用）按钮，如图 3-9 所示。

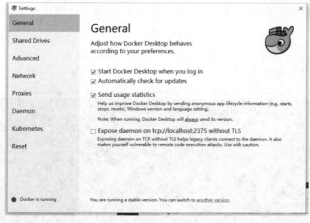

图 3-8

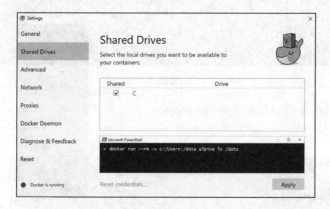

图 3-9

3.1.2　运行一个简单的 demo

这里，我们直接通过命令工具 CMD 运行官方的 hello world 示例（见图 3-10）：

```
docker run hello-world
```

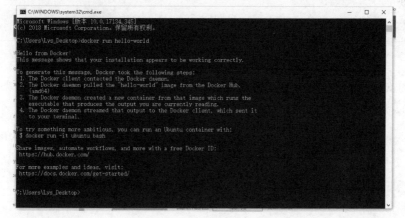

图 3-10

如果觉得控制台应用没有什么可看的，也可以用一行命令直接运行 Web 示例（见图 3-11），比如：

```
docker run --name aspnetcore_sample --rm -it -p 8000:80
microsoft/dotnet-samples:aspnetapp
```

图 3-11

应用程序启动后，使用浏览器打开 http://localhost:8000，即可看到如图 3-12 所示的界面。

图 3-12

Docker 的安装和配置在 Windows 10 操作系统下非常简单，我们也极力推荐大家使用此环境，因为一个好的开发环境可以大大提高大家的使用和开发效率。

3.2　Ubuntu 下的安装

3.2.1　了解 Ubuntu

Ubuntu（又称乌班图）是一个以桌面应用为主的开源 GNU/Linux 操作系统，基于 Debian GNU/Linux，支持 x86、amd64（x64）、ARM 和 PPC 架构，是由全球化的专业开发团队（Canonical Ltd）打造的。其名称来自非洲南部祖鲁语或豪萨语的"ubuntu"一词，类似儒家"仁爱"的思想，意思是"人性""我的存在是因为大家的存在"，是非洲传统的一种价值观。

Ubuntu 起初基于 Debian 发行版和 GNOME 桌面环境，而从 11.04 版起 Ubuntu 发行版放弃了 GNOME 桌面环境，改为 Unity，与 Debian 的不同在于它每 6 个月会发布一个新版本。Ubuntu 的目标在于为一般用户提供一个最新、同时又相当稳定的主要由自由软件构建而成的操作系统。Ubuntu 具有庞大的社区力量，用户可以方便地从社区获得帮助。Ubuntu 对 GNU/Linux 的普及特别是桌面普及做出了巨大贡献，使更多人共享了开源的成果与精彩。

3.2.2　使用 Hyper-V 快速安装 Ubuntu

如果不会安装 Ubuntu 或者没有 Ubuntu 环境，那么推荐使用 Hyper-V 快速安装 Ubuntu，如果已知晓或者已准备好 Ubuntu 系统就可以跳过此节。

注　意
如果 C 盘空间有限，在创建之前，请修改默认的 Hyper-V 设置中的虚拟硬盘和虚拟机的位置。

首先，需要打开 Hyper-V 管理器，如图 3-13 所示。

图 3-13

然后，单击右侧的"快速创建"图标，并在弹出的界面中选择"Ubuntu"相关选项，如图 3-14 所示。

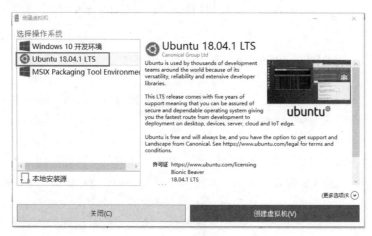

图 3-14

最后，单击"创建虚拟机"按钮，Hyper-V 管理器就会自动下载镜像并进行安装。如果已下载，就会从存档文件中获取并创建，如图 3-15 所示。创建完成后如图 3-16 所示。

图 3-15

图 3-16

安装完成后，就可以连接刚安装好的 Ubuntu 系统了（第一次启动需要点时间），如图 3-17 所示。

图 3-17

接下来就可以按照引导界面来完成系统设置并进入系统主界面了，如图 3-18 所示。

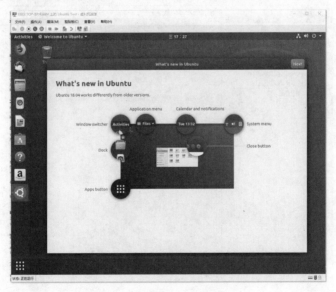

图 3-18

3.2.3　配置外网

安装 Docker 时，我们需要配置外网。如果无法访问外网，我们需要配置 Hyper-V 的虚拟交换机。

首先，我们需要在 Hyper-V 管理器找到"虚拟交换机管理器"选项，如图 3-19 所示。

图 3-19

打开后，单击"新建虚拟网络交换机"选项，创建一个外部虚拟交换机，如图 3-20、图 3-21 所示。

图 3-20

图 3-21

虚拟交换机创建完成后，我们需要设置虚拟机的网络适配器为刚才所创建的交换机，如图 3-22 所示。

图 3-22

设置完成后，我们连接并进入系统，使用自带的火狐浏览器打开百度网站进行确认，如图 3-23 所示。

图 3-23

3.2.4 使用 SSH 远程 Ubuntu

SSH 是一种网络协议，用于计算机之间的加密登录。在 Linux 系统的操作上，SSH 的使用是必备技能。在往后的 Docker 管理和操作方面，我们也离不开它。

1. 在 Ubuntu 上开启 SSH 服务

整个过程比较简单，主要分为以下步骤：

步骤 01 进入 Ubuntu 操作系统，打开 Terminal，如图 3-24 所示。

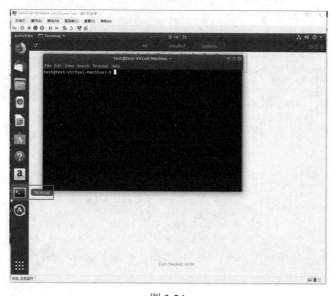

图 3-24

步骤 02　输入"sudo su",切换到 root 账户,如图 3-25 所示。

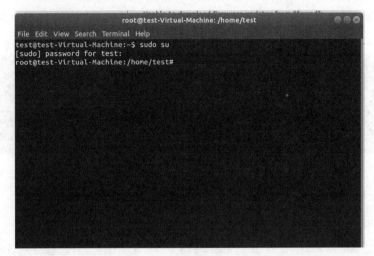

图 3-25

步骤 03　安装 openssh-server。

OpenSSH 是 Secure Shell(SSH)协议工具的免费版本,用于远程控制或在计算机之间传输文件。OpenSSH 提供服务器守护程序和客户端工具,以促进安全、加密的远程控制和文件传输操作,有效地取代传统工具。

输入"apt-get install openssh-server"进行安装,如图 3-26 所示。

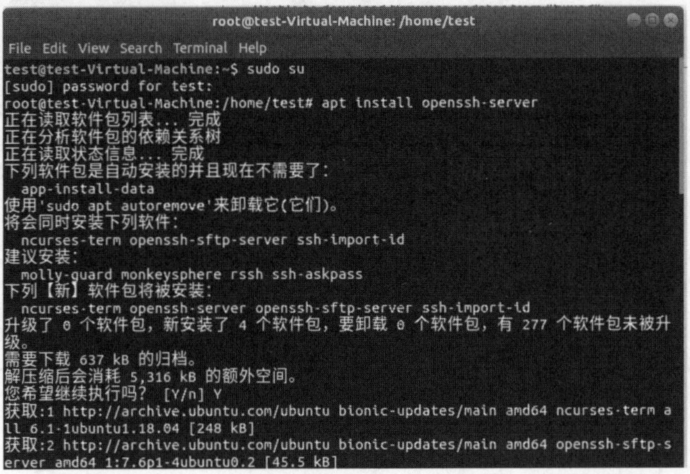

图 3-26

ssh-server 配置文件位于/ etc/ssh/sshd_config,我们可以在此定义 SSH 的服务端口,默认端口为 22。同时,我们可以用以下命令来停止或启动 SSH:

```
/etc/init.d/ssh stop
/etc/init.d/ssh start
```

要判断 ssh-server 是否正常启动,可以使用以下命令:

```
ps -e |grep ssh
```

如图 3-27 所示，由于 OpenSSH 使用 sshd 持续监听来自任何客户端工具的客户端连接，当发生连接请求时，sshd 会根据连接的客户端工具类型设置正确的连接，因此进程中存在 sshd 就表示正常启动。

图 3-27

2. 使用 SSH 远程登录

这里我们使用 Windows 10 操作系统进行演示。

步骤 01 安装 ssh 客户端，这里我们使用 PuTTY（是免费的）。下载地址为 https://www.chiark. greenend.org.uk/~sgtatham/putty/latest.html。

步骤 02 接下来，我们使用账户进行 SSH 远程登录。

① 获取服务端 IP（可通过右上角的网络图标查看），如图 3-28 所示。

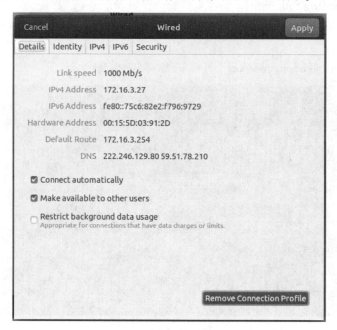

图 3-28

② 打开命令窗口或者 Powershell 窗口（这里使用 Powershell），如图 3-29 所示。

图 3-29

③ 输入 ssh 命令进行登录。

ssh 可以通过账号、公钥登录，这里我们使用账号登录：

```
ssh test@172.16.3.27
```

如果不是使用默认端口，就需要使用-p 参数指定端口。登录成功之后如图 3-30 所示。注意，输入密码时用键盘输入的内容不会有任何显示或掩码提示。连接完成后，我们就可以干各种事情了，比如安装 Docker。

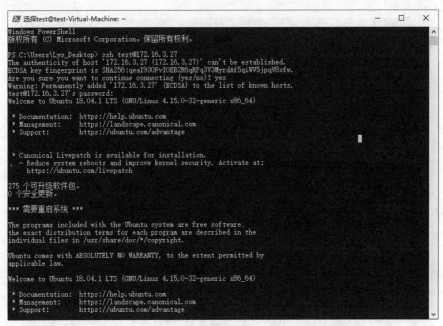

图 3-30

3.2.5 安装 Docker

对于 Docker 在 Linux 环境下的安装，推荐以下两种方式。

1. 使用存储库安装

步骤 01 切换到 root 账户（为了安装方便），如图 3-31 所示。

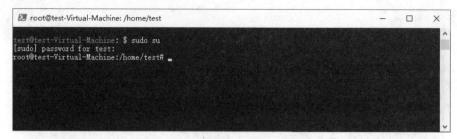

图 3-31

步骤 02 更新 apt 包索引：

```
apt-get update
```

步骤 03 允许 apt 通过 HTTPS 安装（见图 3-32）：

```
apt-get install \
    apt-transport-https \
    ca-certificates \
    curl \
    gnupg-agent \
software-properties-common
```

图 3-32

步骤 04 添加 Docker 的官方 GPG 密钥：

```
curl -fsSL https://download.docker.com/linux/ubuntu/gpg | sudo apt-key add -
apt-key fingerprint 0EBFCD88
```

步骤 **05** 设置稳定存储库：

```
add-apt-repository \
    "deb [arch=amd64] https://download.docker.com/linux/ubuntu \
    $(lsb_release -cs) \
    stable"
```

注　意

lsb_release -cs 子命令返回 Ubuntu 发行版的名称。

步骤 **06** 更新 apt 包索引：

```
apt-get update
```

步骤 **07** 安装最新版本的 Docker CE 和 containerd：

```
apt-get install docker-ce docker-ce-cli containerd.io
```

注　意

通过以下命令可以安装特定版本：

```
apt-get install docker-ce=<VERSION_STRING> docker-ce-cli=
<VERSION_STRING> containerd.io
```

步骤 **08** 开始附加高级魔法，运行 "hello world!" 程序（见图 3-33）：

```
docker run hello-world
```

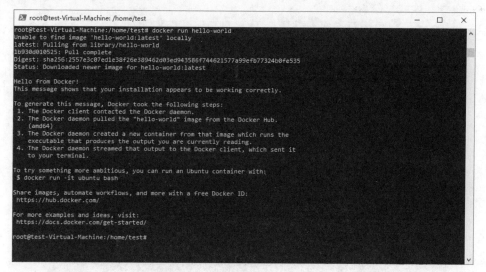

图 3-33

2. 使用快捷脚本安装

可以使用以下命令清除旧版本或者之前的安装：

```
    apt-get remove docker-ce docker-ce-cli containerd.io docker docker-engine
docker.io containerd runc
```

步骤01 切换到 root 账户（为了安装方便）：

```
sudo su
```

步骤02 使用便捷脚本安装。

Docker 在 get.Docker.com 和 test.Docker.com 上提供了便捷脚本，用于快速、非交互地将 Docker CE 的边缘和测试版本安装到开发环境中。脚本的源代码位于 Docker-install 存储库中。

注　意

- 尽量不要在生产环境使用这些脚本。
- 脚本需要 root 或 sudo 权限才能运行。因此，在运行脚本之前，应仔细检查和审核脚本。
- 这些脚本会尝试检测 Linux 发行版和版本，并为你配置包管理系统。此外，脚本不允许你自定义任何安装参数。
- 脚本安装包管理器的所有依赖项和建议，而不要求确认。这可能会安装大量软件包，具体取决于主机的当前配置。
- 脚本默认安装 Docker 的最新版本。

---

① 允许 apt 通过 HTTPS 安装（见图 3-34）：

```
apt-get install \
    apt-transport-https \
    ca-certificates \
    curl \
    gnupg-agent \
software-properties-common
```

图 3-34

② 下载 Docker 安装的便捷脚本，然后执行以下语句（见图 3-35）：

```
curl -fsSL https://get.docker.com -o get-docker.sh
sh get-docker.sh
```

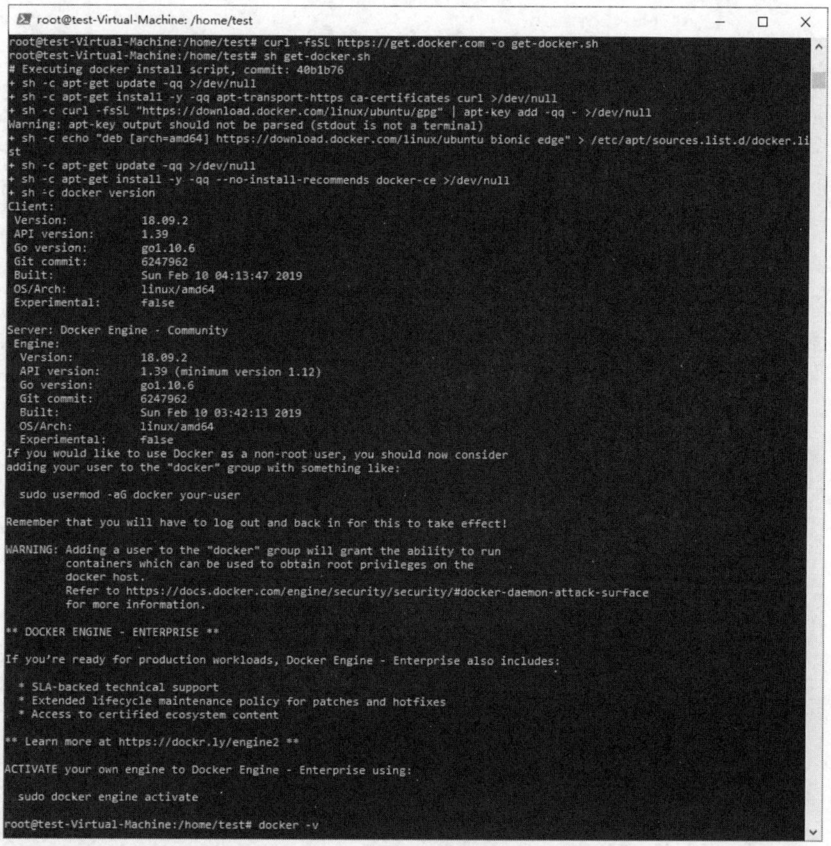

图 3-35

为了更直观地理解 FrameLayout，我们可以在代码中为框架布局动态添加子视图，然后观察前后两个子视图的显示效果。

3.3　CentOS 下的安装

3.3.1　了解 CentOS

CentOS（Community Enterprise Operating System，社区企业操作系统）是 Linux 发行版之一，由 Red Hat Enterprise Linux（RHEL）依照开放源代码规定释出的源代码编译而成。由于出自同样的源代码，因此有些要求高度稳定性的服务器以 CentOS 来替代商业版的 Red Hat Enterprise Linux。两者的不同在于 CentOS 完全开源。

CentOS 虽然是 RHEL 源代码再编译的产物，但是在 RHEL 的基础上修正了不少已知的 Bug，相对于其他 Linux 发行版，其稳定性值得信赖。

CentOS 在 2014 年年初宣布加入 Red Hat（红帽，一家开源解决方案供应商），并且继续免费。

相比 Ubuntu，CentOS 拥有更高的稳定性，但是用户界面相对欠缺。因此，我们建议在生产环境上使用 CentOS，在个人桌面环境中可以考虑 Ubuntu。

3.3.2 使用 CentOS 7 安装 Docker

同样的，我们需要准备好 CentOS 的环境。我们仍然使用 Hyper-V 来进行搭建，安装完成后的登录界面如图 3-36 所示。

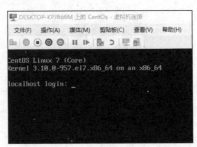

图 3-36

不同的 CentOS 版本可能有不同的配置要求，我们可以使用以下命令查看 CentOS 版本（见图 3-37）：

```
cat /etc/redhat-release
```

```
[root@localhost ~]# cat /etc/redhat-release
CentOS Linux release 7.6.1810 (Core)
[root@localhost ~]#
```

图 3-37

这里，笔者推荐大家使用 CentOS 7 来安装 Docker。接下来，我们就开始逐步安装。

步骤 01 获取 IP（见图 3-38）：

```
ip addr
```

```
[root@localhost ~]# ip addr
1: lo: <LOOPBACK,UP,LOWER_UP> mtu 65536 qdisc noqueue state UNKNOWN group default qlen 1000
    link/loopback 00:00:00:00:00:00 brd 00:00:00:00:00:00
    inet 127.0.0.1/8 scope host lo
       valid_lft forever preferred_lft forever
    inet6 ::1/128 scope host
       valid_lft forever preferred_lft forever
2: eth0: <BROADCAST,MULTICAST,UP,LOWER_UP> mtu 1500 qdisc mq state UP group default qlen 1000
    link/ether 00:15:5d:03:91:33 brd ff:ff:ff:ff:ff:ff
[root@localhost ~]#
```

图 3-38

步骤 02 修改网络配置：

```
cd /etc/sysconfig/network-scripts/
```

编辑网卡，设置为开机启动（见图 3-39）：

```
vi ifcfg-eth0
```

```
[root@localhost ~]# cd /etc/sysconfig/network-scripts/
[root@localhost network-scripts]# ls
ifcfg-eth0   ifdown-eth    ifdown-post   ifdown-Team     ifup-aliases  ifup-ipv6   ifup-post    ifup-Team     init.ipv6-global
ifcfg-lo     ifdown-ippp   ifdown-ppp    ifdown-TeamPort ifup-bnep     ifup-isdn   ifup-ppp     ifup-TeamPort network-functions
ifdown       ifdown-ipv6   ifdown-routes ifdown-tunnel   ifup-eth      ifup-plip   ifup-routes  ifup-tunnel   network-functions-ipv6
ifdown-bnep  ifdown-isdn   ifdown-sit    ifup            ifup-ippp     ifup-plusb  ifup-sit     ifup-wireless
[root@localhost network-scripts]# _
```

图 3-39

　　CentOS 的网卡设置默认是开机不启动的，如图 3-40 所示。我们需要修改设置，即将 "ONBOOT=no" 修改为 "ONBOOT=yes"，如图 3-41 所示。

图 3-40　　　　　　　　　　　　　　　　　　　　　　　　　　图 3-41

　　值得说明的是，vi 是 CentOS 7 内置的文本编辑器，修改完成后可以按下 Esc 键退出编辑模式，然后输入 ":wq" 来保存并退出。重新启动网络服务之后我们就得到了当前的 IP 地址（见图 3-42）：

```
systemctl restart network
ip addr
```

```
[root@localhost network-scripts]# systemctl restart network
[root@localhost network-scripts]# ip addr
1: lo: <LOOPBACK,UP,LOWER_UP> mtu 65536 qdisc noqueue state UNKNOWN group default qlen 1000
    link/loopback 00:00:00:00:00:00 brd 00:00:00:00:00:00
    inet 127.0.0.1/8 scope host lo
       valid_lft forever preferred_lft forever
    inet6 ::1/128 scope host
       valid_lft forever preferred_lft forever
2: eth0: <BROADCAST,MULTICAST,UP,LOWER_UP> mtu 1500 qdisc mq state UP group default qlen 1000
    link/ether 00:15:5d:03:91:33 brd ff:ff:ff:ff:ff:ff
    inet 172.16.3.81/24 brd 172.16.3.255 scope global noprefixroute dynamic eth0
       valid_lft 7195sec preferred_lft 7195sec
    inet6 fe80::1eed:38a0:709d:9537/64 scope link noprefixroute
       valid_lft forever preferred_lft forever
[root@localhost network-scripts]#
```

图 3-42

步骤 03 设置 SSH。

CentOS 默认已经安装了 SSH，我们只需启动 SSH 服务即可：

```
systemctl start sshd.service
```

这里特别说明一下，systemctl 是一个系统管理守护进程、工具和库的集合，用于取代 System V、service 和 chkconfig 命令，初始进程主要负责控制 systemd 系统和服务管理器。

注　意
如果未安装 SSH，那么可以使用命令 "yum install openssh-server" 进行安装。另外，我们可以使用 "systemctl enable sshd.service" 命令来设置开机启动。

SSH 服务安装成功并启动后，我们就可以使用 SSH 来进行远程登录了，如图 3-43 所示。

图 3-43

步骤 04 安装 Docker。

使用 curl 工具下载 Docker 安装脚本并执行（见图 3-44）：

```
curl -fsSL https://get.docker.com -o get-docker.sh
sh get-docker.sh
```

图 3-44

如果未使用 root 账户登录，请使用 "sudo sh get-docker.sh" 命令来执行安装脚本。安装完成后，我们输入 "docker -v" 检查是否安装成功，如图 3-45 所示。

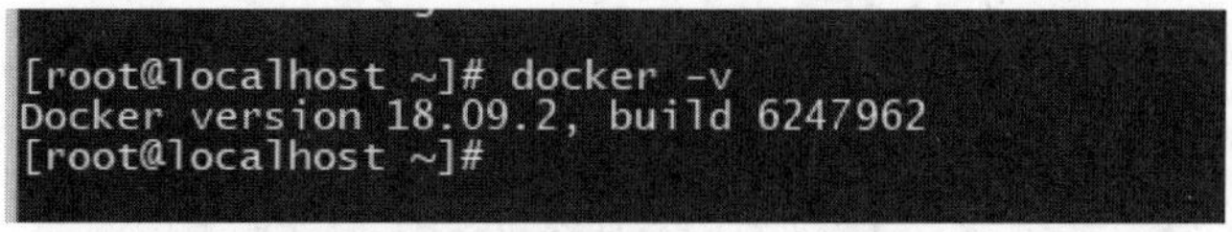

[root@localhost ~]# docker -v
Docker version 18.09.2, build 6247962
[root@localhost ~]#

图 3-45

3.4　基于树莓派搭建个人网盘

3.4.1　什么是树莓派

树莓派（Raspberry Pi，RPi），或者简称为 RasPi / RPI，是为学习计算机编程教育而设计的只有信用卡大小的微型电脑，基于 Linux 系统。Windows 10 IoT 发布后，我们也可以在树莓派上运行 Windows 系统。树莓派自问世以来，受众多计算机发烧友和创客的追捧，曾经一“派”难求。别看其外表“娇小”，内“心”却很强大，视频、音频等功能通通都有，可谓是“麻雀虽小，五脏俱全”。

总体上来说，树莓派是一款基于 ARM 的微型电脑主板，以 SD/MicroSD 卡为内存硬盘，卡片主板周围有 1/2/4 个 USB 接口和一个 10/100 Mbps 以太网接口（A 型没有网口），可连接键盘、鼠标和网线，同时拥有视频模拟信号的电视输出接口和 HDMI 高清视频输出接口，以上部件全部整合在一张仅比信用卡稍大的主板上，具备所有 PC 的基本功能，只需接通电视机和键盘就能执行电子表格、文字处理、玩游戏、播放高清视频等诸多功能。Raspberry Pi B 款只提供电脑板，无内存、电源、键盘、机箱或连线。

树莓派是通过有生产许可的 Element 14/Premier Farnell、RS Components 及 Egoman 生产的。这三家公司都在网上出售树莓派。我们也可以在京东、淘宝等国内网站购买树莓派。如需进一步了解，各位可以访问官方网站（https://www.raspberrypi.org/）。

树莓派官方网站有很多实验项目（https://projects.raspberrypi.org/zh-CN/projects），如图 3-46 所示。有兴趣的朋友可以去多多尝试。

查找项目：
所有主题
摇滚乐队
捉鬼敢死队
聊天机器人
迷失太空
学习如何编写你自己的动画！
热门宠物
克隆战争

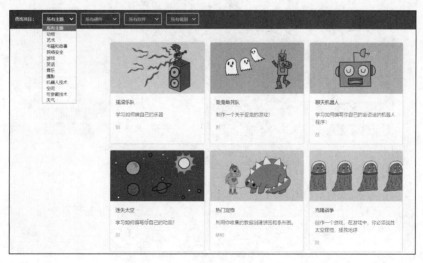

图 3-46

树莓派（见图 3-47）的价格非常便宜，基本上 200 多元就可以入手一台。

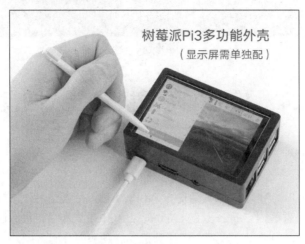

图 3-47

树莓派的硬件配置非常丰富（见图 3-48），处理器强大而且内存足够，可以用于许多场景，比如智能家居的中控、航空器、BT 下载器、挖矿机、智能机器人、小型服务器（花生壳+网站）等。

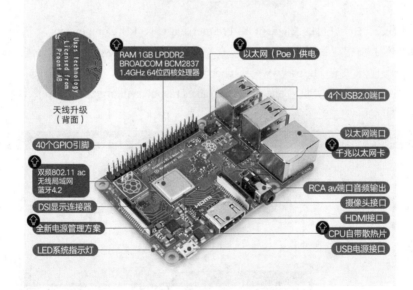

图 3-48

艺术照看过了，我们上一张实景图（见图 3-49）。对，就是下面那个小盒子，可以连接键盘、鼠标和显示器。

图 3-49

接下来，我们就在这个小盒子上基于 Docker 来运行个人网盘。揣上就好，数据谁也拿不走！

3.4.2　开启 SSH

我们在之前已经讲过，SSH 主要是用于远程登录。在自带的树莓派系统中，开启 SSH 比较简单。我们可以使用"sudo raspi-config"命令进入配置界面，如图 3-50 所示。然后选择"Advanced Options"选项，出现如图 3-51 所示的界面。

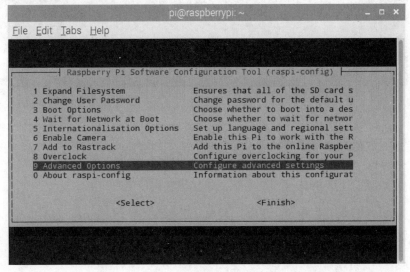

图 3-50

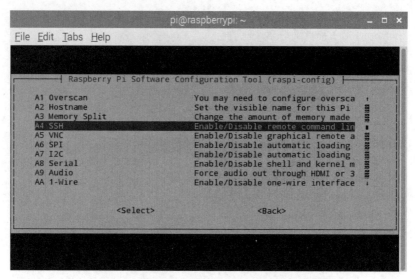

图 3-51

最后，选择"A4 SSH"选项，启用 SSH 服务，如图 3-52 所示。

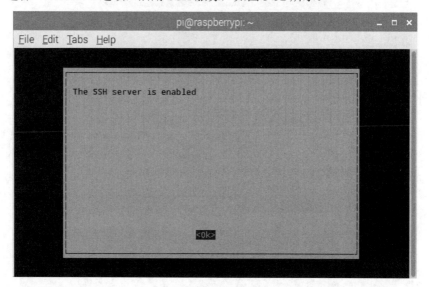

图 3-52

3.4.3 安装 Docker

和之前一样，我们使用 SSH 来安装 Docker。这里我们使用快捷脚本安装。

步骤 01 使用 SSH 连接树莓派（见图 3-53）。

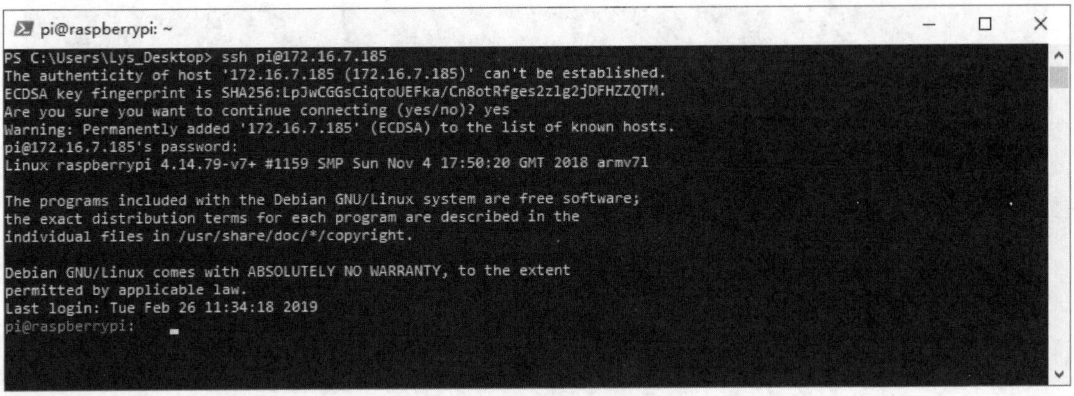

图 3-53

步骤 02 使用快捷脚本安装。

如有疑问，可以回顾之前的教程，这里我们直接执行以下脚本（见图 3-54）：

```
curl -fsSL https://get.docker.com -o get-docker.sh
sh get-docker.sh
```

图 3-54

注 意

dpkg 是 Debian Packager 的简写，是为 Debian 专门开发的套件管理系统，方便软件的安装、更新及移除。所有源自 Debian 的 Linux 发行版都使用 dpkg，例如 Ubuntu、KNOPPIX 等。dpkg 是 Debian 软件包管理器的基础，在刚才安装 Docker 时，dpkg 被中断，我们可以使用 "sudo dpkg --configure -a" 命令来重新配置和释放所有的软件包（见图 3-55），然后再次执行安装脚本（见图 3-56），直到安装成功（见图 3-57）。

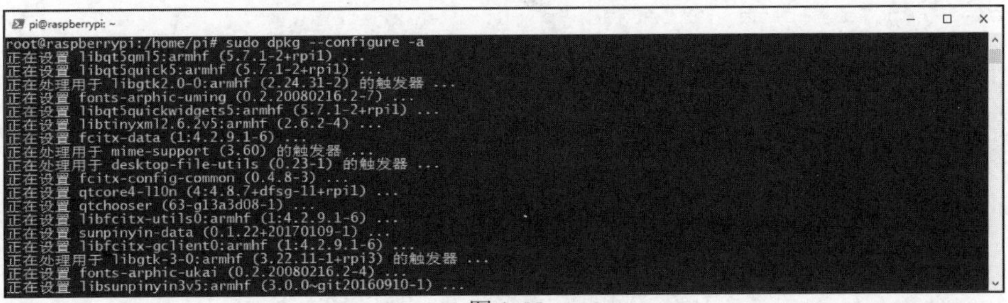

图 3-55

图 3-56

图 3-57

3.4.4 基于树莓派的一行命令搭建个人网盘

网盘我们用的很多，但大多都是收费的，而且还限流，那么如何快捷地依赖树莓派搭建我们自己的个人网盘呢？其实仅需一行命令足矣：

```
docker run -d --name nextcloud -p 80:80 nextcloud
```

如上命令所示，我们使用了 nextcloud 的镜像。需要特别说明的是，NextCloud 是国外一个开源的网盘应用，用户可以免费下载并安装在服务器等终端，随时管理自己的数据（个人、创业团队均可免费使用），支持各种文件、日历、联系人和邮件等。NextCloud 的主要优势如下：

- 开源项目，没有服务费、会员费。
- 文件、空间大小、上传下载速度不受限。
- 功能丰富齐全，支持办公协作、一键分享、在线预览、子账号管理、看板、下载管理器等。

- 数据存储在自己的服务器上，数据隐私有保障。

在树莓派执行以上命令之后，我们就可以通过 IP 或者主机名称访问个人网盘了。创建管理账户之后的网盘主界面如图 3-58 所示。

图 3-58

在局域网中，访问速度非常快，我们可以在电脑上在线看视频、图片、PDF 等文件，而且 NextCloud 提供了移动端 APP，真心是非常方便、快捷、好用。使用树莓派，插一个移动硬盘或者存储卡，配置一个花生壳，我们的个人云盘就毫不逊色于主流的网盘了。

一行 Docker 命令就打开了个人云盘之旅，但是整个行程其实并不是这么简单的，我们还需要考虑以下问题：

- 如何实现容器数据的持久化？就如以上示例所示，当我们的容器重启之后就发现刚刚上传的文件都不见了，该如何处理呢？
- 如何保障容器持久健康运行？崩溃之后又如何自动恢复？
- 如何更友好地访问我们的应用呢？
- 如何更新、升级以及回退应用呢？
- 容器应用出现异常又该如何调测呢？

总之，我们面临的问题可能还有很多，那就一起在后续的章节中寻找答案吧！

第 4 章

Docker 命令基础知识

本地 Docker 环境已经搭建好了，本章将带领大家进一步进行实践——玩转 Docker 基础命令。只有熟悉了这些命令，在后续的 Docker 应用开发中才能得心应手、水到渠成。

本章主要结合实践示例讲解 Docker 的一些主要镜像操作命令、容器操作命令以及相关参数。部分 Docker 命令将在后续章节结合相关实践进行讲解，比如 "docker exec" "docker logs" 等。

除了使用 Docker 命令管理容器，本章还将讲解如何使用 Kitematic 来管理 Docker 容器。

本章主要包含以下内容：

- Docker 登录，可用于登录 Docker Hub 以及第三方（如腾讯云镜像仓库）的私有镜像仓库；
- Docker 镜像拉取，以及从私有仓库拉取；
- 列出本地镜像，支持检索和筛选，并且可以指定模板进行输出；
- 镜像运行以及主体参数说明；
- 列出本地容器，可以通过参数查看不同状态的容器，支持筛选和模板输出；
- 镜像详情查看；
- 镜像删除以及批量删除；
- 镜像清理；
- 磁盘占用分析；
- 容器删除以及强制删除；
- 镜像构建和参数详解；
- 镜像历史查看；
- 镜像名称和标签修改；
- 镜像推送以及推送到私有仓库；
- 使用 Kitematic 的可视化 UI 来管理 Docker。

4.1　登　录

前面我们已经完成 Docker 的安装并运行了几个 Demo。为了后续的 Docker 开发和使用，我们需要对 Docker 的一些常用命令有基本的了解。本章仅对一些常用命令进行讲解，并不包含所有的命令，另有部分命令会结合后续的实践章节进行讲解，比如"docker exec"。

为了便于大家练习，这里我们先从登录命令开始讲解。

在第 1 章中，我们介绍过仓库的概念——仓库就是集中存放镜像仓库的地方。就像现实中的仓库存在门禁一样，线上的私有仓库也需要通过口令登录，也就是账号密码。对于 Docker 的镜像仓库，我们可以使用登录命令登录 Docker Hub 以及第三方（比如腾讯云镜像仓库）的私有镜像仓库：

```
docker login [OPTIONS] [SERVER]
```

4.1.1　OPTIONS 说明

有关登录命令的 OPTIONS 说明如表 4-1 所示。

表 4-1　OPTIONS 说明

名字，简写	默认	描述
--password , -p		密码
--password-stdin		从stdin获取密码
--username , -u		用户名

注：默认值为空（余同）。

4.1.2　登录 Docker Hub

在进行以下实践之前，需要先注册一个 Docker Hub 的个人账号，如图 4-1 所示。

图 4-1

默认情况下，如果不提供"[server]"参数，就默认登录到 Docker Hub。比如：

```
docker login --username magicodes
```

这时会提示输入密码，输入密码之后显示登录成功提示，如图 4-2 所示。

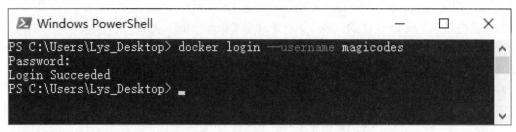

图 4-2

4.1.3 登录到腾讯云镜像仓库

通过 Login 命令参数可以知道，仅提供 server 参数即可登录第三方镜像仓库。在使用腾讯云镜像仓库之前，需要注册腾讯云账号并开通相关服务，如图 4-3 所示。

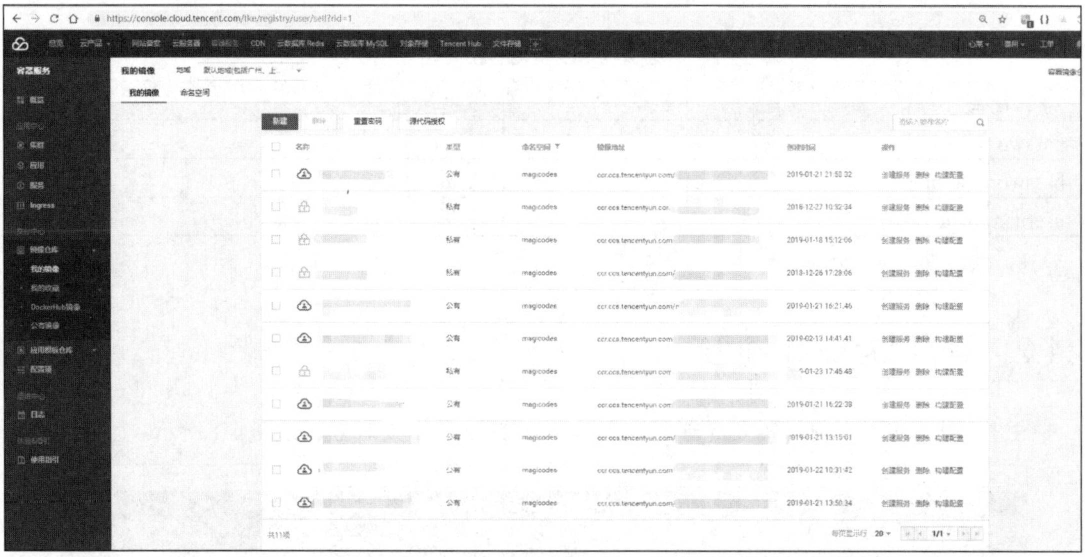

图 4-3

准备好之后，执行以下命令（见图 4-4）：

```
docker login --username=[username] ccr.ccs.tencentyun.com
```

图 4-4

如果希望通过脚本自动执行登录命令，可以使用"--password"参数来指定密码。

4.2　拉取镜像

Docker Hub 上有大量的镜像可用，我们只需一行命令即可获取。相关语法如下：

```
docker pull [OPTIONS] NAME[:TAG|@DIGEST]
```

等同于：

```
docker image pull [OPTIONS] NAME[:TAG|@DIGEST]
```

在上述语法中，如果没有指定 tag，那么默认会使用":latest"作为标签。

4.2.1　OPTIONS 说明

拉取镜像的 OPTIONS 说明如表 4-2 所示。

表 4-2　OPTIONS 说明

名称，简写	默认值	描述
--all-tags , -a		从仓库获取所有镜像
--disable-content-trust	true	跳过镜像校验
--platform		设置镜像所属平台，如果有多个镜像服务

4.2.2　从 Docker Hub 拉取镜像

清楚了以上选项，我们开始尝试拉取镜像，比如从 Docker Hub（默认）获取 redis 镜像，仅需执行以下命令：

```
docker pull redis
```

如图 4-5 所示，执行上述命令后会自动从 Docker Hub 获取相关镜像，如果没有设置 tag（标签），那么默认会使用 latest。

图 4-5

我们也可以拉取指定标签镜像，比如获取.NET Core 运行时 2.2 的镜像（见图 4-6）：

```
docker pull mcr.microsoft.com/dotnet/core/runtime:2.2
```

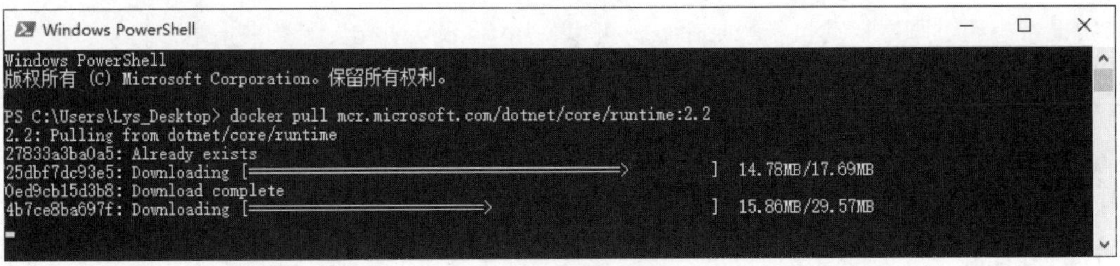

图 4-6

4.2.3 从腾讯云镜像仓库拉取镜像

从其他镜像仓库拉取镜像的方式基本类似，这里以腾讯云镜像仓库为例。腾讯云的镜像仓库分为公共仓库和项目仓库。

公共仓库拉取无须验证（见图 4-7），如下所示：

```
docker pull hub.tencentyun.com/tgit/redis:4.0.11-alpine
```

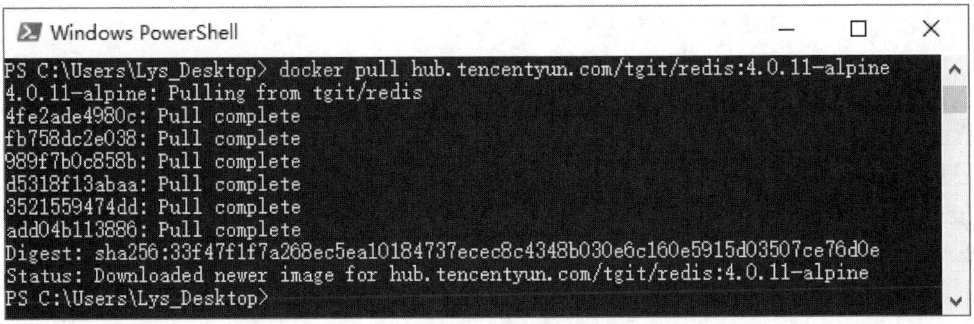

图 4-7

项目仓库（包括容器服务下的"我的镜像"）用于托管用户的私有镜像，每个镜像都有特定的唯一标识（镜像的 Registry 地址+镜像名称+镜像 Tag），因此拉取前要先授权。相关开通的过程比较简单，我们这里先略过。下面我们先介绍一下从私有仓库拉取镜像的语法。

步骤 01 登录到镜像仓库，需输入密码：

```
docker login --username=[username] ccr.ccs.tencentyun.com
```

步骤 02 拉取镜像：

```
docker pull ccr.ccs.tencentyun.com/[namespace]/[ImageName]:[镜像版本号]
```

假设我们在腾讯云的私有仓库中存在如图 4-8 所示的镜像。

图 4-8

根据以上步骤，总体命令如下：

```
docker login --username <用户名> --password <仓库密码> ccr.ccs.tencentyun.com
docker pull ccr.ccs.tencentyun.com/xinlai/redis:alpine
```

执行结果如图 4-9 所示。

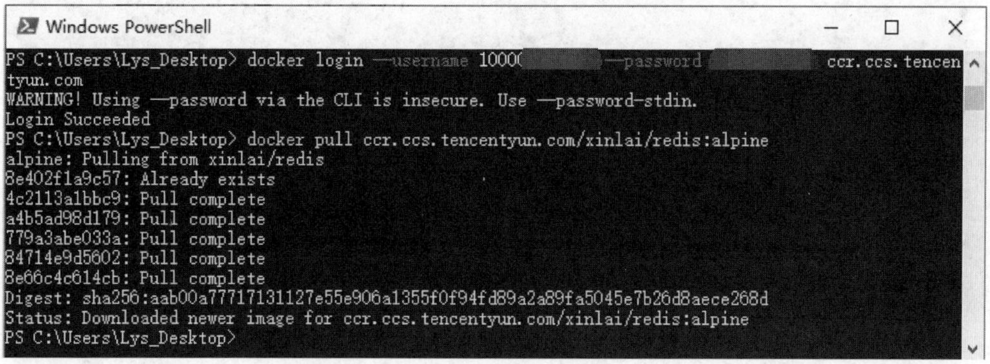

图 4-9

4.3　列出本地镜像

要想列出本地已经下载的镜像，可以使用：

```
docker image ls [OPTIONS] [REPOSITORY[:TAG]]
```

或者：

```
docker images [OPTIONS] [REPOSITORY[:TAG]]
```

注　意
这两个命令完全等同！结果和参数完全一致。

4.3.1　OPTIONS 说明

列出本地镜像的 OPTIONS 说明如表 4-3 所示。

表 4-3　OPTIONS 说明

名字，简写	默认	描述
--all , -a		显示所有镜像（默认隐藏中间层镜像）
--digests		显示摘要
--filter , -f		根据提供的条件过滤输出
--format		格式化输出
--no-trunc		不要截断输出
--quiet , -q		仅显示数字 ID

执行后，如图 4-10 所示，列表中包含镜像名称、标签、镜像 ID、创建时间以及镜像大小。

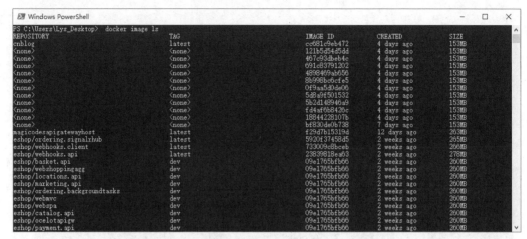

图 4-10

<table>
<tr><th colspan="2" style="text-align:center">注　意</th></tr>
</table>

镜像 ID 是镜像的唯一标识，一个镜像可以对应多个标签。从图 4-10 中可以看到很多悬空镜像（dangling image），也就是上面列表中镜像名为<none>的镜像。为什么会有这么多的悬空镜像呢？因为一个镜像存在多个版本，新旧镜像同名，所以旧的镜像名称就被剥夺了。

4.3.2　按名称和标签列出镜像

OPTIONS 是可选的，摘取之后列出镜像的命令为：

```
docker image ls [REPOSITORY[:TAG]]
```

或者是：

```
docker images [REPOSITORY[:TAG]]
```

注意单复数的区别！根据此语法，我们可以按名称和标签来列出镜像，如 redis 镜像（见图 4-11）：

```
docker image ls redis
```

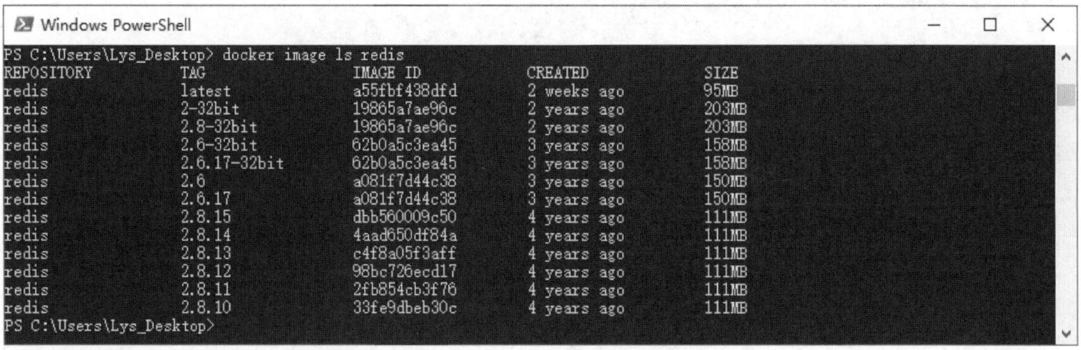

图 4-11

我们也可以筛选指定标签的镜像（见图 4-12）：

```
docker image ls redis:2.6
```

```
PS C:\Users\Lys_Desktop> docker image ls redis:2.6
REPOSITORY          TAG                 IMAGE ID            CREATED             SIZE
redis               2.6                 a081f7d44c38        3 years ago         150MB
PS C:\Users\Lys_Desktop>
```

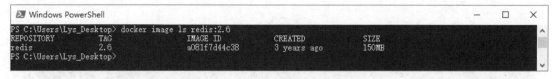

图 4-12

此语法支持通配符筛选（见图 4-13、图 4-14）：

```
docker image ls r*
```

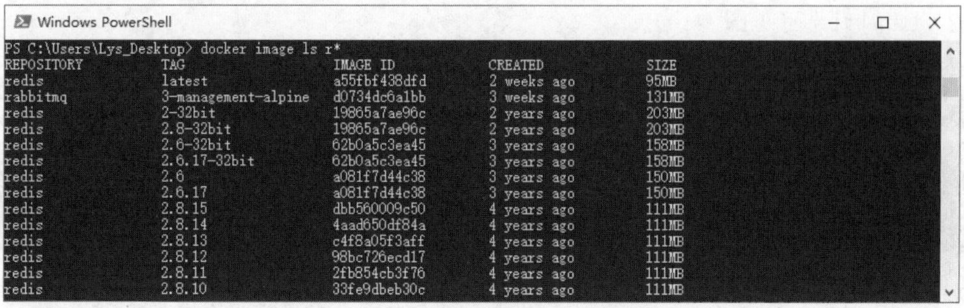

```
PS C:\Users\Lys_Desktop> docker image ls r*
REPOSITORY          TAG                      IMAGE ID            CREATED             SIZE
redis               latest                   a55fbf438dfd        2 weeks ago         95MB
rabbitmq            3-management-alpine      d0734dc6a1bb        3 weeks ago         131MB
redis               2-32bit                  19865a7ae96c        2 years ago         203MB
redis               2.8-32bit                19865a7ae96c        2 years ago         203MB
redis               2.6-32bit                62b0a5c3ea45        3 years ago         158MB
redis               2.6.17-32bit             62b0a5c3ea45        3 years ago         158MB
redis               2.6                      a081f7d44c38        3 years ago         150MB
redis               2.6.17                   a081f7d44c38        3 years ago         150MB
redis               2.8.15                   dbb560009c50        4 years ago         111MB
redis               2.8.14                   4aad650df84a        4 years ago         111MB
redis               2.8.13                   c4f8a05f3aff        4 years ago         111MB
redis               2.8.12                   98bc726ecd17        4 years ago         111MB
redis               2.8.11                   2fb854cb3f76        4 years ago         111MB
redis               2.8.10                   33fe9dbeb30c        4 years ago         111MB
```

图 4-13

```
docker image ls r*:2*
```

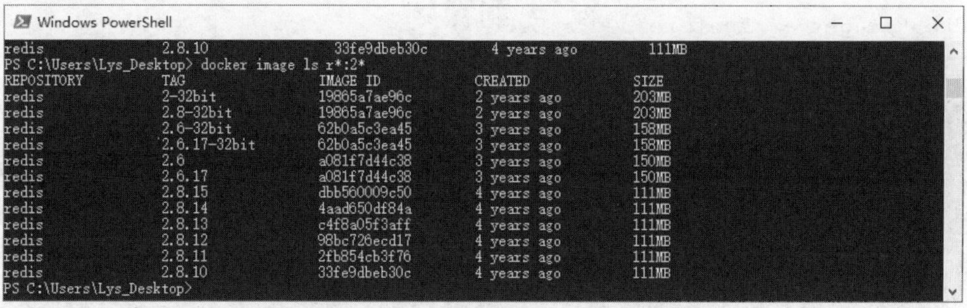

```
redis               2.8.10                   33fe9dbeb30c        4 years ago         111MB
PS C:\Users\Lys_Desktop> docker image ls r*:2*
REPOSITORY          TAG                 IMAGE ID            CREATED             SIZE
redis               2-32bit             19865a7ae96c        2 years ago         203MB
redis               2.8-32bit           19865a7ae96c        2 years ago         203MB
redis               2.6-32bit           62b0a5c3ea45        3 years ago         158MB
redis               2.6.17-32bit        62b0a5c3ea45        3 years ago         158MB
redis               2.6                 a081f7d44c38        3 years ago         150MB
redis               2.6.17              a081f7d44c38        3 years ago         150MB
redis               2.8.15              dbb560009c50        4 years ago         111MB
redis               2.8.14              4aad650df84a        4 years ago         111MB
redis               2.8.13              c4f8a05f3aff        4 years ago         111MB
redis               2.8.12              98bc726ecd17        4 years ago         111MB
redis               2.8.11              2fb854cb3f76        4 years ago         111MB
redis               2.8.10              33fe9dbeb30c        4 years ago         111MB
PS C:\Users\Lys_Desktop>
```

图 4-14

4.3.3　筛选

我们可以使用筛选参数来进行筛选，比如-f 或--filter，格式为“key = value”，支持多个筛选器。目前支持的方式有：

- dangling，是否悬空镜像（布尔类型）。
- label，标签（label=<key>或 label=<key>=<value>）。
- before（<image-name>[:<tag>]，<image id>or <image@digest>），过滤在给定 id 或引用之前创建的镜像。
- since（<image-name>[:<tag>]，<image id>or <image@digest>），过滤自给定 id 或引用以来创建的镜像。

- reference，过滤指定模式匹配的镜像。

（1）筛选悬空镜像（见图 4-15）：

```
docker images --filter "dangling=true"
```

图 4-15

（2）Label 筛选（见图 4-16）：

```
docker images --filter label=MAINTAINER=xinlai@xin-lai.com
```

图 4-16

（3）按指定镜像的前后时间来筛选。

在指定镜像之前（见图 4-17）：

```
docker images -f "before=redis:2.6"
```

![图 4-17 Windows PowerShell 窗口截图，显示 docker images -f before=redis:2.6 的输出，列出 redis 2.8.15 至 2.8.10 各版本镜像]

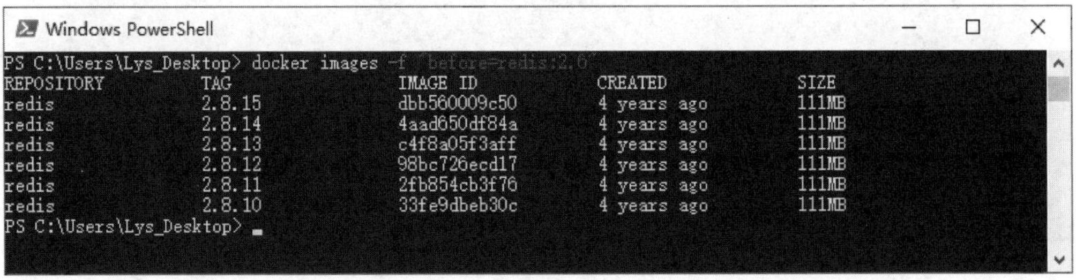

图 4-17

在指定镜像之后（见图 4-18）：

```
docker image -f "since=redis:2.6"
```

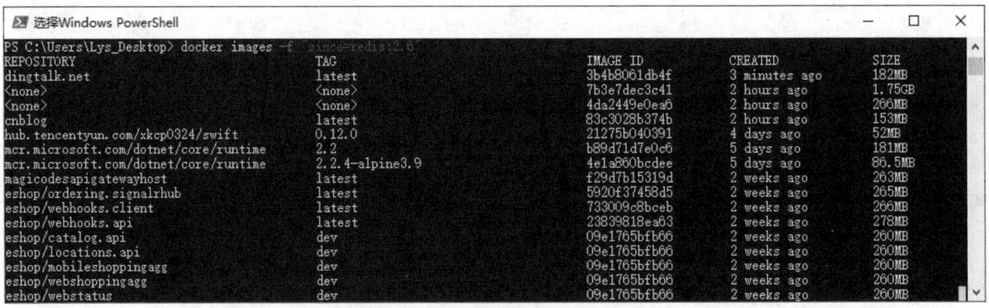

![图 4-18 Windows PowerShell 窗口截图，显示 docker images -f since=redis:2.0 的输出，列出 dingtalk.net、cnblog、eshop 等多个镜像]

图 4-18

（4）reference 筛选（见图 4-19）：

```
docker images -f=reference='r*:*2.8*'
```

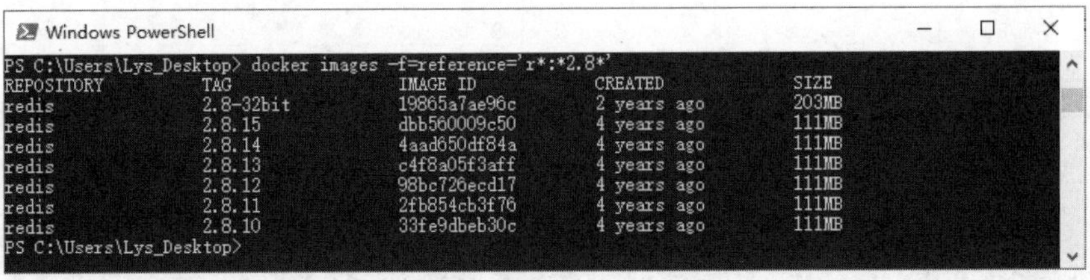

图 4-19

（5）根据指定模板输出。如上面的选项所示，此命令支持格式化输出。很多命令都支持格式化参数，这里我们演示一下此参数的使用。首先，我们需要知道此参数的有效格式化字段（占位符），如表 4-4 所示。

表 4-4　占位符及描述

占位符	描述	占位符	描述
.ID	镜像ID	.CreatedSince	镜像创建了多长时间
.Repository	镜像存储库	.CreatedAt	创建镜像的时间
.Tag	镜像标签	.Size	镜像大小
.Digest	镜像摘要		

注　意

以上占位符区分大小写，前缀"."都是必需的，而且仅能使用以上占位符，比如"Image ID"等都是不支持的。

接下来，我们就可以格式化输出想显示的内容了，比如：

```
docker images --format "{{.ID}}({{.CreatedSince}}): {{.Repository}}"
```

具体执行结果如图 4-20 所示。

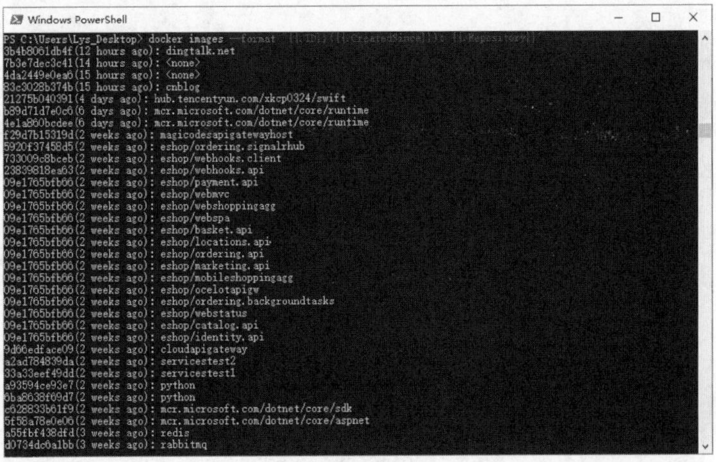

图 4-20

我们还可以加上筛选项（见图 4-21）：

```
docker images --format "{{.ID}}({{.CreatedSince}}): {{.Repository}}" --filter
"dangling=false"
```

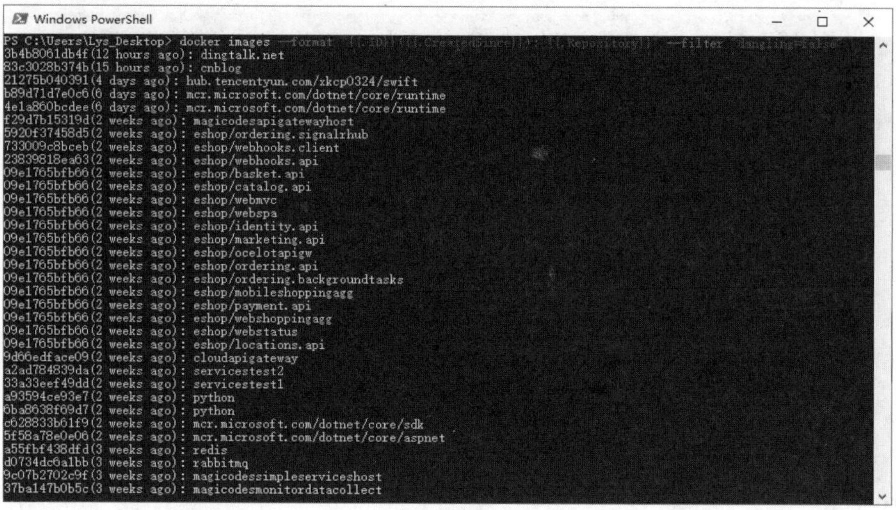

图 4-21

4.4　运行镜像

无论我们本地是否存在相关镜像，都可以使用 docker run 命令来运行。如果本地镜像不存在，Docker 会自动拉取相关镜像并运行。语法如下：

```
docker run [OPTIONS] IMAGE [COMMAND] [ARG...]
```

4.4.1　OPTIONS 说明

OPTIONS 说明如表 4-5 所示。

表 4-5　OPTIONS 说明

名称，简写	默认值	描述
--add-host		添加自定义主机IP映射（在/etc/hosts文件添加一行）
--attach , -a		附加到STDIN（标准输入）、STDOUT（标准输出）或STDERR（标准错误）
--cap-add		添加Linux功能，清单可参见https://linux.die.net/man/7/capabilities
--cap-drop		移除Linux功能
--cidfile		将容器ID写入文件
--cpu-period		指定CPU CFS的调度周期，默认是100ms
--cpu-quota		限制CPU CFS的配额
--cpu-shares , -c		按比例切分CPU资源（CPU共享的权重）

（续表）

名称，简写	默认值	描述
--cpus		指定容器可以使用的CPU核心数量
--cpuset-cpus		限制使用的CPU的集合。例如，有4个CPU，0-3代表全部可以使用，1,3表示可以使用第二个和第四个
--detach，-d		在后台运行容器并打印容器ID
--device		将主机设备添加到容器中
--disable-content-trust	true	跳过镜像校验
--dns		设置自定义DNS服务器
--entrypoint		重写（覆盖）镜像的ENTRYPOINT设置
--env，-e		环境变量设置
--env-file		从文件读取环境变量列表
--expose		公开一个或多个端口
--health-cmd		健康检查命令，例如： curl --silent --fail localhost /health || exit 1
--health-interval		健康检查间隔（ms | s | m | h，默认为0）
--health-retries		失败连续报告次数
--health-start-period		启动健康检查之前容器初始化的开始时间段（ms | s | m | h，默认为0）
--health-timeout		允许一次检查执行的最长时间（ms|s|m|h，默认为0）
--help		打印帮助说明
--hostname，-h		指定容器主机名称
--ip		IPv4地址（例如，172.30.100.104）
--ip6		IPv6地址（例如，2001:db8 :: 33）
--ipc		使用IPC模式
--label，-l		设置容器元数据，支持键值对和JSON
--label-file		从文件读取元数据和标签
--link		链接容器
--log-driver		记录容器的驱动程序
--log-opt		日志驱动程序选项
--mac-address		设置容器MAC地址（例如，92:d0:c6:0a:29:33）
--memory，-m		内存限制
--memory-reservation		设置内存的软限制
--memory-swap		限制一个容器可以使用的交换分区的大小，前提是必须先设置-m才能生效
--memory-swappiness		设置容器的swap控制行为，值为0-100
--kernel-memory		设置核心内存的最大值
--mount		挂载文件系统
--name		指定容器名称
--net		为容器指定网络连接
--network		为容器指定网络连接
--no-healthcheck		禁用健康检查

（续表）

名称，简写	默认值	描述
--oom-kill-disable		是否阻止OOM杀死容器，默认为否
--privileged		启用特级权限
--publish , -p		将容器的端口发布到主机
--publish-all , -P		将所有公开的端口发布到随机端口
--read-only		将容器的根文件系统挂载为只读
--restart	no	指定容器的重启策略。重启策略控制Docker守护程序在退出后是否重新启动容器。指定always时，将在退出后始终重新启动容器
--rm		退出时自动删除容器
--stop-timeout		容器停止时的超时时间，超时后将被强杀
--storage-opt		设置容器的存储驱动选项
--tmpfs		挂载tmpfs（临时文件系统）
--tty , -t		分配伪TTY（终端设备）
--user , -u		指定用户名或UID（格式为<name|uid>[:<group|gid>]）启动
--volume , -v		绑定卷
--volumes-from		从指定容器装载卷
--workdir , -w		指定容器内工作目录

4.4.2 简单运行

Run 命令的配置项很多，但是通常使用起来很简单，例如"docker run redis"，如图 4-22 所示。

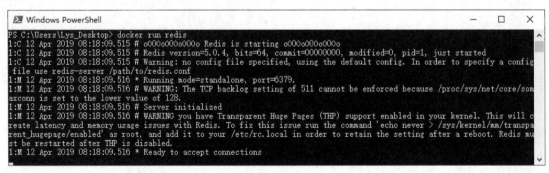

图 4-22

我们通过简单的命令即可使镜像运行起来。不过，通常我们需要指定端口、环境变量、数据卷、运行命令等才能满足镜像的正常运行。（我们会结合后续的 Docker 编程和数据库容器化等来进行具体的讲解。）

4.5 列出容器

刚才我们通过"docker run"将镜像运行起来了，也就是基于镜像新建一个容器并进行启动。那么如何查看容器列表呢？语法如下：

```
docker ps [OPTIONS]
```

4.5.1 OPTIONS 说明

OPTIONS 说明如表 4-6 所示。

表 4-6 OPTIONS 说明

名字，简写	默认	描述
--all , -a		显示所有容器（默认显示刚刚运行的容器）
--filter , -f		根据提供的条件过滤输出
--format		使用模板格式化输出
--last , -n	-1	显示最后创建的容器（包括所有状态）
--latest , -l		显示最新创建的容器（包括所有状态）
--no-trunc		不要截断输出
--quiet , -q		仅显示ID
--size , -s		显示大小

4.5.2 查看正在运行的容器

查看刚刚运行的容器，仅需执行以下命令（见图 4-23）：

```
docker ps
```

图 4-23

4.5.3 显示正在运行和已停止的容器

docker ps 命令默认只显示正在运行的容器。要查看所有容器，请使用 -a（或 --all）标志（见图 4-24）。

图 4-24

4.5.4 筛选

docker ps 命令支持通过--filter 参数进行过滤，如果有多个过滤条件，就需要指定多个--filter。目前主要支持的过滤器如表 4-7 所示。

表 4-7 目前主要支持的过滤器

过滤	描述
id	容器的ID
name	容器的名称
label	根据元数据的键或键值对的任意字符串进行过滤，值为<key>或<key>=<value>
exited	根据容器状态码进行过滤，只对--all有用
status	根据容器状态过滤，参数有created、restarting、running、removing、paused、exited或者dead
ancestor	根据父级容器过滤，值形式为<image-name>[:<tag>]、<image id>或<image@digest>
before 或 since	过滤在给定容器ID或名称之前/之后创建的容器
volume	过滤绑定指定卷正在运行的容器
network	过滤连接到给定网络运行中的容器
publish 或 expose	过滤给定端口的容器，语法为<port>[/<proto>]或<startport-endport>/[<proto>]
health	根据容器的健康状况筛选容器，可选值为starting、healthy、unhealthy或none

4.5.5 根据指定模板输出

使用方式和镜像列表的相似，有效的占位符如表 4-8 所示。

表 4-8 有效的占位符

占位符	描述
.ID	容器ID
.Image	镜像ID
.Command	命令
.CreatedAt	创建容器的时间
.RunningFor	自容器启动以来经过的时间
.Ports	暴露的端口
.Status	状态
.Size	大小
.Names	容器名称
.Labels	分配给容器的所有标签

（续表）

占位符	描述
.Label	此容器特定标签的值，例如'{{.Label "com.docker.swarm.cpu"}}'
.Mounts	此容器中安装的卷的名称
.Networks	附加到此容器的网络的名称

通用使用以上占位符，我们可以输出不带表头的格式（见图 4-25）：

```
docker ps --format "{{.ID}}: {{.Command}} {{. Status }}" --no-trunc
```

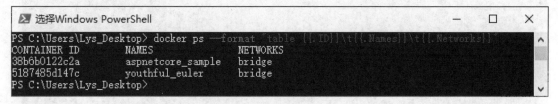

图 4-25

如果想以表格的形式输出，可以使用如下示例（见图 4-26）：

```
docker ps --format "table {{.ID}}\t{{.Names}}\t{{.Networks}}"
```

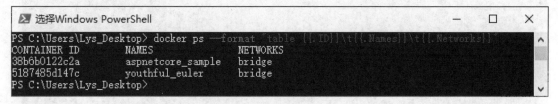

图 4-26

4.6　查看镜像详情

语法：

```
docker image inspect IMAGE [IMAGE...]
```

例如：

```
docker image inspect dingtalk.net
```

运行结果如图 4-27 所示。

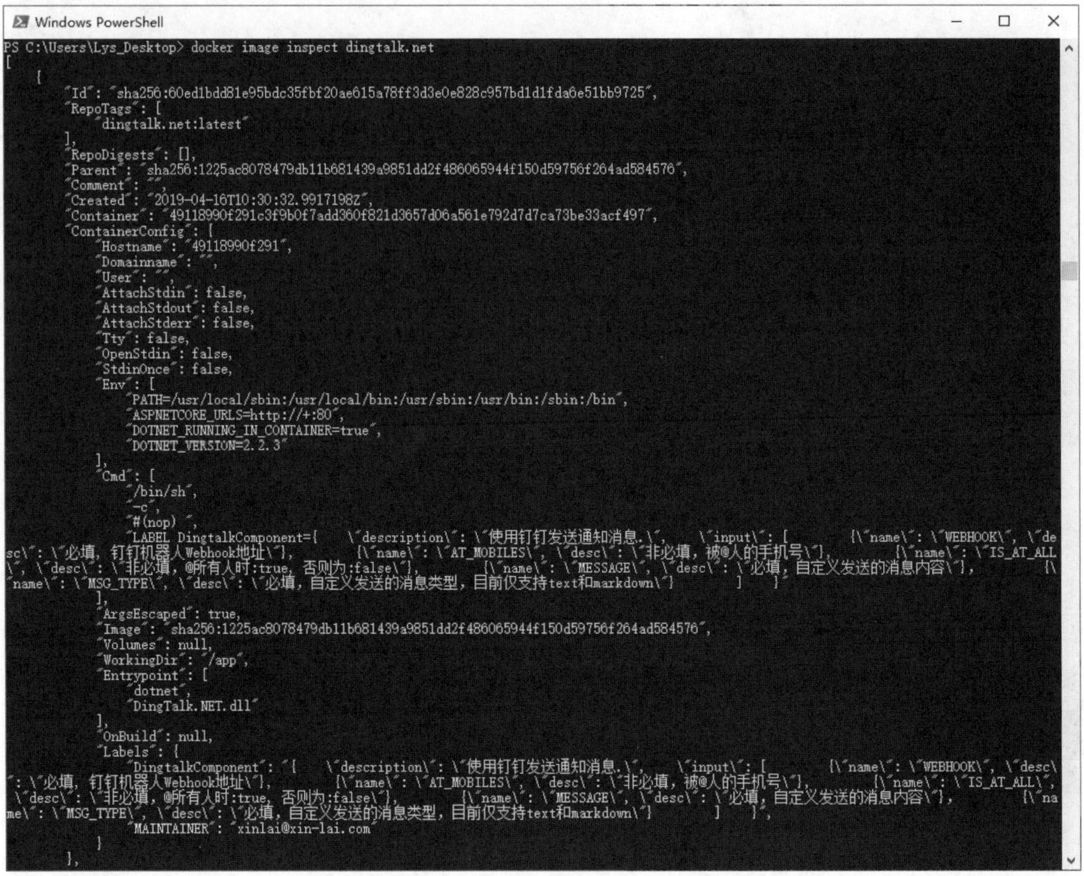

图 4-27

4.7 删除镜像

删除镜像可使用以下命令：

```
docker image rm [OPTIONS] IMAGE [IMAGE...]
```

4.7.1 OPTIONS 说明

删除镜像 OPTIONS 说明如表 4-9 所示。

表 4-9 OPTIONS 说明

名称，简写	默认值	描述
--force , -f		强制删除当前镜像
--no-prune		不删除未标记的父级

例如：

```
docker image rm golang
```

执行结果如图 4-28 所示。

```
PS C:\Users\Lys_Desktop> docker image rm golang
Untagged: golang:latest
Untagged: golang@sha256:b35aec8702783621fbc0cd08cbc6a8fa8ade8b7233890f3a059645f3b2cfa93f
Deleted: sha256:1d14d4efd0a2b2dbbb3ee08c2e370c8a0eafe74b226643880b9f6d418f1224b1
Deleted: sha256:5acf062c8bae3bcef22ff974f17ba8b497852b6037943d4c28f852e2422d495d
Deleted: sha256:bff3e21e6e0e77a4360671fd751f44958b4dccf25ad2defb85bcc846c90435eb
Deleted: sha256:c0b65c86f4e55d91f788a5288ff6456c714c87bbd163c87289d318b0c95cc8f9
```

图 4-28

4.7.2　批量删除

docker rmi 可以删除一个或多个镜像。结合上面的筛选，我们也可以通过以下命令来清理悬空镜像：

```
docker rmi $(docker images -f "dangling=true" -q)
```

执行结果如图 4-29 所示。

```
选择Windows PowerShell                                            —     □     ×
PS C:\Users\Lys_Desktop> docker rmi $(docker images -f dangling=true -q)
Deleted: sha256:cc681c9eb472adefc3c9bfeaa504334ca791abeb611f571e24f2543303de3025
Deleted: sha256:b34581c4dbfd070bd7cb1d2f027c0d3636cb045e01bf0d83b822ed40ca0789ef
Deleted: sha256:fed8f03388717c121b56964167cdc49a8bd22baac1ba3fc36f4472fe80f02ced
Deleted: sha256:58313860b9d505b1de438684dc4bf23d563844b340d1e768b74771e0fe9dfe9a
Deleted: sha256:e30b0dc96135fe05f0ee34e150dfc1b2c32262f85310cc3b185ef075626b49b3
PS C:\Users\Lys_Desktop>
```

图 4-29

批量清理按 label 筛选的镜像（见图 4-30）：

```
docker rmi $(docker images --filter "label=MAINTAINER=xinlai@xin-lai.com" -q)
```

```
Windows PowerShell                                            —     □     ×
PS C:\Users\Lys_Desktop> docker rmi $(docker images --filter label=MAINTAINER=xinlai@xin-lai.com -q)
Untagged: dingtalk.net:latest
Deleted: sha256:60ed1bdd81e95bdc35fbf20ae615a78ff3d3e0e828c957bd1d1fda6e51bb9725
Deleted: sha256:1225ac8078479db11b681439a9851dd2f486065944f150d59756f264ad584576
Untagged: go:latest
Deleted: sha256:749d16a0dd4f0bd754e6192362d00a7cecde1a886ce9e54569e77b3506c03f46
Deleted: sha256:d84e8ff79ea859d4ffa96e09300a937fe6e1c1c7070d7759e02c9ddfc7d5bbd3
PS C:\Users\Lys_Desktop>
```

图 4-30

4.8　清理未使用的镜像

在很多情况下，使用 Docker 一段时间后，本地就会存在大量无用的镜像，占用大量的空间，比如悬空镜像。这时我们可以运行以下命令来执行批量清理：

```
docker system prune [OPTIONS]
```

其中，OPTIONS 说明如表 4-10 所示。

表 4-10　OPTIONS 说明

名字，简写	默认	描述
--all , -a		删除所有未使用的图像，而不仅仅是悬空镜像
--filter		提供过滤值（例如'label =="），支持多个
--force , -f		强制清理，无须提示确认
--volumes		清理卷（没有容器使用的卷也会被清理）

配置比较简单，接下来我们可以直接运行以下命令：

```
docker system prune
```

运行后需要确认，如图 4-31 所示。执行上述命令会清理以下内容：

- 已停止的容器（container）。
- 未被任何容器所使用的卷（volume）。
- 未被任何容器所关联的网络（network）。
- 所有悬空镜像（image）。

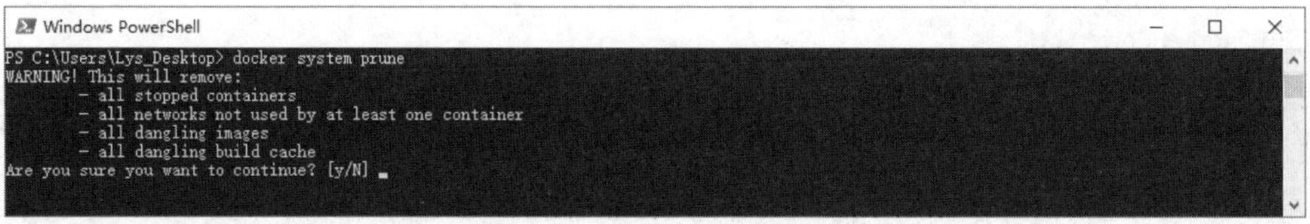

图 4-31

命令运行后会列出删除的结果，如图 4-32 所示。

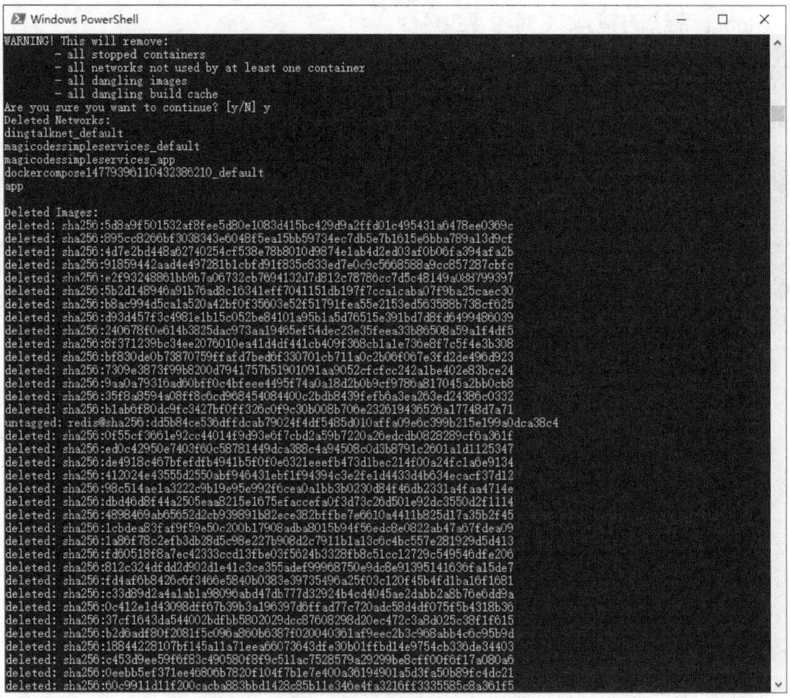

图 4-32

4.9　磁盘占用分析

有时清理了无用镜像还是发现磁盘空间不够，那么如何查看相关磁盘空间的占用情况呢？可以通过以下命令完成：

```
docker system df [OPTIONS]
```

其中，OPTIONS 说明如表 4-11 所示。

表 4-11　磁盘占用分析 OPTIONS 说明

名字，简写	默认	描述
--format		格式化输出
--verbose , -v		显示磁盘空间使用的详细信息

该命令可用于查询镜像（Images）、容器（Containers）和本地卷（Local Volumes）等空间使用大户的空间占用情况。我们可以直接执行以下命令：

```
docker system df
```

运行结果如图 4-33 所示。

图 4-33

通过上述命令，我们大概清楚了哪个地方占用了多少空间，但是我们还需要知道具体是哪个镜像、哪个数据卷占用了空间，这时可以通过-v 参数来实现：

```
docker system df -v
```

运行结果如图 4-34 所示。

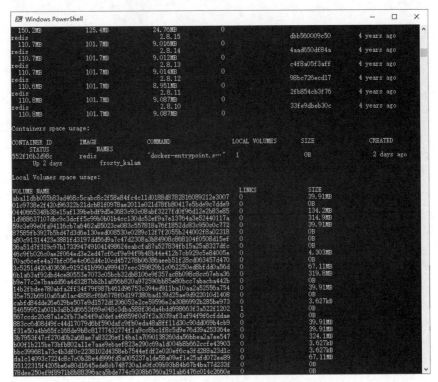

图 4-34

4.10　删除容器

我们可以使用以下语法删除一个或多个容器：

```
docker rm [OPTIONS] CONTAINER [CONTAINER...]
```

4.10.1　OPTIONS 说明

删除容器的 OPTIONS 说明如表 4-12 所示。

表 4-12　OPTIONS 说明

名字，简写	默认	描述
--force , -f		强制删除正在运行的容器（使用SIGKILL）
--link , -l		删除指定的容器之间的基础连接
--volumes , -v		删除与容器关联的卷（默认不会删除卷）

4.10.2　停止容器再删除

刚才我们启动了容器"aspnetcore_sample"，这里可以直接使用以下命令进行删除：

```
docker rm aspnetcore_sample
```

执行结果如图 4-35 所示。

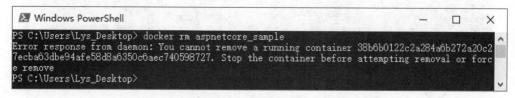

图 4-35

执行时提示无法删除正在运行的容器。我们需要先停止容器再删除：

```
docker stop aspnetcore_sample
docker rm aspnetcore_sample
```

执行结果如图 4-36 所示。

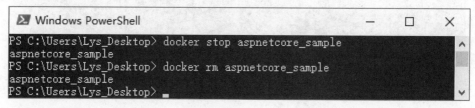

图 4-36

4.10.3　强制删除正在运行的容器

回到刚才的场景，除了停止容器再删除之外，我们也可以直接强制删除：

```
docker rm aspnetcore_sample --force
```

执行结果如图 4-37 所示。

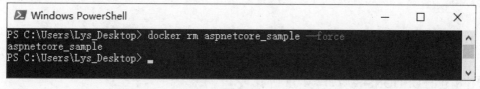

图 4-37

4.10.4　删除所有已停止的容器

有没有办法批量删除所有已停止的容器呢？自然是有的，具体如下：

```
docker rm $(docker ps -a -q)
```

执行结果如图 4-38 所示。

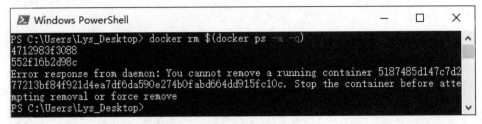

图 4-38

强制批量删除怎么做呢？命令如下：

```
docker rm $(docker ps -a -q) --force
```

执行结果如图 4-39 所示。

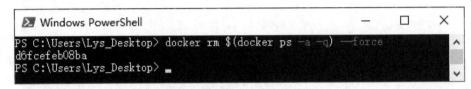

图 4-39

也就是说，使用强制删除参数，一行命令就可以解决了，而不是先停止所有运行中的容器再删除。

4.11　镜像构建

镜像构建需要使用 Dockerfile。关于 Dockerfile，我们在 Docker 持续开发工作流一节进行讲解。这里主要介绍镜像构建的命令语法：

```
docker image build [OPTIONS] PATH | URL | -
```

4.11.1　OPTIONS 说明

镜像构建的 OPTIONS 说明如表 4-13 所示。

表 4-13　OPTIONS 说明

名字，简写	默认值	描述
--add-host		添加自定义主机IP映射（在/etc/hosts文件添加一行）
--build-arg		设置构建时变量，可以用于Dockerfile中，设置多个时需要多次指定此参数
--compress		使用gzip压缩构建上下文
--disable-content-trust	true	跳过镜像验证
--file , -f		指定Dockerfile的名称和路径（默认为'当前路径/Dockerfile'）
--force-rm		始终移除中间容器

（续表）

名字，简写	默认值	描述
--iidfile		将镜像ID写入文件
--label		设置镜像的元数据
--no-cache		构建映象时不使用缓存
--progress	auto	设置进度输出类型（auto，plain，tty）。使用plain显示容器输出
--pull		始终尝试拉取新版本的镜像
--quiet , -q		成功时禁止构建输出并打印镜像ID
--rm	true	成功构建后删除中间容器
--squash		将所有文件系统层压缩成一个层，可以有效地减少镜像的大小
--tag , -t		以 "name：tag" 的格式命名
--target		设置要构建的目标构建阶段

4.11.2　简单构建

构建需要 Dockerfile（在第 5 章中讲解），这里仅演示简单构建命令，后续会结合实际案例来讲解。

假设 Dockerfile 路径符合默认值命名要求，如图 4-40 所示，那么我们只需执行下述命令即可完成构建：

```
docker build ./
```

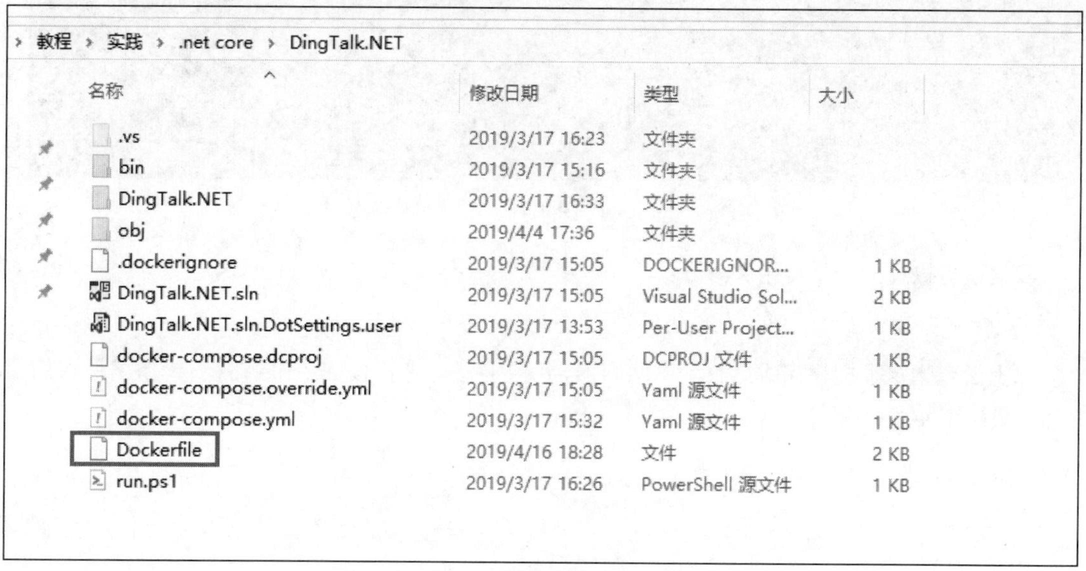

图 4-40

执行上述命令后，在构建过程中将使用分阶段构建（见图 4-41）。

图 4-41

我们还可以进一步指定相关参数：

```
docker build --rm -f "Dockerfile" -t dingtalk.net:latest .
```

以上命令指定了构建完成后移除中间容器，并指定了构建的 Dockerfile 路径、镜像名称和标签，执行结果如图 4-42 所示。

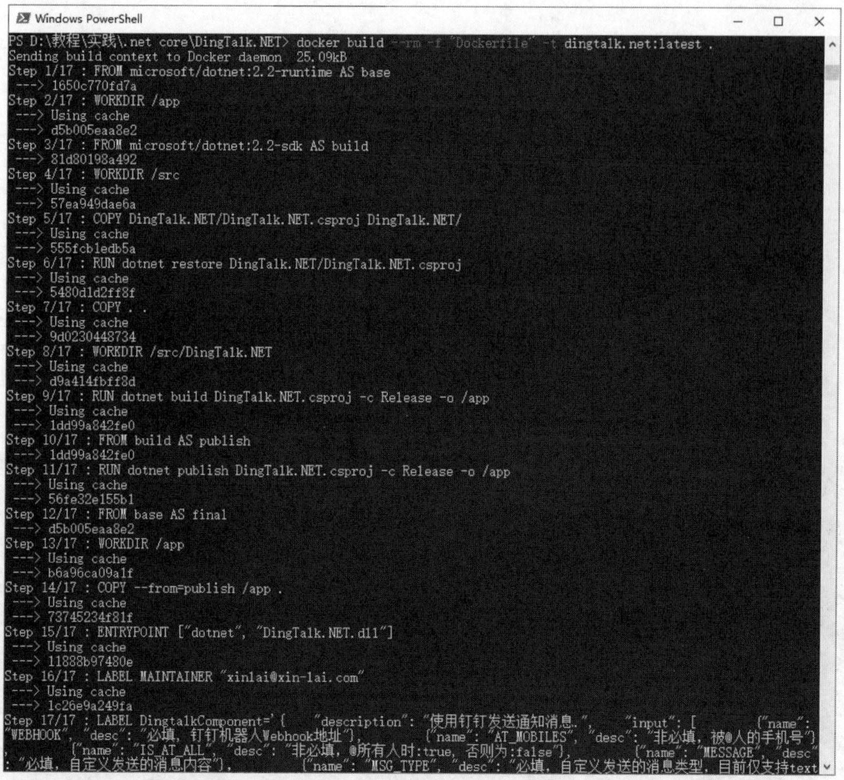

图 4-42

4.12　镜像历史

我们可以通过以下命令来查看镜像构建的层级（也可称为镜像历史）：

```
docker image history [OPTIONS] IMAGE
```

上述命令等同于：

```
docker history [OPTIONS] IMAGE
```

4.12.1　OPTIONS 说明

查看镜像历史层级的 OPTIONS 说明如表 4-14 所示。

表 4-14　OPTIONS 说明

名字，速记	默认	描述
--format		使用模板格式化输出
--human，-H	true	以人类可读的格式打印大小和日期
--no-trunc		不要截断输出，比如过长的字段值
--quiet，-q		仅显示数字ID

4.12.2　查看镜像历史

了解了以上参数，使用起来就没有压力了，比如刚刚我们构建的这个镜像：

```
docker image history dingtalk.net
```

执行上述命令后，结果如图 4-43 所示。我们可以从中看到这个镜像的层数、大小和创建过程，甚至可以发现 Dockerfile 的一行命令对应了一层（对 Dockerfile 有一定了解的话）。同时我们也清楚地知道了构建的镜像包括拉取下来的镜像，基本上都是由很多中间层镜像组成的，比如很多语言的运行时基础镜像、操作系统基础镜像等。

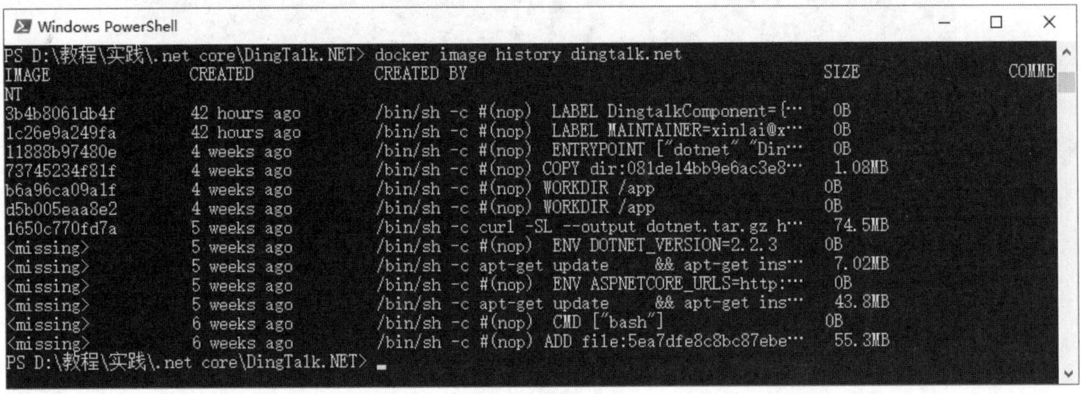

图 4-43

4.12.3　格式化输出

格式化参数支持如表 4-15 所示的有效占位符。

表 4-15　有效占位符

占位符	描述
.ID	镜像ID
.CreatedSince	镜像层创建了多长时间
.CreatedAt	创建时间
.CreatedBy	用于创建该层的命令
.Size	大小
.Comment	注释

在图 4-43 中，部分命令被截断了。我们可以格式化并且取消字符串的截断，如下面的命令所示：

```
docker image history dingtalk.net --format "{{.CreatedSince}}:{{.CreatedBy}}" --no-trunc
```

执行结果如图 4-44 所示。

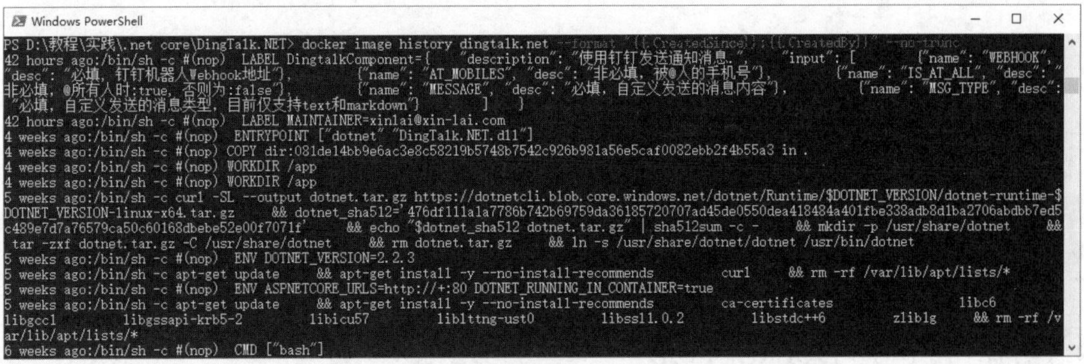

图 4-44

4.13　修改镜像名称和标签

使用 docker tag 可以修改本地镜像的名称和标签，相关语法如下：

```
docker tag SOURCE_IMAGE[:TAG] TARGET_IMAGE[:TAG]
```

语法比较简单，SOURCE_IMAGE 指的是源镜像，TARGET_IMAGE 指的是需要修改的名称。假设本地存在"dingtalk.net"镜像，命令如下：

```
docker images dingtalk.net
```

执行结果如图 4-45 所示。

图 4-45

进行以下命令：

```
docker tag dingtalk.net magicodes/dingtalk.net
```

我们对镜像名称进行了修改，执行结果如图 4-46 所示。

图 4-46

4.14　镜像推送

有拉就有推，也就是说，只有有人往仓库送货，其他人（包括我们自己）才能去拉货。相关语法如下：

```
docker image pull [OPTIONS] NAME[:TAG|@DIGEST]
```

4.14.1　推送到 Docker Hub

默认情况下，我们将镜像推送到 Docker Hub，主要步骤如下所示。

步骤 01 登录 Docker Hub。

步骤 02 推送镜像（如果命名空间不一致，就需要使用"docker tag"命令修改名称和标签）。

推送命令如下：

```
docker push magicodes/dingtalk.net
```

执行结果如图 4-47 所示。

图 4-47

然后我们就可以在 Docker Hub 仓库中找到刚刚推送的镜像，如图 4-48 所示。

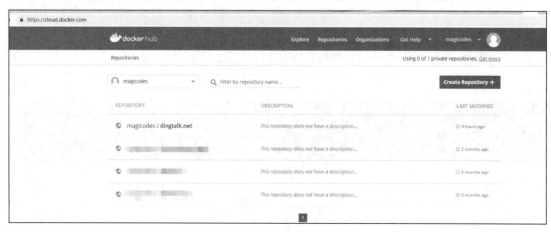

图 4-48

4.14.2　推送到腾讯云镜像仓库

推送到其他镜像仓库也差不多。这里以腾讯云镜像仓库为例，主要步骤如下所示。

步骤01 登录腾讯云。

步骤02 推送镜像（如果命名空间不一致，就需要使用"docker tag"命令修改名称和标签）。

相关参考脚本如下：

```
docker login --username {用户名} ccr.ccs.tencentyun.com
docker tag dingtalk.net ccr.ccs.tencentyun.com/xinlai/dingtalk.net
docker images ccr.ccs.tencentyun.com/xinlai/ding*
docker push ccr.ccs.tencentyun.com/xinlai/dingtalk.net
```

执行结果如图 4-49 所示。

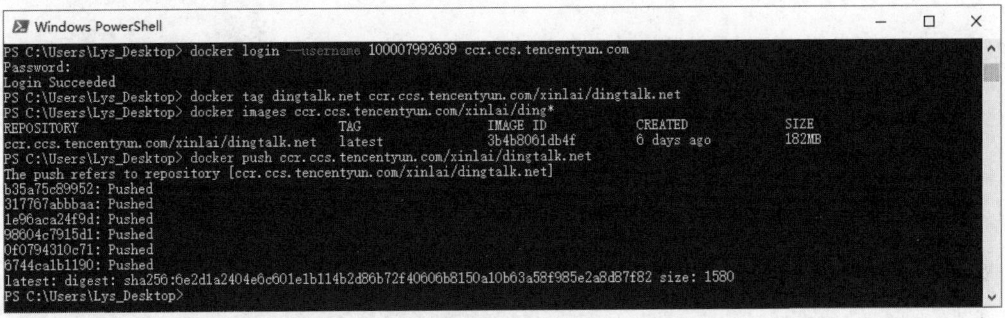

图 4-49

然后，我们就可以在相关的镜像仓库中找到了，如图 4-50 所示。

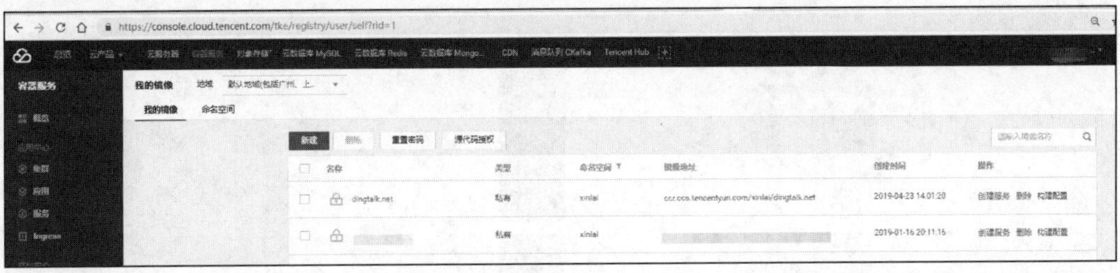

图 4-50

4.15　使用 Kitematic 来管理 Docker 容器

是不是必须使用命令来管理容器呢？其实我们还有很多其他选择，比如 Kitematic。

Kitematic 是一个开源项目，旨在简化在 Mac 或 Windows PC 上使用 Docker 的过程。Kitematic 自动化 Docker 安装和设置过程，并提供直观的图形用户界面（GUI）来运行 Docker 容器。

因此，我们推荐使用 Kitematic 工具来查看和管理自己的容器服务。如果尚未安装此工具，可以通过以下方式进行安装：

- 从 Docker for Mac 或 Docker for Windows 菜单中选择 "Kitematic" 选项，开始使用 Kitematic 安装，如图 4-51 所示。

图 4-51

- 直接从 Kitematic 版本页面下载 Kitematic，下载地址为 https://github.com/docker/kitematic/releases/。

安装完成之后，启动程序，界面如图 4-52 所示。

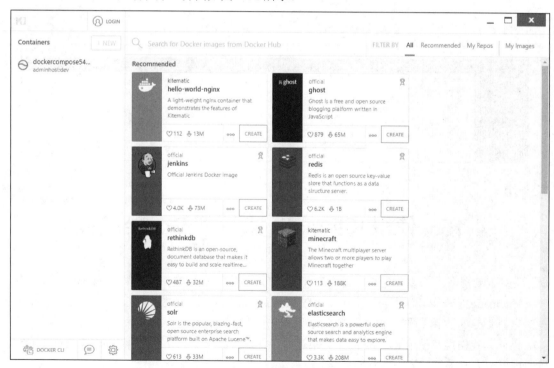

图 4-52

也可以点击某个服务来查看详情、相关设置、日志等，如图 4-53 所示。

图 4-53

查看环境变量以及相关配置，如图 4-54 所示。

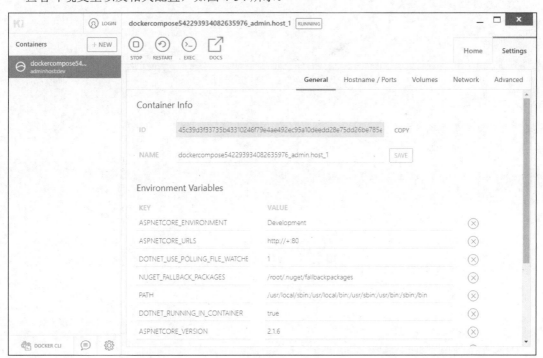

图 4-54

另外，Kitematic 集成了 Docker Hub，允许通过搜索、拉取任何需要的镜像，并在上面部署应用，同时也能很好地切换到命令行模式。目前包括自动映射端口、可视化更改环境变量、配置卷、流式日志等功能。

注　意
如果安装完成后无法打开，可以将 Kitematic 安装后的文件迁移到 Docker 指定目录 "C:\Program Files\Docker\Kitematic"。

Kitematic 是开源的，如果大家有兴趣，可以访问其开源库下载全部源代码进行研究，下载地址为 https://github.com/docker/kitematic。

第5章

Docker 持续开发工作流

前面已经学习了 Docker 的一些基本命令，是不是就意味着可以马上上手开发 Docker 应用、应用于编程实践、持续开发测试部署了呢？ 一个正常的 Docker 应用的持续开发流应该是怎样的呢？它的开发方式和传统的开发方式具体有什么区别，会不会增加很多麻烦？

本章将主要围绕 Docker 应用开发的持续工作流进行讲解，其中会穿插 Dockerfile、Docker Compose 等知识。

本章主要包含以下内容：

- 基于 Docker 容器的内部循环开发工作流；
- Docker 应用的开发方式说明以及和传统开发方式的区别；
- Dockerfile 编写讲解，包含 Dockerfile 指令、转义字符以及编写准则讲解；
- 创建镜像讲解；
- Docker Compose 讲解以及 docker-compose.yml 文件的定义说明；
- 运行 Docker 应用；
- 测试和部署或继续开发步骤说明；
- Visual Studio（简称 VS）和 Visual Code 对 Docker 的支持。

5.1　基于 Docker 容器的内部循环开发工作流

基于容器进行开发和工作时，如何打造适用于容器的开发工作流是很多开发人员的疑问。阅读完本章，我们将找到答案。

一般情况下的 Docker 应用程序内部循环的持续开发工作流只关注在开发人员的计算机上进行的开发工作，不包括设置环境等初始步骤，因为这些步骤只需进行一次。应用程序一般由开发人员自己的代码和附加库（依赖项）组成。构建 Docker 应用程序时常用的基本步骤如图 5-1 所示。

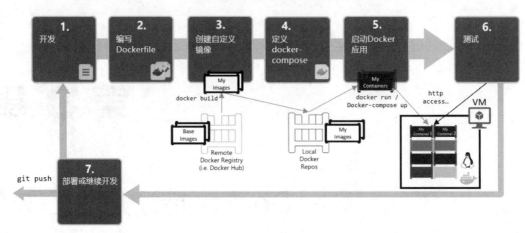

图 5-1

相关步骤说明如下：

（1）开发。根据需求开发应用程序，和传统开发没有什么变化，不限编程语言。

（2）编写 Dockerfile。Dockerfile 是由一系列命令和参数构成的脚本，用来构建镜像。

（3）创建自定义镜像。基于"docker build"命令构建自定义镜像，在第 4 章已经讲过，接下来应用于实践。

（4）定义 docker-compose。Docker Compose 是一个用于定义和运行多个 Docker 应用程序的工具，非常适合进行开发和测试，尤其适用于微服务架构。

（5）启动 Docker 应用。可以用第 4 章学过的"docker run"命令来启动 Docker 应用，也可以基于"docker-compose up"（下面会进行介绍）。

（6）测试。测试人员基于容器环境进行测试，无须开发人员介入，随时部署或摧毁。

（7）部署或继续开发。基于容器实现持续交付和部署。关于容器的 DevOps 实践，在后续章节会进行讲解。

接下来，围绕以上步骤逐一进行讲解。

5.1.1 开发

如果不了解 Docker，那么根据惯性思维总会觉得开发 Docker 应用门槛很高，会给开发者带来额外的负担和成本。其实 Docker 应用的开发过程和传统开发一样，也就是说，开发 Docker 应用的方式与开发非 Docker 应用的方式类似，基本上没有什么额外的负担和成本。

一般情况下，我们搭建好框架代码之后就需要针对需求进行开发，以满足业务为目的，也就是这个开发过程并没有什么改变，也没什么变化。比如开发一个 CRM（客户关系管理系统），之前是什么样的开发方式、开发工具、技术体系、软件架构，那么现在也一样。二者的主要区别在于，开发 Docker 应用程序时，是在本地环境中的 Docker 容器（可以是 Linux 容器或 Windows 容器）

中部署和测试。

总体上，这些差别主要体现在以下几点：

- 需要编写 Dockerfile 或相关配置，用于构建和部署。
- 需要在本地的 Docker 容器中部署、测试以及调试。
- 可以基于 Docker 快速重置相关的开发环境。
- 可以基于 Docker 快速部署相关依赖，比如数据库。

5.1.2　编写 Dockerfile

过去，如果要开始编写.NET Core、Java、Python、NodeJs、Go 等应用程序，那么首要任务就是在计算机上安装相关语言运行时。但是，这需要我们的计算机环境和应用程序兼容，并且还需要和生产环境相匹配。使用 Docker，我们可以将可移植的.NET Core、Java、Python、NodeJs、Go 运行时作为镜像获取，无须安装。然后，我们可以基于运行时的基础镜像来构建应用程序镜像，确保应用程序和其依赖项、运行时一起运行。

1. 关于 Dockerfile

Dockerfile 就是定义这些镜像以及构建自定义镜像的脚本文件。虽然我们可以通过 Docker commit 命令来手动创建镜像，但是通过 Dockerfile 文件可以自动创建镜像，并且能够自定义创建过程。因此，在一般情况下，我们推荐使用 Dockerfile 来创建镜像。

本质上，Dockerfile 就是由一系列指令和参数构成的脚本，这些命令应用于基础镜像并最终创建一个新的镜像。它简化了从头到尾的构建流程并极大地简化了部署工作。使用 Dockerfile 构建镜像有以下好处：

- 像编程一样构建镜像，支持分层构建以及缓存。
- 可以快速而精确地重新创建镜像以便于维护和升级。
- 便于持续集成。
- 可以在任何地方快速构建镜像。

2. Dockerfile 指令

前面我们了解到 Dockerfile 文件是由一系列指令和参数组成的，所以非常有必要了解一些基本的 Dockerfile 指令。Dockerfile 指令为 Docker 引擎提供了创建容器镜像所需的步骤，这些指令按顺序从上往下逐一执行。以下是一些有关基本 Dockerfile 指令的详细信息。

（1）FROM

FROM 指令用于设置在新镜像创建过程期间使用的容器镜像。

格式：

```
FROM <image>
```

示例：

```
FROM nginx
FROM microsoft/dotnet:2.1-aspnetcore-runtime
```

（2）RUN

RUN 指令指定将要运行并捕获到新容器镜像中的命令，包括安装软件、创建文件和目录，以及创建环境配置等。

格式：

```
RUN ["<executable>", "<param 1>", "<param 2>"]
RUN <command>
```

示例：

```
RUN apt-get update
RUN mkdir -p /usr/src/redis
RUN apt-get update && apt-get install -y libgdiplus
RUN ["apt-get","install","-y","nginx"]
```

注　意

每一个指令都会创建一层，并构成新的镜像。当运行多个指令时，会产生一些非常臃肿、非常多层的镜像，既增加了构建部署的时间，也很容易出错。因此，在很多情况下，可以合并指令并运行，例如 "RUN apt-get update && apt-get install -y libgdiplus"。在命令过多时，一定要注意格式，比如换行、缩进、注释等，会让维护、排障更为容易。这是一个比较好的习惯。使用换行符时，可能会遇到一些问题，具体可以参阅后面的转义字符。

（3）COPY

COPY 指令将文件和目录复制到容器的文件系统。文件和目录需位于相对于 Dockerfile 的路径中。

格式：

```
COPY <source> <destination>
```

如果源或目标包含空格，就将路径放在方括号和双引号中：

```
COPY ["<source>", "<destination>"]
```

示例：

```
COPY . .
COPY nginx.conf /etc/nginx/nginx.conf
COPY . /usr/share/nginx/html
COPY hom* /mydir/
```

（4）ADD

ADD 指令与 COPY 指令非常类似，但它包含了更多的功能。除了将文件从主机复制到容器镜像外，ADD 指令还可以使用 URL 规范从远程位置复制文件。

格式：

```
ADD <source> <destination>
```

示例：

```
ADD https://www.python.org/ftp/python/3.5.1/python-3.5.1.exe
/temp/python-3.5.1.exe
```

此示例会将 Python for Windows 下载到容器镜像的 c:\temp 目录。

（5）WORKDIR

WORKDIR 指令用于为其他 Dockerfile 指令（如 RUN、CMD）设置一个工作目录，并且设置用于运行容器镜像实例的工作目录。

格式：

```
WORKDIR <path to working directory>
```

示例：

```
WORKDIR /app
```

（6）CMD

CMD 指令用于设置部署容器镜像的实例时要运行的默认命令。例如，如果该容器将承载 NGINX Web 服务器，那么 CMD 可能包括用于启动 Web 服务器的指令，如 nginx.exe。 如果 Dockerfile 中指定了多个 CMD 指令，就只会执行最后一个指令。

格式：

```
CMD ["<executable>", "<param>"]
CMD <command>
```

示例：

```
CMD ["c:\\Apache24\\bin\\httpd.exe", "-w"]
CMD c:\\Apache24\\bin\\httpd.exe -w
```

（7）ENTRYPOINT

ENTRYPOINT 是配置容器启动后执行的指令，并且不可被 docker run 提供的参数覆盖。每个 Dockerfile 中只能有一个 ENTRYPOINT，当指定多个时，只有最后一个生效。

格式：

```
ENTRYPOINT ["<executable>", "<param>"]
```

示例：

```
ENTRYPOINT ["dotnet", "Magicodes.Admin.Web.Host.dll"]
```

（8）ENV

ENV 指令用于设置环境变量。这些变量以"key=value"的形式存在，并可以在容器内被脚本或者程序调用。这个机制为在容器中运行应用带来了极大的便利。

格式：

```
ENV <key> <value>
ENV <key1>=<value1> <key2>=<value2>...
```

示例：

```
ENV VERSION=1.0 DEBUG=on \
    NAME="Magicodes"
```

（9）EXPOSE

EXPOSE 用来指定端口，使容器内的应用可以通过端口和外界交互。

格式：

```
EXPOSE <port>
```

示例：

```
EXPOSE 80
```

我们可以用图 5-2 来总结概括。

FROM • 它妈是谁？(基础镜像)	RUN • 开始搬砖!(执行命令，允许多次)	COPY • 复制文件目录。
ADD • COPY加强版，支持远程复制和解压。	WORKDIR • CD伪装者（设置当前工作目录）。	CMD • 执行配置命令，如果指定多个，仅执行最后一个指令。
ENTRYPOINT • 奔跑吧，兄弟！（容器启动后执行）	ENV • 今天天晴，我说了算！（环境变量）	EXPOSE • 专业敲墙打洞！（开放端口）

图 5-2

3. 转义字符

在许多情况下，Dockerfile 指令需要跨多行进行编写，以提高脚本命令的可读性。这可以通过转义字符完成，默认 Dockerfile 转义字符是反斜杠"\"，例如：

```
# 设置 npm 并且使用 npm 安装 hexo 以及相关插件，然后生成静态页并且安装 hexo-server
RUN npm config set unsafe-perm true && \
    npm config set registry https://registry.npm.taobao.org && \
    npm install -g hexo-cli && \
    hexo clean && \
    cd src && \
    npm install hexo --save && \
    npm install hexo-neat --save && \
    npm install --save hexo-wordcount && \
    npm i -S hexo-prism-plugin && \
    npm install hexo-generator-search --save && \
    npm i hexo-permalink-pinyin --save && \
    hexo generate && \
    npm install hexo-server --save
```

如上面的示例所示，可以使用反斜杠来通过一条指令执行多个命令并且跨多行进行编写。这在大部分情形下是没有问题的，但是在某些情况下要修改转义字符。比如在 Windows 系统中，反斜杠是一个文件路径分隔符，可能会导致一些问题。

修改转义字符时，必须在 Dockerfile 最开始的行上放置一个转义分析程序指令，如以下示例所示：

```
# escape=`

FROM microsoft/windowsservercore

RUN powershell.exe -Command `
```

```
$ErrorActionPreference = 'Stop'; `
wget https://www.python.org/ftp/python/3.5.1/python-3.5.1.exe -OutFile
c:\python-3.5.1.exe ; `
Start-Process c:\python-3.5.1.exe -ArgumentList '/quiet InstallAllUsers=1
PrependPath=1' -Wait ; `
Remove-Item c:\python-3.5.1.exe -Force
```

注　意

只有两个值可用作转义字符：\ 和 `。

4. Dockerfile 编写准则

对于 Dockerfile 的编写准则，其实并不能一概而论，主要体现在：

- 不能忽视 Dockerfile 的优化。要尽量确保 Dockerfile 是高效的，以便节约构建的成本以及缩短构建时间。同时，对于 Dockerfile 的优化，需要知道优化的原理，是利用了缓存还是缩小了镜像的体积。
- 不能为了优化而优化。镜像的构建过程视业务情况不同，指令就有多有少。在很多情况下，先要以满足业务目标为准，而不是镜像层数。如果需要减少镜像的层数，一定要选择合适的基础镜像，或者创建符合需要的基础镜像。

下面是 Dockerfile 编写的一些参考准则：

（1）尽量选择官方镜像。

选择官方镜像往往更稳定、更靠谱，而且能够提供长久稳定的支持，便于后续的升级和维护。

（2）选择合适的基础镜像。

一个合适的基础镜像是指能满足运行应用所需要的最小的镜像，理论上是能用小的就不要用大的，能用轻量级的就不要用重量级的，能用性能好的就不要用性能差的。这里有时还需要考虑那些能够减少构建层数的基础镜像。

需要特别说明的是，标签中包含"alpine"的镜像是基于体积更小的 Alpine Linux 发行版制作的，一般情况下可以优先考虑。标签中包含"sdk"的镜像是包含完整的框架 SDK 的，往往体积比较大，如果仅用于运行托管，尽量选择带"runtime"的镜像，如图 5-3 所示。

图 5-3

（3）优化指令顺序。

Docker 会缓存 Dockerfile 中尚未更改的所有步骤，但是不管更改什么指令，都将重做其后的所有步骤。也就是说，如果指令 3 有变动，那么 4、5、6 就会重做。因此，需要将最不可能产生更改的指令放在前面，按照这个顺序来编写 Dockerfile 指令。这样，在构建过程中就可以节省很多时间。比如，可以把 WORKDIR、ENV 等放在前面，把 COPY、ADD 放在后面。总的来说，就是把不需要经常更改的指令放到前面，将最频繁更改的指令放到最后面。

（4）只复制需要的文件，切忌复制所有内容。

（5）最小化可缓存的执行层。

比如，每一个 RUN 指令都会被看作是可缓存的执行单元。太多的 RUN 指令会增加镜像的层数，增大镜像体积，而将所有的命令都放到同一个 RUN 指令中又会破坏缓存，从而延缓构建周期。当使用包管理器安装软件时，一般都会先更新软件索引信息再安装软件。推荐将更新索引和安装软件放在同一个 RUN 指令中，这样可以形成一个可缓存的执行单元，否则可能会安装旧的软件包。例如，刚才介绍转义字符时用的示例可以优化为以下代码：

```
# 添加目录
ADD ./src/ /app/src
# 设置当前工作目录
WORKDIR /app
# 设置 npm 并且使用 npm 安装 hexo 以及相关插件，然后安装 hexo-server
RUN npm config set unsafe-perm true && \
    npm config set registry https://registry.npm.taobao.org && \
    npm install -g hexo-cli && \
    hexo clean && \
    cd src && \
    npm install hexo --save && \
    npm install hexo-neat --save && \
    npm install --save hexo-wordcount && \
    npm i -S hexo-prism-plugin && \
    npm install hexo-generator-search --save && \
    npm i hexo-permalink-pinyin --save && \
    npm install hexo-server --save
COPY ./docs ./src/source
# 设置工作目录
WORKDIR src
# 生成静态页
RUN hexo generate
```

如上述 Dockerfile 指令所示，将 RUN 指令拆分为两部分：第一部分负责相关包和依赖的安装，以便于缓存；第二部分负责基于修改后的 Markdown 文件生成静态页。该示例完整脚本会在 Docker 编程一章中给出。第二次或后续执行，step 6 会提示"Using cache"，如图 5-4 所示。

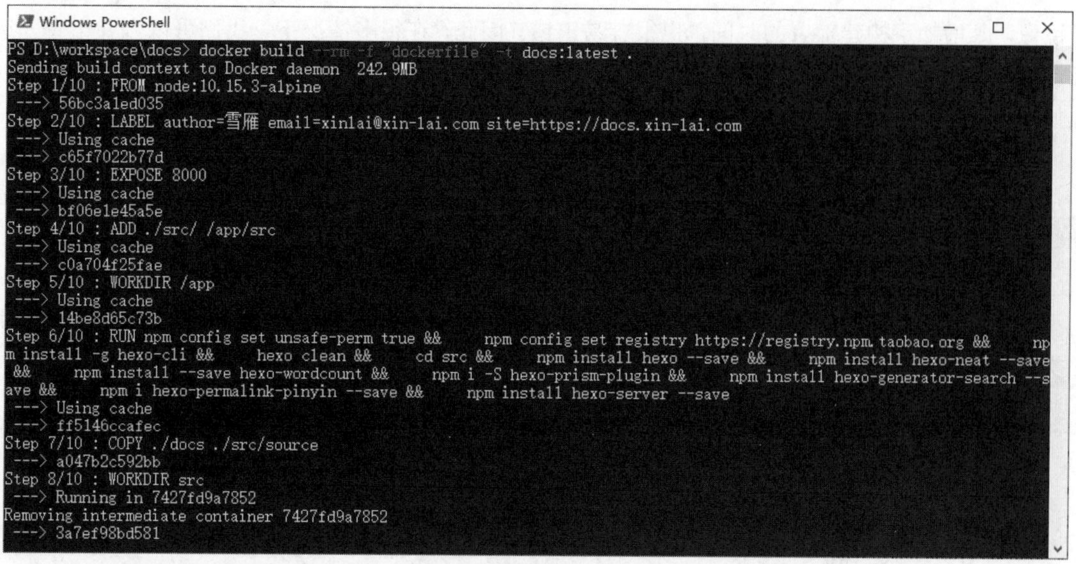

图 5-4

（6）使用多阶段构建。

多阶段构建可以由多个 FROM 指令组成，每一个 FROM 语句表示一个新的构建阶段，阶段名称可以用 AS 参数指定。例如，在下面的示例中，指定第一阶段的名称为 builder，可以被第二阶段直接引用。两个阶段环境一致，并且第一阶段包含所有构建依赖项。第二阶段是构建最终镜像的最后阶段，包括应用运行时的所有必要条件。基础镜像是基于 "runtime" 的最小镜像，上一个构建阶段虽然会有大量的缓存，但不会出现在第二阶段中。为了将构建好的包添加到最终的镜像中，可以使用 "COPY --from=STAGE_NAME" 指令，其中 STAGE_NAME 是上一构建阶段的名称。

```
#使用 "runtime" 镜像作为基础镜像
FROM microsoft/dotnet:2.2-runtime AS base
WORKDIR /app
#使用 "sdk" 用于构建
FROM microsoft/dotnet:2.2-sdk AS build
WORKDIR /src
COPY DingTalk.NET/DingTalk.NET.csproj DingTalk.NET/
RUN dotnet restore DingTalk.NET/DingTalk.NET.csproj
COPY . .
WORKDIR /src/DingTalk.NET
RUN dotnet build DingTalk.NET.csproj -c Release -o /app
FROM build AS publish
RUN dotnet publish DingTalk.NET.csproj -c Release -o /app
FROM base AS final
WORKDIR /app
#复制构建好的包
COPY --from=publish /app .
ENTRYPOINT ["dotnet", "DingTalk.NET.dll"]
```

多阶段构建是删除构建依赖的首选方案，在后续的章节会结合实践进行讲解。

（7）根据情况合并指令。

前面其实提到过这一点，甚至还特地讲了转义字符，主要就是为此服务的。前面我们讲过，每一个指令都会创建一层，并构成新的镜像。当运行多个指令时，会产生一些非常臃肿、非常多层的镜像，既增加了构建部署的时间，也很容易出错。因此，在很多情况下，我们可以合并指令并运行，例如"RUN apt-get update && apt-get install -y libgdiplus"。在命令过多时，一定要注意格式，比如换行、缩进、注释等，会让维护、排障更为容易。

（8）删除多余文件和清理没用的中间结果。

这一点很易于理解，通常来讲，体积更小，部署更快！因此，在构建过程中，我们需要清理那些最终不需要的代码或文件，比如临时文件、源代码、缓存等。

（9）使用 .dockerignore。

.dockerignore 文件用于忽略那些镜像构建时非必需的文件，可以是开发文档、日志和其他无用的文件，如图 5-5 所示。

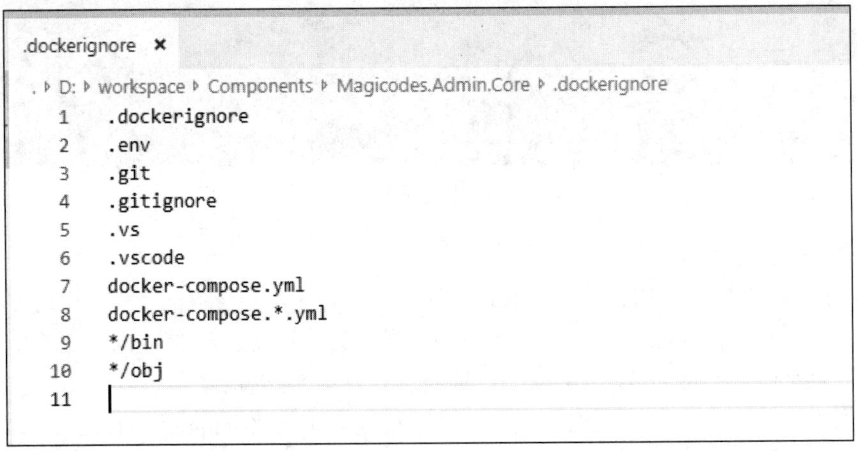

图 5-5

说了这么多，其实我们更多的还是需要根据命令的实际执行情况来进行调整。

5.1.3 创建自定义镜像

创建了 Dockerfile 之后，需要为应用程序中的每项服务创建一个相关镜像。如果应用程序由单个服务或 Web 应用程序组成，就只需创建一个镜像。

我们可以使用 docker build 命令来创建镜像，例如：

```
docker build ./ -t {镜像名称}
```

构建过程如图 5-6 所示。

```
  Admin.Host -> D:\workspace\Components\Magicodes.Admin.Core\build\tsoutputs\Host\
Sending build context to Docker daemon  65.88MB
Step 1/5 : FROM microsoft/dotnet:2.1-aspnetcore-runtime
 ---> 1fe6774e5e9e
Step 2/5 : WORKDIR /app
 ---> Using cache
 ---> 81563f729ff8
Step 3/5 : COPY . .
 ---> Using cache
 ---> 00b5df1b79e7
Step 4/5 : RUN apt-get update && apt-get install -y libgdiplus
 ---> Running in ca4c8a9f2838
Get:3 http://security-cdn.debian.org/debian-security stretch/updates InRelease [94.3 kB]
Ign:1 http://cdn-fastly.deb.debian.org/debian stretch InRelease
Get:2 http://cdn-fastly.deb.debian.org/debian stretch-updates InRelease [91.0 kB]
Get:4 http://cdn-fastly.deb.debian.org/debian stretch Release [118 kB]
Get:5 http://security-cdn.debian.org/debian-security stretch/updates/main amd64 Packages [459 kB]
Get:6 http://cdn-fastly.deb.debian.org/debian stretch-updates/main amd64 Packages [5152 B]
Get:7 http://cdn-fastly.deb.debian.org/debian stretch Release.gpg [2434 B]
Get:8 http://cdn-fastly.deb.debian.org/debian stretch/main amd64 Packages [7089 kB]
```

图 5-6

镜像打包好后，使用 docker image ls 命令即可查看当前镜像，如图 5-7 所示。

```
PS D:\workspace\Components\Magicodes.Admin.Core\build> docker image ls
REPOSITORY                                        TAG       IMAGE ID       CREATED            SIZE
ccr.ccs.tencentyun.com/magicodes/admin.host       latest    72612adc8367   About a minute ago 361MB
ccr.ccs.tencentyun.com/magicodes/admin.host       <none>    8b2849781d5b   4 days ago         361MB
ccr.ccs.tencentyun.com/magicodes/admin.host       <none>    2f9287bbc5f1   4 days ago         361MB
<none>                                            <none>    a1758d73d435   4 days ago         320MB
ccr.ccs.tencentyun.com/magicodes/admin.host       <none>    3609142b3618   4 days ago         361MB
ccr.ccs.tencentyun.com/magicodes/admin.host       <none>    8e65182dc272   4 days ago         360MB
ccr.ccs.tencentyun.com/magicodes/admin.host       <none>    0429f9cce50a   5 days ago         360MB
ccr.ccs.tencentyun.com/magicodes/admin.ui         latest    b214efad70ce   5 days ago         218MB
ccr.ccs.tencentyun.com/magicodes/admin.ui         <none>    f8b83bc1f231   5 days ago         218MB
ccr.ccs.tencentyun.com/magicodes/admin.host       <none>    a93c12afdc62   5 days ago         360MB
ccr.ccs.tencentyun.com/magicodes/admin.host       <none>    ce8113266ba5   5 days ago         360MB
ccr.ccs.tencentyun.com/magicodes/admin.ui         <none>    55ff30c90304   5 days ago         218MB
ccr.ccs.tencentyun.com/magicodes/admin.ui         <none>    ff5ba8bc294e   5 days ago         218MB
ccr.ccs.tencentyun.com/magicodes/admin.ui         <none>    78b5344c0f96   5 days ago         218MB
ccr.ccs.tencentyun.com/magicodes/admin.ui         <none>    77a085b4fe6c   5 days ago         218MB
ccr.ccs.tencentyun.com/magicodes/admin.ui         <none>    5e3b0d10c05d   5 days ago         218MB
ccr.ccs.tencentyun.com/magicodes/admin.host       <none>    6978f9f6c554   5 days ago         319MB
ccr.ccs.tencentyun.com/magicodes/admin.host       <none>    16c2afa08656   5 days ago         319MB
ccr.ccs.tencentyun.com/magicodes/admin.host       <none>    1477e2ca9375   5 days ago         319MB
ccr.ccs.tencentyun.com/magicodes/admin.host       <none>    c248cd84549b   5 days ago         319MB
ccr.ccs.tencentyun.com/magicodes/admin.host       <none>    8f4f987fd960   5 days ago         319MB
```

图 5-7

> **注　意**
>
> Docker 镜像使用分层存储的架构，也就是说镜像实际是由多层文件系统联合组成的。构建镜像时，会一层层构建，前一层是后一层的基础。每一层构建完就不会再发生改变，后一层上的任何改变都只发生在本层。分层存储的特征使得镜像的复用、定制变得更为容易，甚至可以用之前构建好的镜像作为基础层，然后进一步添加新层，以定制自己所需的内容，构建新的镜像。所以，当使用 docker images 命令时会列出这么多的镜像。我们可以定期清理那些无用的镜像。

5.1.4　定义 docker-compose

1. 关于 Docker Compose

Docker Compose 是一个用于定义和运行多个 Docker 应用程序的工具。利用 Docker Compose，可以使用 YAML 文件来配置应用程序的服务。然后，使用单个命令就可以从配置中创建并启动所有服务了。

Docker Compose 适用于所有环境：生产环境、模拟（演示）环境、开发环境、测试环境以及 CI 工作流程。

主要功能和特性如下：

- 单个主机上的多个隔离环境。
- Docker Compose 使用项目名称来隔离环境，因此可以根据不同的环境要求来进行定义。
- 创建容器时保留卷数据。
- Docker Compose 会保留服务使用的所有卷和数据。当使用 docker-compose up 命令运行时，如果发现该服务之前运行过，就将进行增量操作，确保在卷中创建的数据都不会丢失。
- 仅重新创建已更改的容器。
- Docker Compose 存在缓存，可用于创建容器。当重新启动未更改的服务时，Docker Compose 将重用现有容器。
- 可以定义变量，而且可以根据不同环境在不同用户之间进行组合使用。

Docker Compose 支持 Docker Compose 文件的变量定义，可以使用这些变量为不同环境或不同用户进行自定义组合。另外，Docker Compose 能够通过命令管理应用程序的整个生命周期，通过命令可以：

- 启动、停止和重建服务等。
- 查看正在运行的服务状态。
- 通过流输出正在运行的服务日志。
- 对某个服务执行命令。

注　意

Docker for Windows 提供 Docker Engine、Docker CLI 客户端、Docker Compose、Docker Machine 和 Kitematic。也就是说，如果是使用 Docker for Windows 的用户，就无须独立安装 Docker Compose。

我们可以通过运行以下命令来查看相关的 docker-compose 命令：

```
docker-compose -h
```

执行结果如图 5-8 所示。

```
Windows PowerShell
PS C:\Users\Lys_Desktop> docker-compose -h
Define and run multi-container applications with Docker.

Usage:
  docker-compose [-f <arg>...] [options] [COMMAND] [ARGS...]
  docker-compose -h|--help

Options:
  -f, --file FILE             Specify an alternate compose file
                              (default: docker-compose.yml)
  -p, --project-name NAME     Specify an alternate project name
                              (default: directory name)
  --verbose                   Show more output
  --log-level LEVEL           Set log level (DEBUG, INFO, WARNING, ERROR, CRITICAL)
  --no-ansi                   Do not print ANSI control characters
  -v, --version               Print version and exit
  -H, --host HOST             Daemon socket to connect to

  --tls                       Use TLS; implied by --tlsverify
  --tlscacert CA_PATH         Trust certs signed only by this CA
  --tlscert CLIENT_CERT_PATH  Path to TLS certificate file
  --tlskey TLS_KEY_PATH       Path to TLS key file
  --tlsverify                 Use TLS and verify the remote
  --skip-hostname-check       Don't check the daemon's hostname against the
                              name specified in the client certificate
  --project-directory PATH    Specify an alternate working directory
                              (default: the path of the Compose file)
  --compatibility             If set, Compose will attempt to convert keys
                              in v3 files to their non-Swarm equivalent

Commands:
  build              Build or rebuild services
  bundle             Generate a Docker bundle from the Compose file
  config             Validate and view the Compose file
  create             Create services
  down               Stop and remove containers, networks, images, and volumes
  events             Receive real time events from containers
  exec               Execute a command in a running container
  help               Get help on a command
  images             List images
  kill               Kill containers
  logs               View output from containers
  pause              Pause services
  port               Print the public port for a port binding
  ps                 List containers
  pull               Pull service images
  push               Push service images
  restart            Restart services
  rm                 Remove stopped containers
  run                Run a one-off command
  scale              Set number of containers for a service
  start              Start services
  stop               Stop services
  top                Display the running processes
  unpause            Unpause services
  up                 Create and start containers
  version            Show the Docker-Compose version information
PS C:\Users\Lys_Desktop>
```

图 5-8

2. Docker Compose 常见场景

（1）开发或本地环境运行多个服务。

在开发过程时，在隔离环境中运行应用程序并与之交互的能力至关重要。Compose 命令行工具可用于创建环境并与之交互。比如通过 Compose 文件，配置所有应用程序的服务依赖（数据库、消息队列、高速缓存、Web 服务的 API 等），然后使用单个命令（docker-compose up）为每个依赖项创建和启动一个或多个容器，使整个程序能够正常运行起来。

（2）自动化测试环境。

任何持续部署或持续集成过程的一个重要部分都是自动化测试套件。自动化端到端测试需要一个运行测试的环境。Compose 提供了一种方便的方法来创建和销毁隔离的测试环境。我们只需要通过 Compose 文件即可定义完整环境，并且可以在几个命令中创建和销毁这些环境，如图 5-9 所示。

```
test.ps1  ×
. ▸ C: ▸ Users ▸ Lys_Desktop ▸ Desktop ▸ test.ps1
#执行compose启动命令
docker-compose up -d
#执行自动化测试脚本
./run_tests
#执行compose销毁命令
docker-compose down
```

图 5-9

（3）单主机部署。

3. 使用 Docker Compose

使用 Docker Compose 有以下 3 个步骤：

步骤 **01** 使用 Dockerfile 定义应用环境，以便在任意地方进行复制。

步骤 **02** 在 docker-compose.yml 中定义组合应用，以便它们可以在隔离的环境中一起运行。

步骤 **03** 执行 docker-compose up 命令，Docker Compose 将启动并运行整个应用程序。

由此可见，第二步决定了 Docker Compose 的运行。一个简单的 docker-compose.yml 文件如图 5-10 所示。

```yaml
version: '3'
services:
  web:
    build: .
    ports:
    - "5000:5000"
    volumes:
    - .:/code
    - logvolume01:/var/log
    links:
    - redis
  redis:
    image: redis
volumes:
  logvolume01: {}
```

图 5-10

其定义了 web 和 redis 两个应用。接下来，我们一起来了解一下 docker-compose.yml 文件。

4. 了解 docker-compose.yml

借助 docker-compose.yml 文件，我们可以定义一组相关服务（见图 5-11），通过部署命令将其部署为组合应用程序。简单地说，可以通过 docker-compose.yml 来定义多个服务，以便一次运行。

图 5-11

这里以一个普通的前后端分离程序为例，基础框架提供了后台接口服务（magicodes_host）以及后台前端应用（magicodes_ui），那么我们可以定义 docker-compose.yml 文件以便部署为组合应用程序，也就是说，一个命令托管和运行多个服务，如图 5-12 所示。

```
localoutputs ▶ docker-compose.yml
 1  version: '2'
 2
 3  services:
 4
 5      magicodes_host:
 6          image: ccr.ccs.tencentyun.com/magicodes/admin.host
 7          environment:
 8              - ASPNETCORE_ENVIRONMENT=Staging
 9          ports:
10              - "9901:80"
11          volumes:
12              - "./Host-Logs:/app/App_Data/Logs"
13
14      magicodes_ui:
15          image: ccr.ccs.tencentyun.com/magicodes/admin.ui
16          ports:
17              - "9902:80"
18          volumes:
19              - "./nginx.conf:/etc/nginx/nginx.conf:ro"
```

图 5-12

以上是一个简化的配置，定义了两个服务以及环境变量和端口。值得说明的是，这里后端服务使用的是.NET Core，依赖 SQL Server。在 Docker 中我们无法访问开发版数据库 localDB，因此建议访问独立的 SQL Server 数据库服务或者使用 SQL Server 数据库镜像，例如：

```
sql.data:
  image: mssql-server-linux:latest
  environment:
    - SA_PASSWORD=Pass@word
    - ACCEPT_EULA=Y
  ports:
    - "5433:1433"
```

注　意

SQL Server 也提供了 Docker 镜像，并且支持 Linux 容器。在上面的配置中，通过环境变量设置了 sa 账号的密码，相关的详细配置请参考数据库容器化章节。值得注意的是，并不推荐在生产环境中使用数据库的容器镜像来托管数据，这点我们后续再来详聊。

上述配置（配置 docker-compose.yml 一次启动多个服务）简直是分布式架构、微服务架构开发和测试人员的福音。

5. 了解 YAML 语言

很多教程并不会讲述这一点，但是这一点非常重要，因为了解 YAML 的语法和规范可以在开发调测的过程中避免很多错误，也便于我们更好地配置基于 YAML 语法的文件——比如 docker-compose.yml 文件，因此这里做一个简单的讲解。

（1）什么是 YAML

YAML 是一种简洁的非标记语言。YAML 以数据为中心，使用空白、缩进、分行组织数据，从而使得表示更加简洁易读。

这里提供一个 YAML 语法验证网站：http://nodeca.github.io/js-yaml/。

（2）基本规则

- 大小写敏感。
- 使用缩进表示层级关系。
- 禁止使用 tab 缩进，只能使用空格键。
- 缩进长度没有限制，只要元素对齐就表示这些元素属于一个层级。
- 使用#表示注释。
- 字符串可以不用引号标注。

YAML 中允许表示三种格式，分别是常量值、对象和数组，如图 5-13 所示。

```
#即表示url属性值；
url: http://www.wolfcode.cn
#即表示server.host属性的值；
server:
    host: http://www.wolfcode.cn
#数组，即表示server为[a,b,c]
server:
    - 120.168.117.21
    - 120.168.117.22
    - 120.168.117.23
#常量
pi: 3.14    #定义一个数值3.14
hasChild: true   #定义一个boolean值
name: '你好YAML'    #定义一个字符串
```

图 5-13

对于 YAML 的讲解，我们就介绍到这里。

6. docker-compose.yml 文件配置项

docker-compose.yml 文件不仅指定正在使用的容器，还指定如何单独配置各容器，常用的配置项如下所示。

- build: 定义镜像生成，可以指定 Dockerfile 文件所在的目录路径，支持绝对路径和相对路径。
- image: 从指定的镜像中启动容器，可以是存储仓库、标签以及镜像 ID。如果镜像不存在，Compose 会自动拉取镜像。
- environment: 定义环境变量和配置。
- ports: 定义端口映射，比如上面配置中将容器上的公开端口 80 转接到主机上的外部端口 9901 和 9902。

- depends_on：定义依赖关系。此定义会让当前服务处于等待状态，直到这些依赖服务启动。比如某个服务依赖数据库服务，通过此配置即可解决服务的启动顺序问题。
- volumes：挂载一个目录或者一个已存在的数据卷容器，可以直接使用 HOST:CONTAINER 这样的格式，或者使用 HOST:CONTAINER:ro 这样的格式。后者对于容器来说，数据卷是只读的，可以有效保护宿主机的文件系统。
- context：指定 Dockerfile 的文件路径，也可以是链接到 git 仓库的 URL。
- args：指定构建参数。这些参数只能在构建过程中访问。
- target：定义构建指定的阶段 Dockerfile。比如针对不同阶段使用不同的 Dockerfile：在开发阶段使用支持编译调试的 Dockerfile，在生产环境中则使用轻量级的 Dockerfile。
- command：覆盖默认命令。
- container_name：指定自定义容器名称，而不是生成的默认名称。

由于篇幅有限，就不提供过多介绍和示例了。不过我们建议大家访问下面的网址来做一个全面的了解：

https://docs.docker.com/compose/compose-file/#reference-and-guidelines

最后，分享几个小技巧：

- 通过配置项 depends_on 来定义依赖关系对于控制服务的执行顺序尤为重要，比如先启动数据库再启动 Web 服务。
- 使用 JSON 文件进行配置时可以指定文件名称，比如 "docker-compose -f docker-compose.json up"。
- 分阶段构建时，推荐使用 target 配置项。

5.1.5　启动 Docker 应用

如果应用程序只有一个容器，就可以通过将其部署到 Docker 主机（虚拟机或物理服务器）来运行该程序。如果应用程序包含多项服务，就使用单个 CLI 命令（docker-compose up）或 Visual Studio（会在其中使用 "docker-compose up" 命令）将其部署为组合应用程序。

如果是单个应用，就如我们上面的 demo：

```
docker run --name aspnetcore_sample --rm -it -p 8000:80
microsoft/dotnet-samples:aspnetapp
```

执行结果如图 5-14 所示。

图 5-14

应用程序启动后，使用浏览器打开 http://localhost:8000，即可看到如图 5-15 所示的界面。

图 5-15

如果有多个呢？比如有后台接口、后台前端应用、前端接口、小程序端、APP 等，那么我们可以通过上面配置的 docker-compose 文件来部署为组合应用程序。执行起来很简单，只需要运行以下命令即可：

```
docker-compose up
```

执行之后，我们可以看到如图 5-16 所示的结果。

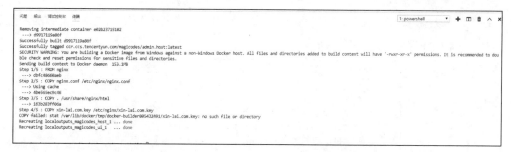

图 5-16

接口服务如图 5-17 所示。

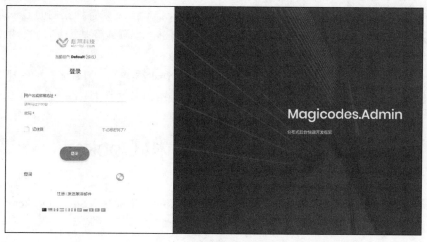

图 5-17

后台 UI 如图 5-18 所示。

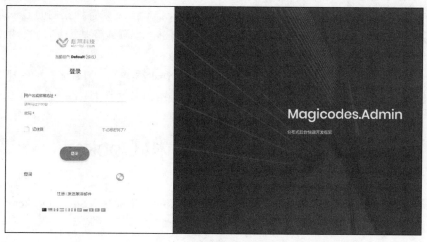

图 5-18

5.1.6　测试

容器正常运行了，我们就可以让测试人员访问服务来进行相关的功能测试和可用性测试了。

当然，我们也可以编写自定义脚本进行自动化测试，就如前面章节中 Docker Compose 常用场景中提到的自动化测试环境，如图 5-19 所示。

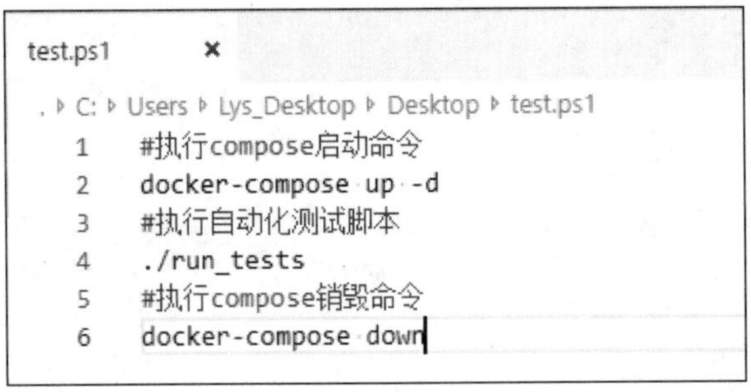

```
test.ps1          ✕

. ▸ C: ▸ Users ▸ Lys_Desktop ▸ Desktop ▸ test.ps1
   1    #执行compose启动命令
   2    docker-compose up -d
   3    #执行自动化测试脚本
   4    ./run_tests
   5    #执行compose销毁命令
   6    docker-compose down
```

图 5-19

5.1.7 部署或继续开发

开发完成后，我们需要部署并托管应用，继续项目迭代。在部署之前，我们需要推送镜像，比如使用 Docker push 命令，我们可以将镜像推送到 Docker 的官方镜像库，也可以推送到各大云自己的镜像库，然后通过 Docker pull 命令拉取镜像进行部署。同时，也可以使用一些 CI（持续集成）、CD（持续部署）工具来完成自动化边开发边部署的工作。在后续的章节中，我们会讲解如何基于 Azure DevOps、Tencent hub、Jenkins 以及 TeamCity 等服务或工具来完成项目的 CI、CD。不过在这之前，我们需要先完成镜像的推送。再次温习一下相关语法：

```
docker push {镜像名称}:{镜像版本}
```

镜像推送到仓库之后，接下来我们就可以在各个服务器上拉取镜像运行了。我们可以使用 docker run 命令直接运行 Docker 应用，也可以使用 Docker Compose 来管理我们的 Docker 应用，当然也可以将我们的 Docker 应用托管到 Kubernetes（简称 k8s）集群或者基于 k8s 封装的云端产品，比如各大云厂商的容器服务。

至此，整个 Docker 持续开发工作流程的初步讲解就到此结束了，但是团队的敏捷之旅才刚刚开始，在后续的章节中，笔者会进一步讲解相关的编程细节以及结合 DevOps 的相关实践。

5.2 Visual Studio 和 Docker

古人云，"工欲善其事，必先利其器"！Visual Studio（以下简称 VS）对 Docker 有许多支持，主要体现在以下几点：

- 根据工程自动生成 Dockerfile 文件。
- 支持直接调试 Docker 应用。
- 支持 Docker 镜像推送以及部署。
- 支持 Docker Compose。
- 支持 Kubernetes 和 Helm（这一点我们后续讲解）。

5.2.1　使用 VS 自动生成工程的 Dockerfile 文件

每次编写 Dockerfile 都是一件麻烦的事情，这时我们可以利用一些工具，比如 VS。利用 VS 只需单击几次鼠标即可完成 Dockerfile 的创建和编写，如图 5-20 所示。

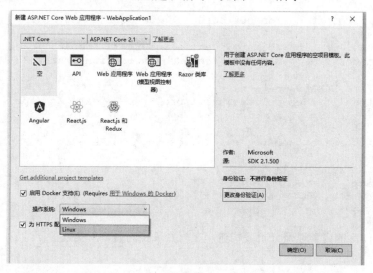

图 5-20

还可以在 VS 中右击项目文件，选择"添加"→"Docker 支持"选项，为新项目或现有项目启用 Docker 支持，如图 5-21 所示。

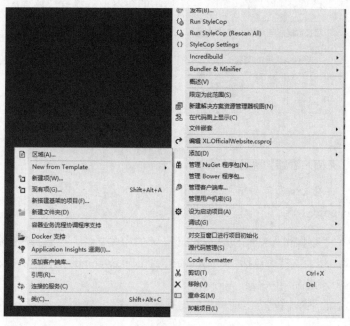

图 5-21

对项目（如 ASP.NET Web 应用程序或 Web API 服务）应用此操作后，系统会向含有所需配置的项目添加 Dockerfile，如以下示例 Dockerfile 所示：

```
FROM mcr.microsoft.com/dotnet/core/aspnet:2.2-stretch-slim AS base
WORKDIR /app
EXPOSE 80
EXPOSE 443

FROM mcr.microsoft.com/dotnet/core/sdk:2.2-stretch AS build
WORKDIR /src
COPY ["WebApplication1/WebApplication1.csproj", "WebApplication1/"]
RUN dotnet restore "WebApplication1/WebApplication1.csproj"
COPY . .
WORKDIR "/src/WebApplication1"
RUN dotnet build "WebApplication1.csproj" -c Release -o /app

FROM build AS publish
RUN dotnet publish "WebApplication1.csproj" -c Release -o /app

FROM base AS final
WORKDIR /app
COPY --from=publish /app .
ENTRYPOINT ["dotnet", "WebApplication1.dll"]
```

关于 Dockerfile 的内容以及分阶段构建，在第 6 章我们会基于实践进行讲解。

5.2.2　VS 支持的容器业务协调程序

在 VS 项目工程的"解决方案"界面中，选择右键菜单的"添加"选项，然后选择子菜单的"容器业务流程协调程序"选项，可以看到如图 5-22 所示的容器业务流程协调程序。

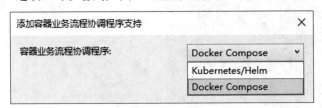

图 5-22

也就是说，VS 支持的容器协调程序有：

- K8s/Helm（将在 k8s 章节讲解）。
- Docker Compose。

在本节中，我们主要探讨 VS 对 Docker Compose 的相关支持。当选择"Docker Compose"选项后，VS 会自动添加相关支持（包括生成 Dockerfile、docker-compose.yml 以及.dockerignore 等）。在整个过程中，VS 代为执行相关操作。

启用之后，顶部的菜单栏就会出现一些便捷操作，如图 5-23 所示。

图 5-23

不仅支持一键启动，还能够调试，这对于大部分开发者来说简直是福音！

如果使用 VS 创建带 Docker 支持的项目，就不会显式创建镜像。我们按 F5 键运行调试时，VS 就会自动构建镜像，而不会出现明显的过程（在输出面板可以了解整个过程，如图 5-24 所示），但是我们需要了解其原理，否则出现问题时将无从下手。由于第一次需要拉取庞大的 SDK 镜像，因此启动会非常缓慢。

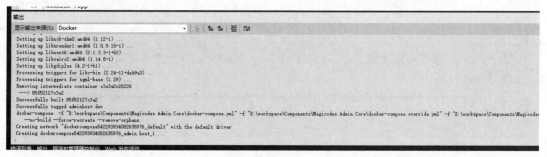

图 5-24

值得注意的是，调试运行的启动页等配置不对时，我们可以通过修改 launchSettings.json 来进行设置。VS 提供了针对 Docker 的配置，如以下示例所示：

```json
"docker": {
  "commandName": "Docker",
  "launchBrowser": true,
  "launchUrl": "{Scheme}://{ServiceHost}:{ServicePort}/api/values",
  "environmentVariables": {
    "ASPNETCORE_URLS": "https://+:443;http://+:80",
    "ASPNETCORE_HTTPS_PORT": "44359"
  },
  "httpPort": 10001,
  "useSSL": true,
```

```
    "sslPort": 44359
  }
```

其中，"launchUrl"用来配置启动路径。

5.2.3 使用 VS 发布镜像

VS 支持一键构建并发布镜像到公共仓库和私有仓库。具体操作中选择工程右键菜单中的"发布"选项，然后设置"容器注册表"选项，如图 5-25 所示。

图 5-25

通过简单的配置即可发布镜像，并且支持 Debug、Release 等配置，还支持发布时生成日期标签，如图 5-26 所示。

图 5-26

对于持续交付，VS 提供了 Azure Pipelines 的免费服务。这部分内容会在 DevOps 章节中进行讲解。

5.3　使用 Visual Studio Code 玩转 Docker

Visual Studio 是我们熟知的宇宙第一 IDE，而 Visual Studio Code（简称 VS Code）则是微软推出的开源的跨平台编辑器，出世之后战斗力爆表——短短 4 年，就已拔得头筹，并且得到了众多开发者的拥护。

在 2018 年的 Stack Overflow 开发者调查中，VS Code 成为最受欢迎的开发工具，如图 5-27 所示。

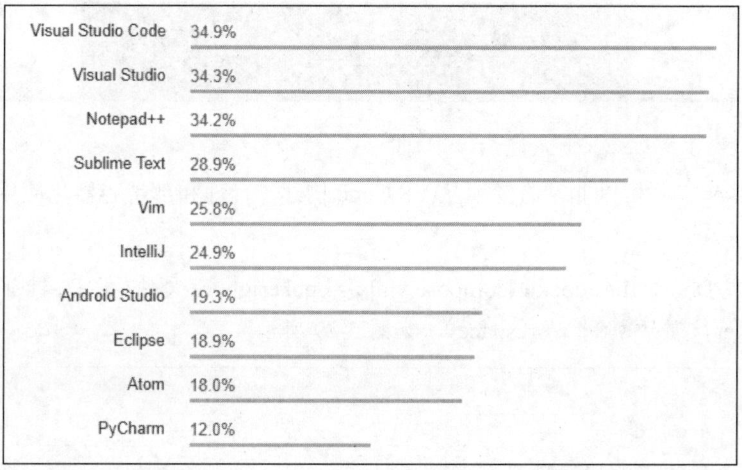

Visual Studio Code	34.9%
Visual Studio	34.3%
Notepad++	34.2%
Sublime Text	28.9%
Vim	25.8%
IntelliJ	24.9%
Android Studio	19.3%
Eclipse	18.9%
Atom	18.0%
PyCharm	12.0%

图 5-27

目前 VS Code 已经拥有一万多个插件。插件市场生态极其丰富。同时其对所有的编程语言都非常友好（体验很不错），包括 Docker。接下来，我们将介绍 VS Code 对 Docker 的一些支持。

5.3.1　官方扩展插件 Docker

VS Code 提供了对 Docker 支持的一些官方扩展，我们可以按 Ctrl + Shift + X 组合键打开"扩展"视图，然后搜索"Docker"以过滤结果，最后选择 Microsoft Docker 扩展进行安装，如图 5-28 所示。

Docker
Docker Support for Visual Studio Code
Prerequisites
Linux
Generating Docker Files

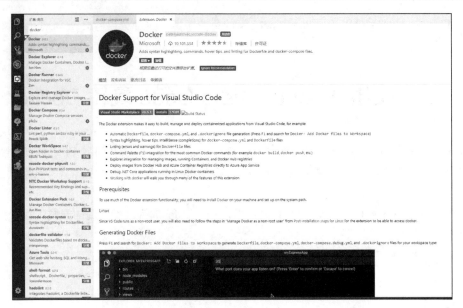

图 5-28

使用此 Docker 扩展可以非常方便地从 VS Code 构建、管理和部署容器化应用程序，主要体现在以下几点：

- 自动生成 Dockerfile、docker-compose.yml 和.dockerignore 文件（按 F1 键并搜索“Docker:”，将 Docker 文件添加到 Workspace），如图 5-29 所示。

Extension: Docker - - Visual Studio Code
>docker add
Docker: Add Docker Files to Workspace

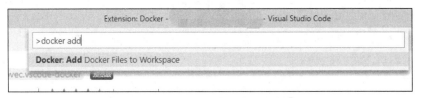

图 5-29

- 语法突出高亮显示（见图 5-30）以及 docker-compose.yml 和 Dockerfile 文件的智能提示（见图 5-31）。

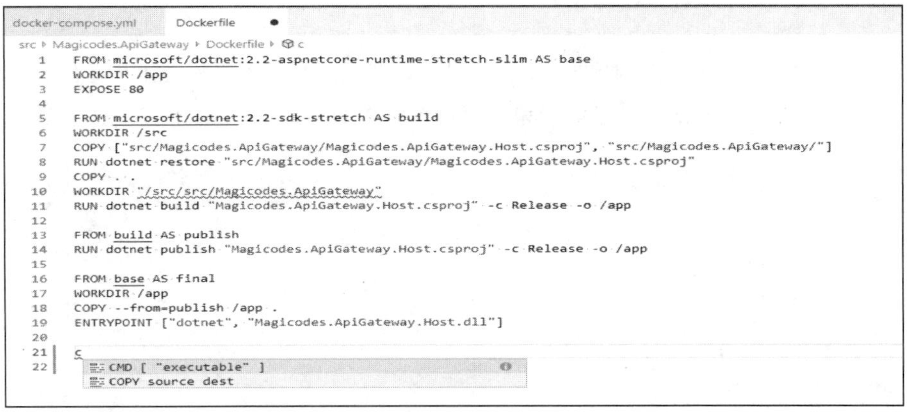

docker-compose.yml
Dockerfile
src › Magicodes.ApiGateway › Dockerfile
FROM microsoft/dotnet:2.2-aspnetcore-runtime-stretch-slim AS base
WORKDIR /app
EXPOSE 80
FROM microsoft/dotnet:2.2-sdk-stretch AS build
WORKDIR /src
COPY ["src/Magicodes.ApiGateway/Magicodes.ApiGateway.Host.csproj", "src/Magicodes.ApiGateway/"]
RUN dotnet restore "src/Magicodes.ApiGateway/Magicodes.ApiGateway.Host.csproj"
COPY . .
WORKDIR "/src/src/Magicodes.ApiGateway"
RUN dotnet build "Magicodes.ApiGateway.Host.csproj" -c Release -o /app
FROM build AS publish
RUN dotnet publish "Magicodes.ApiGateway.Host.csproj" -c Release -o /app
FROM base AS final
WORKDIR /app
COPY --from=publish /app .
ENTRYPOINT ["dotnet", "Magicodes.ApiGateway.Host.dll"]
c
CMD ["executable"]
COPY source dest

图 5-30

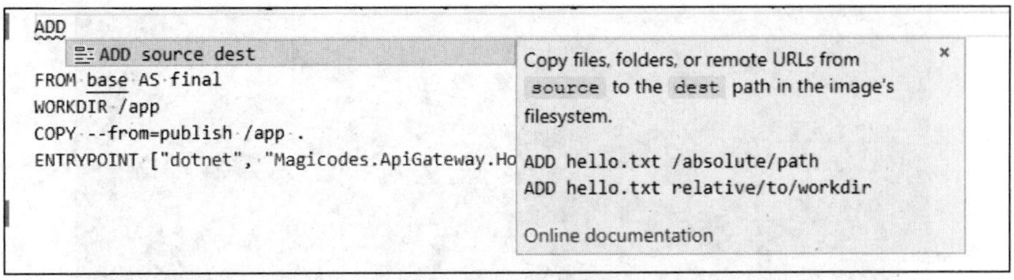

图 5-31

- 悬停提示（见图 5-32）。

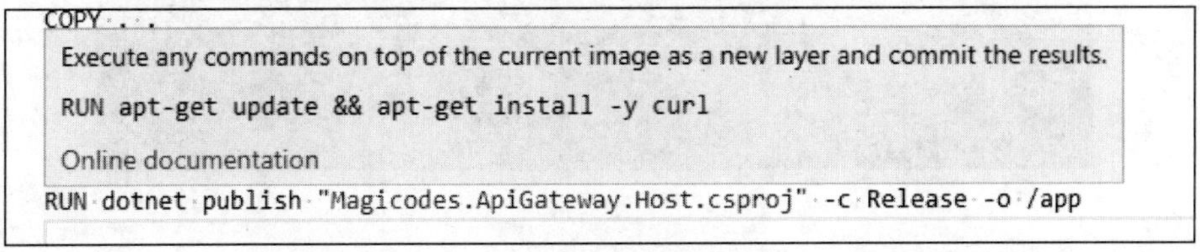

图 5-32

- Dockerfile 文件的语法检查和分析，会提示警告或错误（见图 5-33）。

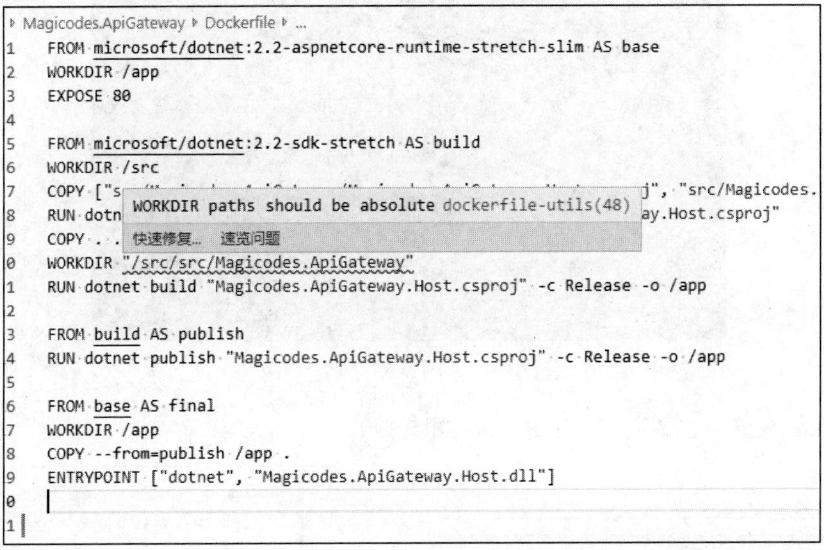

图 5-33

- 镜像搜索和智能提示（见图 5-34）。

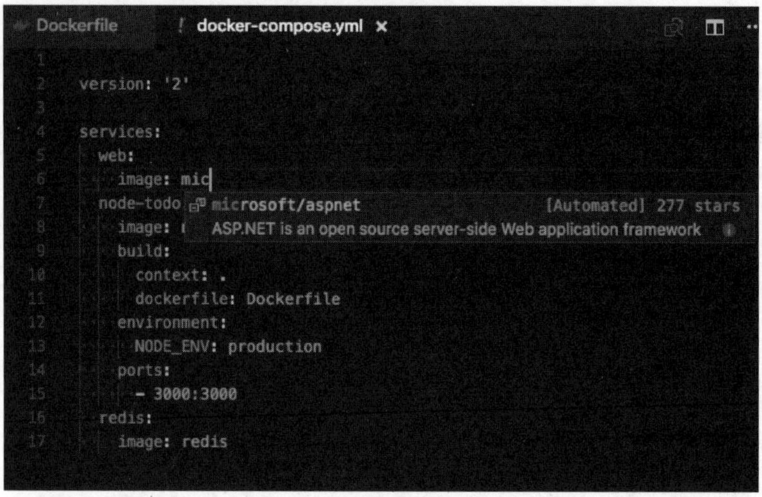

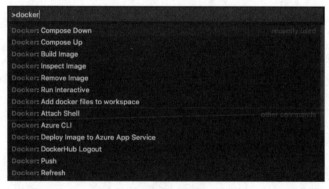

图 5-34

- 集成最常见的 Docker 命令（例如 docker build、docker push 等，需按 F1 键唤起，如图 5-35 所示）。

图 5-35

- Docker 镜像、容器管理（见图 5-36~图 5-39）。

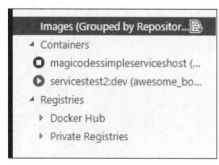

图 5-36

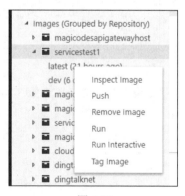

图 5-37

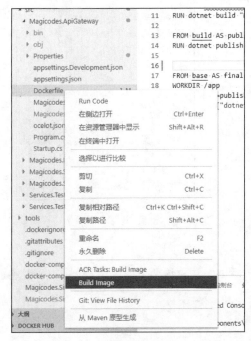

图 5-38

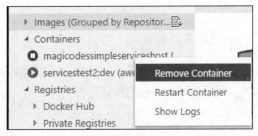

图 5-39

- 其他:
  - 对 Azure 的支持（不具体介绍）。
  - .NET Core 程序调试支持。
  - 连接 docker-machine。
  - 在 Linux 上允许命令。

5.3.2　Docker Compose 扩展插件

我们可以按 Ctrl + Shift + X 组合键打开"扩展"视图，然后搜索 Docker Compose 来安装此插件，扩展如图 5-40 所示。

该扩展支持以下功能：

- 管理 Compose 的工程（Start、Stop、Up、Down，见图 5-41）。
- 管理 Compose 服务（支持 Up、Shell、Start、Stop、Restart、Build、Kill、Down，见图 5-42）。

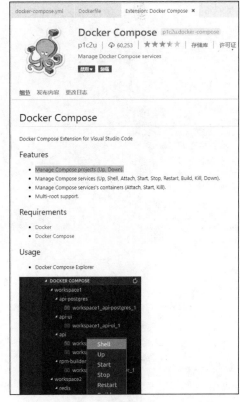

图 5-40

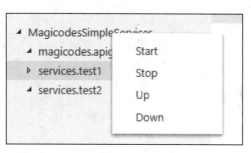

图 5-41

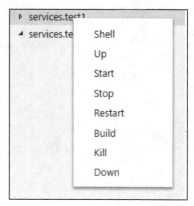

图 5-42

● 支持多个根。

VS Code 是一个年轻的编辑器，但是确实是非常犀利的。通过这两个插件，无论是初学者还是老手，都可以非常方便地玩转容器！

第 6 章

Docker 应用开发之旅

已经了解了 Docker 应用的开发工作流，但是如何使用主流的编程语言（例如.NET Core、Java、Go、Python、Node.js）进行 Docker 应用开发呢？如何选择合适的官方镜像？如何查看 Docker 应用的日志以及资源使用情况呢？接下来，就跟随笔者一起来进入 Docker 应用开发之旅。相信学习完本章，大家也可以使用自己熟悉的编程语言开发出 Docker 应用。

本章主要包含以下内容：

- 使用.NET Core 开发云原生应用，注意这里是.NET Core 而不是.NET;
- 使用 Docker 搭建 Java 开发环境，以及 Docker 资源限制设置和防止 Java 容器应用被杀;
- 使用 Go 开发一个推送钉钉消息的示例;
- 使用 Python 开发一个简单的博客爬网示例;
- 使用 PHP 编写一个简单的 Hello World 示例，并且使用流行的 PHP 编写的 WordPress 搭建一个个人博客站点;
- 使用 Node.js 编写一个简单的 Web 服务示例，并且结合流行的 Node.js 编写的 Hexo 搭建一个团队技术文档站。

Docker 不依赖于任何语言、框架或系统，主流的编程语言都可以托管在 Docker 之中。语言没有好坏之分，只是设计上各有优劣，生态也各有千秋。笔者希望通过本章的讲解，让大家初步了解主流语言的 Docker 编程之路。

6.1 使用.NET Core 开发云原生应用

Docker 正在逐渐成为容器行业的事实标准，受到 Windows 和 Linux 生态系统领域最重要供应商的支持（Microsoft 是支持 Docker 的主要云供应商之一）。现在，Docker 基本上已经在各大云或本地的任何数据中心普及了。

如何将.NET 程序托管到 Docker 之中，相信这是广大.NET 开发者的一个疑问。事实上，.NET Framework 也支持在 Docker 中运行，但是仅能在 Windows 容器中运行，这并不符合我们的预期，因此，本篇我们只侧重于讨论.NET Core 和 Docker。不过值得注意的是，微软即将推出.NET 5，将一统.NET，以便充分利用 .NET Core、.NET Framework、Xamarin 和 Mono 来扩展 .NET 的功能，同时致力于让.NET 运行时和框架运行在任何地方。

在开始之前，我们先介绍一下云原生应用这个概念。

6.1.1　什么是"云原生"

现在对于业务上云，基本上大家都达成了共识。但是如果业务上云之后，开发和运维人员比上云之前还痛苦，那么上云的意义何在？

2015 年，由 Google 提议创立的 CNCF 云原生基金会（Cloud Native Computing Foundation）正式成立，并且发布其标志性产品 k8s，云原生也因此誉满天下。

云原生（Cloud Native）并不是新技术，而是一种理念，它是不同思想的集合，集目前各种热门技术之大成，它的意义在于让上云成为潮流而不是阻碍。云原生应用是指专门为在云平台部署和运行而设计的应用。

很多公司在完成从传统应用到云端应用的迁移过程中遇到了或多或少的技术难题，云端应用的效率并没有实现预想的明显提升，升级迭代速度和故障定位也没有预想中快。因此云原生这一概念被提出，试图同步改进应用的开发模式，提升运维效率和企业的组织结构。

云原生定义了云端应用应该具备的基础特性，包括敏捷、可靠、可扩展、高弹性、故障恢复、不中断业务持续更新等。总的来说，云原生是一个思想的集合，包括 DevOps、持续交付（Continuous Delivery）、微服务（MicroServices）、敏捷基础设施（Agile Infrastructure）、康威定律（Conways Law）等，以及根据商业能力对公司进行重组。

总之，云原生既包含技术（微服务，敏捷基础设施），也包含管理（DevOps、持续交付、康威定律、重组等）。因此，云原生也可以说是一系列云技术、企业管理方法的集合。

6.1.2　.NET Core 简介

.NET Core 是一个开源（MIT 开源协议，仅保留版权，无任何限制）的通用开发平台，由 Microsoft 和.NET 社区在 GitHub 上共同维护，主要特性如下所示：

- 跨平台：可以在 Windows、MacOS 和 Linux 操作系统上运行。
- 跨体系结构保持一致：在多个体系结构（包括 x64、x86 和 ARM）上以相同的行为运行代码。
- 命令行工具：包括可用于本地开发和持续集成方案中易于使用的命令行工具。
- 部署灵活：可以包含在应用程序中，也可以并行安装（用户范围或系统范围的安装）。可搭配 Docker 容器使用。

- 兼容性：.NET Core 通过 .NET Standard 与.NET Framework、Xamarin 和 Mono 兼容。
- 开放源代码：.NET Core 平台是开放源代码，使用 MIT 和 Apache 2 许可证。.NET Core 是一个 .NET Foundation（中文名为.NET 基金会，官网地址是 https://dotnetfoundation.org/）项目。
- 由 Microsoft 支持：.NET Core 由 Microsoft 依据.NET Core 支持策略提供支持。
- 高性能：启动速度快，内存占用低。
- 支持容器感知：容器感知（Container-aware）可以让应用运行在容器之中时能够更好地适应容器，更稳定地运行。在 .NET Core 3.0 中，默认支持 Docker 资源限制。官方团队致力于让 .NET Core 成为真正的容器运行时，使其在低内存环境中具有容器感知功能并高效运行。

由于具备以上特性，因此.NET Core 非常适用于构建现代的，基于云的互联网应用程序，也非常符合云原生应用理念。

除此之外，微软在.NET Core 之上构建了多个框架，主要有：

- ASP.NET Core。
- Windows 10 Universal Windows Platform (UWP)。

整体平台设计如图 6-1 所示。

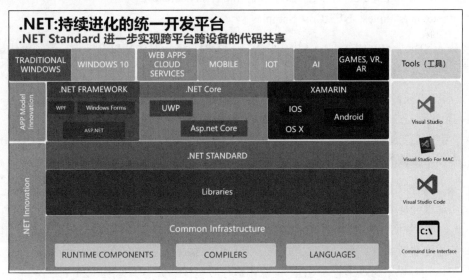

图 6-1

值得注意的是，ASP.NET Core 是基于.NET Core 构建的一个跨平台、高性能的开源 Web 框架，主要有以下优势：

- 能够在 IIS、Nginx、Apache、Docker 上进行托管或在自己的进程中进行自托管。
- 轻型的高性能模块化 HTTP 请求管道。
- 开放源代码并且以社区为中心进行驱动。
- 跨平台，能够在 Windows、Mac OS 和 Linux 上进行开发和运行。

- 针对可测试性进行构建。
- 允许使用一致的方式开发 Web API 和 Web UI。
- 集成客户端框架和开发工作流。
- 集成通用的配置提供程序，支持云端配置以及环境变量等配置。
- 内置依赖注入。
- 提供 Razor Pages，使页面的编码方式简单高效。
- 提供 Blazor，允许在浏览器中使用 C#和 JavaScript，以便共用服务端和客户端逻辑。
- 如果目标框架使用.NET Core(ASP.NET Core 可以在.NET Core 或.NET Framework 上运行)，可以使用并行应用版本控制。

6.1.3 官方镜像

官方镜像可以在 Docker Hub（https://hub.docker.com/_/microsoft-dotnet-core）上找到，主要有：

- dotnet/core/sdk: .NET Core SDK。
- dotnet/core/aspnet: ASP.NET Core Runtime。
- dotnet/core/runtime: .NET Core Runtime。
- dotnet/core/runtime-deps: .NET Core Runtime Dependencies。
- dotnet/core/samples: .NET Core Samples。

主要分为 SDK、ASP.NET Core 和.NET Core 运行时、运行时依赖以及示例，为了更快地启动，官方提供了以下方案：

（1）用于开发和生成 .NET Core、ASP.NET Core 应用的镜像，请使用 SDK 镜像。

（2）用于运行 .NET Core、ASP.NET Core 应用的镜像，请使用运行时镜像。

（3）用于运行.NET Core 应用的依赖项镜像，不包含.NET Core，可用于构建.NET Core 自包含应用程序，不依赖.NET Runtime。

为什么是多个镜像？因为在开发、生成和运行容器化应用程序时，通常具有不同的优先级。通过为这些单独的任务提供不同的镜像，有助于独立优化开发、生成和部署应用程序的过程。在开发期间，我们侧重的是开发更改的速度以及调试的能力。在生产环境中，我们侧重的是应用部署和容器启动的速度和效率。

我们可以运行以下命令来查看 SDK 镜像和运行时镜像的大小（见图 6-2）：

```
PS  >docker images microsoft/dotnet
```

我们可以清楚地看出两种镜像的体积，这也是第 5 章所讲述的，请选择合适的基础镜像。

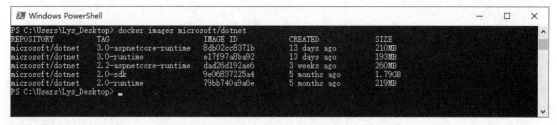

图 6-2

Docker 和 .NET Core 非常适用于生产部署和托管，主要有以下几点：

- 无须本地安装——可以直接使用 .NET Framework，而无须本地安装。只下载相关的 Docker 镜像，其中包含 .NET Framework。
- 在容器中开发——可以在一致的环境中开发，使开发和生产环境类似（可避免一些问题，例如开发人员计算机上的全局状态）。通过 VS 的一些扩展插件，我们甚至可以直接从 Visual Studio 启动容器，包括直接调试容器应用。
- 在容器中测试——可以在容器中测试，减少由于环境配置不当或上次测试遗留的其他更改而导致的故障。
- 在容器中生成——可以在容器中生成代码。
- 在所有环境中部署——可以通过所有环境部署镜像。这种方法减少了配置差异导致的故障，通常通过外部配置（例如，注入的环境变量）改变镜像行为。

注 意
Docker 镜像容器可以在 Linux 和 Windows 主机上运行。但是，Windows 镜像仅能在 Windows 主机上运行，Linux 镜像可以在 Linux 主机和 Windows 主机上运行（到目前为止，使用 Hyper-V Linux VM），其中主机是指服务器或 VM。

最后，建议使用 Microsoft 容器注册表（MCR）。MCR 是 Microsoft 提供的容器镜像的官方来源，构建在 Azure CDN 之上，下载速度更佳，如表 6-1 所示。

表 6-1　容器镜像及说明

镜像	说明
mcr.microsoft.com/dotnet/core/aspnet	ASP.NET Core，包含仅运行时和 ASP.NET Core 优化，适用于 Linux 和 Windows（多体系结构）
mcr.microsoft.com/dotnet/core/sdk	.NET Core，包含 SDK，适用于 Linux 和 Windows（多体系结构）

6.1.4　Kestrel

如果使用 ASP.NET Core 开发 Web 应用，我们需要了解一下 Kestrel。Kestrel 是一个基于 libuv（一个跨平台的异步 I/O 库）的跨平台 ASP.NET Core Web 服务器。ASP.NET Core 模板项目使用 Kestrel 作为默认的 Web 服务器。

Kestrel 支持以下功能：

- HTTPS。
- 用于启用不透明升级的 Web Sockets。
- 位于 Nginx 之后的高性能 UNIX Sockets。

Kestrel 被.NET Core 支持的所有平台和版本所支持。Kestrel 可以单独使用，也可以与反向代理服务器（如 IIS、Nginx 或 Apache）一起使用，如图 6-3 所示。反向代理服务器接收到来自 Internet 的 HTTP 请求，并在进行一些初步处理后将这些请求转发到 Kestrel。

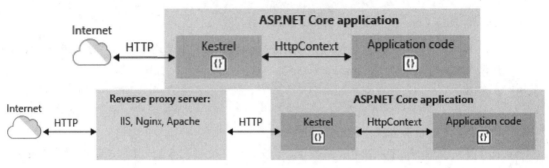

图 6-3

在没有 Kestrel 或自定义服务器实现的情况下，不能使用 IIS、Nginx 和 Apache。 ASP.NET Core 设计为在其自己的进程中运行，以实现跨平台统一操作。 IIS、Nginx 和 Apache 规定自己的启动过程和环境。 若要直接使用这些服务器技术，ASP.NET Core 必须满足每个服务器的需求。使用 Kestrel 等 Web 服务器实现时，ASP.NET Core 可以控制托管在不同服务器技术上的启动过程和环境。

注　意

Kestrel 可以单独使用，也可以与反向代理服务器（如 IIS、Nginx 或 Apache）一起使用。在 Docker 容器中，我们推荐使用 Kestrel。在大部分情况下，我们推荐使用反向代理服务器，主要有以下好处：

- 可以限制所承载的应用中公开的公共外围应用。
- 可以提供额外的配置和防护层。
- 可以更好地与现有基础结构集成。

可以简化负载均衡和 SSL 配置。仅反向代理服务器需要 SSL 证书，并且该服务器可使用普通 HTTP 在内部网络上与应用服务器通信。

说了这么多，总归还是"纸上得来终觉浅，绝知此事要躬行"。下面我们一起来实践一下。

首先我们需要安装以下包（ASP.NET Core 的项目工程模板中默认已经加载，其包括在"Microsoft.AspNetCore.App"之中）：

```
Install-Package Microsoft.AspNetCore.Server.Kestrel
```

然后就可以编写启动代码了：

```
public class Program
{
    public static void Main(string[] args)
    {
        CreateWebHostBuilder(args).Build().Run();
    }

    public static IWebHostBuilder CreateWebHostBuilder(string[] args)
    {
        return new WebHostBuilder()
            //使用 Kestrel，并从配置文件读取 Kestrel 配置
            .UseKestrel((context, opt) => opt.Configure(context.
            Configuration.GetSection("Kestrel")))
            .UseStartup<Startup>();
    }
}
```

如上述代码所示，我们可以通过 "UseKestrel" 来启用和配置 Kestrel。值得注意的是，通常我们所用到的 "WebHost.CreateDefaultBuilder(args)" 方法中，默认会调用 "UseKestrel" 方法。既然支持配置文件配置，那么具体如何配置呢？参考示例如下：

```
{
  "Kestrel": {
    "Endpoints": {
      "Http": {
        "Url": "http://localhost:5000"
      },
      "HttpsInlineCertFile": {
        "Url": "https://localhost:5001",
        "Certificate": {
          "Path": "<证书路径>",
          "Password": "<证书密码>"
        }
      },
      "HttpsInlineCertStore": {
        "Url": "https://localhost:5002",
        "Certificate": {
          "Subject": "<证书的主题名称；必填>",
          "Store": "<存储名称；必填>",
          "Location": "<证书存储位置；默认从当前用户位置加载",
          "AllowInvalid": "<是否允许无效证书，比如自签名证书；可选值为：true 或 false；
          默认值：false>"
        }
      },
      "HttpsDefaultCert": {
        "Url": "https://localhost:5003"
      },
      "Https": {
        "Url": "https://*:5004",
        "Certificate": {
          "Path": "<证书路径>",
          "Password": "<证书密码>"
        }
      }
    },
    "Certificates": {
```

```
      "Default": {
        "Path": "<证书路径>",
        "Password": "<证书密码>"
      }
    }
  }
}
```

6.1.5　按环境加载配置

ASP.NET Core 基于使用环境变量的运行时环境配置应用行为。ASP.NET Core 在应用启动时读取环境变量 ASPNETCORE_ENVIRONMENT，并将该值存储在 IHostingEnvironment. EnvironmentName 中。ASPNETCORE_ENVIRONMENT 可设置为任意值，但框架支持 3 个值：Development、Staging 和 Production。如果未设置 ASPNETCORE_ENVIRONMENT，就默认为 Production。

> **注　意**
>
> 在 Docker 容器中，我们经常会修改 ASPNETCORE_ENVIRONMENT 环境变量来模拟开发、测试和生产环境。

因此，在代码中，我们可以根据环境变量来启用或关闭相应的功能，其中场景最广泛的一点是根据不同的环境加载不同的配置。同时，内置的环境变量配置提供程序（EnvironmentVariablesConfigurationProvider）还可以在运行时从环境变量键值对加载配置。具体见以下代码：

```csharp
public class Program
{
    public static void Main(string[] args)
    {
        CreateWebHostBuilder(args).Build().Run();
    }

    public static IWebHostBuilder CreateWebHostBuilder(string[] args)
    {

        return new WebHostBuilder()
            .ConfigureAppConfiguration((hostingContext, config) =>
            {
                //获取环境定义
                var env = hostingContext.HostingEnvironment;
                //加载配置文件，根据环境（Development、Staging、Production）重写
                //默认值
                config.AddJsonFile("appsettings.json", optional: true,
                  reloadOnChange: true)
                    .AddJsonFile($"appsettings.{env.EnvironmentName}.json",
                      optional: true, reloadOnChange: true);
                //在开发环境开启用户机密（加密开发者需要在代码中保存的一些机密信息，
                //比如个人账号密码、本地连接字符串等）
                if (env.IsDevelopment())
```

```
        {
            var appAssembly = Assembly.Load(new AssemblyName(env.
              ApplicationName));
            if (appAssembly != null)
            {
                config.AddUserSecrets(appAssembly, optional: true);
            }
        }
        //从环境变量添加配置（会覆盖前面的配置，仅次于命令行配置，通常我们
        //无须重新发布 Docker 应用，仅设置环境变量即可改变配置）
        config.AddEnvironmentVariables();
        //从命令行加载配置（会覆盖前面的配置，优先级最高）
        if (args != null)
        {
            config.AddCommandLine(args);
        }
    })
    .UseStartup<Startup>();
    }
}
```

如上述代码所示，对于 Docker 应用，如果需要修改配置，通常我们无须重新发布镜像，仅需修改环境变量即可使用新的配置，而且可以针对不同的环境（开发、测试、生产）使用相同的镜像和不同的环境变量。那么如何查看容器的环境变量呢？

6.1.6　查看和设置容器的环境变量

我们可以通过以下命令来查看容器的环境变量：

- docker inspect

该命令可以获取容器的详情（元数据），在前面我们已经初步接触过。具体语法如下所示：

```
docker inspect [OPTIONS] NAME|ID [NAME|ID...]
```

选项说明如表 6-2 所示。

表 6-2　docker inspect 命令的选项说明

名称，简称	说明
--format , -f	格式化输出
--size , -s	显示总的文件大小
--type	为指定类型输出JSON

了解了相关语法，我们接下来可以使用以下命令查看容器的环境变量定义：

```
docker inspect 12e043a2d559 --format='{{.Config.Env}}'
```

执行之后，将输出如图 6-4 所示的内容。

图 6-4

- docker exec

除了使用"docker inspect"命令外，我们还可以使用"docker exec"命令进入运行中的容器，以执行命令来查看环境变量。具体语法如下所示：

```
docker exec [OPTIONS] CONTAINER COMMAND [ARG...]
```

相关选项参数如表 6-3 所示。

表 6-3　docker exec 命令的选项说明

名称，简称	说明
--detach , -d	分离模式，在后台运行
--detach-keys	覆盖用于分离容器的键值序列
--env , -e	设置环境变量
--interactive , -i	即使没有连接，也要保持打开标准输入
--privileged	赋予特级权限
--tty , -t	分配伪终端
--user , -u	设置用户名或用户ID
--workdir , -w	设置工作目录

接下来，我们可以使用此命令进入容器并执行命令查看环境变量：

```
PS >docker exec -it 12e043a2d559 sh
sh #env
```

如上述命令所示，我们通过"docker exec"指定容器 Id 进入了容器，以执行 sh 脚本。其中"-it"等同于"-i -t"，即打开标准输入并分配伪终端。进入运行中的容器之后，我们可以执行"env"命令来查看环境变量，如图 6-5 所示。

图 6-5

至于环境变量的设置，我们可以通过以下方式来完成。

- 在代码中进行设置，通过 Dockerfile 的 "ENV" 指令完成。
- 运行时设置，通过 "docker run" 命令的 "--env" 参数完成，例如：

```
docker run --env <key>=<value> <IMAGE-ID>
```

- 运行中设置，通过 "docker exec" 命令的 "--env" 参数完成，例如：

```
docker exec --env <key>=<value> <CONTAINER-ID>
```

- 进入 Linux 容器之后，通过 "env" 命令来设置环境变量：

```
env <key>=<value>
```

6.1.7　ASP.NET Core 内置的日志记录提供程序

ASP.NET Core 提供以下内置日志记录提供程序，在很多情况下，对我们很有帮助：

- 控制台日志提供程序。
- 调试日志提供程序。
- EventSource 日志提供程序。
- EventLog 日志提供程序。
- TraceSource 日志提供程序。
- AzureAppServicesFile 日志提供程序。
- AzureAppServicesBlob 日志提供程序。
- ApplicationInsights 日志提供程序。

日志提供程序我们可以在启动时进行配置，如下代码所示：

```
public class Program
{
    public static void Main(string[] args)
    {
        CreateWebHostBuilder(args).Build().Run();
    }

    public static IWebHostBuilder CreateWebHostBuilder(string[] args)
    {
        return new WebHostBuilder()
          .ConfigureLogging((hostingContext, logging) =>
          {
              //从配置中获取日志配置，比如最低日志级别设置等
              logging.AddConfiguration(hostingContext.Configuration.
                GetSection("Logging"));
              //启用内置的控制台日志提供程序
              logging.AddConsole();
              //启用内置的调试日志提供程序
              logging.AddDebug();
              //启用 EventSource 提供程序
              logging.AddEventSourceLogger();
          })
```

```
        .UseStartup<Startup>();
    }
```

如上述代码所示，通常我们建议启用以上内置的日志提供程序，以便于调测容器应用。如果每次都需要配置 Kestrel、配置日志记录提供程序等，那是否极为烦琐呢？ASP.NET Core 提供的默认方法可以完成以上所有的配置，因此通常我们仅需几行代码即可：

```
public class Program
{
    public static void Main(string[] args)
    {
        CreateWebHostBuilder(args).Build().Run();
    }

    public static IWebHostBuilder CreateWebHostBuilder(string[] args)
    {
        //使用默认的 WebHost 构建过程，其包含 UseKestrel、UseContentRoot、
        //UseConfiguration、ConfigureAppConfiguration、ConfigureLogging、
        //ConfigureServices 等内容的通用默认设置
        return WebHost.CreateDefaultBuilder()
            .UseStartup<Startup>();
    }
}
```

在后面的示例讲解中，我们亦使用此代码。

6.1.8 编写一个简单的 Demo 输出日志

为了查看容器日志，我们需要先造一个案例。相关代码如下所示：

```
public class Startup
{
    private readonly ILogger _logger;
    /// <summary>
    /// WebHost 启动类
    /// </summary>
    /// <param name="configuration">IConfiguration 应用配置对象，通过构造函数
    ///注入</param>
    /// <param name="logger">ILogger 日志提供程序，通过构造函数注入</param>
    public Startup(IConfiguration configuration, ILogger<Startup> logger)
    {
        Configuration = configuration;
        _logger = logger;
    }

    public IConfiguration Configuration { get; }

    public void ConfigureServices(IServiceCollection services)
    {
        services.AddMvc().SetCompatibilityVersion(CompatibilityVersion.
          Version_2_2);
        _logger.LogInformation("容器应用已启动...");
    }
```

```
public void Configure(IApplicationBuilder app, IHostingEnvironment env)
{
    if (env.IsDevelopment())
    {
        app.UseDeveloperExceptionPage();
        _logger.LogDebug("已针对开发环境启用开发异常详细页...");
    }
    app.UseMvc();
}
```

如上述代码所示，我们通过注入 ILogger 对象输出了不同级别的日志。接下来，我们使用 Dockerfile 来构建镜像。相关 Dockerfile 内容如下所示：

```
#使用运行时镜像来运行容器应用
FROM microsoft/dotnet:2.2-aspnetcore-runtime AS base
#设置工作目录
WORKDIR /app
#打开 80、443 端口
EXPOSE 80
EXPOSE 443
#使用 SDK 镜像来编译和打包应用（分阶段构建镜像）
FROM microsoft/dotnet:2.2-sdk AS build
WORKDIR /src
COPY ["WebApplication1/WebApplication1.csproj", "WebApplication1/"]
#恢复项目的依赖项和工具
RUN dotnet restore "WebApplication1/WebApplication1.csproj"
COPY . .
WORKDIR "/src/WebApplication1"
#生成项目及其所有依赖项
RUN dotnet build "WebApplication1.csproj" -c Release -o /app
#打包，将应用程序及其依赖项打包到文件夹（分阶段构建镜像）
FROM build AS publish
RUN dotnet publish "WebApplication1.csproj" -c Release -o /app
#切换到运行时的基础镜像（分阶段构建镜像）
FROM base AS final
WORKDIR /app
#复制打包输出内容到工作目录
COPY --from=publish /app .
#运行 dotnet 应用程序 dll
ENTRYPOINT ["dotnet", "WebApplication1.dll"]
```

我们据此 Dockerfile 构建镜像，相关流程请参考 Docker 持续工作流章节，这里不做过多介绍。为了输出详细的日志，我们使用以下命令来运行刚才的容器应用：

```
docker run -p 80:80 -name webappdemo -e ASPNETCORE_ENVIRONMENT=Development
webappdemo:latest
```

如上述命令所示，通过指定环境变量"ASPNETCORE_ENVIRONMENT"的值"Development"将其设置为开发环境应用，以输出详细的日志信息。默认情况下，该值为"Production"，即生产环境，对应的默认配置为：

```
"Logging": {
  "LogLevel": {
    "Default": "Warning"
```

```
        }
    }
```

即仅输出最低级别为警告的日志，这里我们设置为开发环境（Development），以输出"Debug"级别的日志，对应的配置如下所示：

```
"Logging": {
  "LogLevel": {
    "Default": "Debug",
    "System": "Information",
    "Microsoft": "Information"
  }
}
```

容器应用已经跑起来了，我们如何查看其日志呢？

6.1.9 使用"docker logs"查看容器日志

这里需要使用"docker logs"命令，语法如下：

```
docker logs [OPTIONS] CONTAINER
```

选项说明如表 6-4 所示。

表 6-4　docker logs 命令的选项说明

名字，简写	默认值	描述
--details		显示额外细节
--follow , -f		跟踪日志输出
--since		显示时间戳（例如，2013-01-02T13:23:37）或相对时间（例如，42分钟：42m ）之后的日志
--tail	all	仅列出最新N条日志
--timestamps , -t		显示时间戳
--until		显示在时间戳（例如，2013-01-02T13:23:37）或相对时间（例如，42分钟：42m）之前的日志

了解了语法，我们可以很方便地查看容器应用的日志：

```
PS >docker ps
PS >docker logs 350756b09749
```

运行结果如图 6-6 所示。

图 6-6

6.1.10 使用"docker stats"查看容器资源使用

容器应用跑起来了，我们如何实时查看容器应用的资源占有呢？可以使用"docker stats"命令，具体语法如下所示：

```
docker stats [OPTIONS] [CONTAINER...]
```

相关选项如表 6-5 所示。

表 6-5　docker stats 命令的选项说明

名称，简称	描述
--all，-a	显示所有容器（默认显示刚刚运行）
--format	格式化模板
--no-stream	禁用实时流统计，仅输出第一个结果
--no-trunc	不要截断输出

回到刚刚的 Demo，我们来查看其资源占有：

```
docker stats --no-stream
```

通过以上命令，我们输出了资源占有的详细信息，如图 6-7 所示。我们得到了容器应用"webappdemo"的相关资源占有详情，包括 CPU、内存使用、I/O、进行 ID 等内容的情况。其中启动内存占有很低，仅为 26MB 左右。

图 6-7

6.1.11 如何解决容器应用的时区问题

如果我们的应用不是针对全球，那么当我们将应用运行在 Linux 容器之中就会发现一个问题：时间不对，少了 8 个小时！

时间去哪里了呢？我们来做个测试。继续沿用上面的 Demo，在上面的 Demo 中添加一个控制器，代码如下所示：

```
[Route("api/[controller]")]
[ApiController]
public class TimeController : ControllerBase
{
    /// <summary>
    /// 输出 Get 请求
    /// </summary>
    /// <returns></returns>
    [HttpGet]
    public ActionResult<dynamic> Get() => new
    {
        //输出当前时间
        Time = DateTime.Now.ToString("yyyy-MM-dd HH:mm:ss"),
        //输出环境变量 TZ
        TZ = Environment.GetEnvironmentVariable("TZ")
    };
}
```

如上面的代码所示，我们将使用以上代码来输出当前时间和环境变量"TZ"。还是使用上面的命令将容器跑起来，然后可以直接通过路径"http://localhost/api/time"进行访问，如图 6-8 所示。

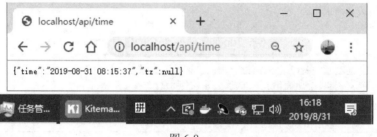

图 6-8

运行时系统时间为 2019 年 8 月 31 日 16:18 分，而通过 API 请求输出的时间整整差了 8 个多小时。值得注意的是，虽然我们在 Windows 10 操作系统上开发调测，但是我们的应用是运行在 Linux 容器之中的（详见前面章节）。这个问题是如何出现的呢？Linux 操作系统默认的时区是世界时间，也就是 UTC 时间，而我们属于东八区，是 CST 时间，所以差了 8 个小时。如何解决这个问题？有以下解决方案：

（1）由于 Docker 容器和宿主操作系统是一个内核，因此它们是一个时钟一个时间。我们可以通过修改系统的时区、时间来达到目的。但是这不是推荐的方式，毕竟每使用一个新的宿主，我们都得进行相关设置。而且如果多个应用对时区均存在要求，那么我们也仅能设置一个时区一个时间。

（2）修改环境变量。环境变量"TZ"代表时区设置，对于东八区，我们通常设置为"Asia/Shanghai"。关于环境变量的查看和修改，我们已经讲解过多种方式了，这里就不重复讲解了。将环境变量"TZ"设置为"Asia/Shanghai"之后，我们再来试试（见图 6-9）。

图 6-9

这样时间就对上了。无须修改任何代码，我们就可以直接在 Docker 上运行本土应用了。一般情况下，如果是开发本土应用，我们推荐将时区的环境变量定义写入 Dockerfile 之中，也就是使用"ENV"指令来设置。

6.2 使用 Docker 搭建 Java 开发环境

Java 是一门面向对象的编程语言，不仅吸收了 C++语言的各种优点，还摒弃了 C++里难以理解的多继承、指针等概念，因此 Java 语言具有功能强大和简单易用两个特征。Java 语言作为静态面向对象编程语言的代表，极好地实现了面向对象理论，允许程序员以优雅的思维方式进行复杂的编程。

Java 具有简单性、面向对象、分布式、健壮性、安全性、平台独立与可移植性、多线程、动态性等特点。Java 可以编写桌面应用程序、Web 应用程序、分布式系统和嵌入式系统应用程序等。

Java 9 的官方文档地址为 https://docs.oracle.com/javase/9/。

注 意
Oracle（甲骨文）公司宣布，"2019 年 1 月之后"，如果没有获得 Oracle 公司的商业许可证，Java SE 8（注：Java SE 为 Java 平台标准版的简称）不会再收到公开更新，也无法用于"商业或生产用途"。目前，对于 PC，每用户每月是 2.5 美元；对于服务器/云部署，每个处理器每月是 25 美元。

6.2.1 官方镜像

Java 官方镜像地址为 https://hub.docker.com/_/openjdk。

OpenJDK（Open Java Development Kit）是 Java 平台标准版（Java SE）的免费开源实现。OpenJDK 是自版本 7 以来 Java SE 的官方参考实现。我们可以使用此镜像来编译或运行 Java 应用。

6.2.2 使用 Docker 搭建 Java 开发环境

本篇仅做探索，主要解决以下问题：

- 无须搭建 Java 开发环境。

- 开发环境变化只需更新镜像即可（比如从 Java 8 改为 Java 9）。
- 无须安装 IDE（比如 Eclipse）。
- 提供一个极简 Demo。

1. 编写 Hello World

按照码农协会行业定律，初学必写 Hello World，以表达对编程世界的敬仰之情，如下面的代码所示：

```java
//引入命名空间
import java.util.*;
//类
public class Hello{
    //程序入口
    public static void main(String[] args){
        //打印字符串（控制台）
        System.out.println("Hello World!");
        //打印当前时间
        System.out.println(new Date());

    }
}
```

这里顺便说一下，我们使用万能编辑器 VisualStudio Code 来编辑上述代码，支持代码高亮，同时还会自动推荐相关扩展（见图 6-10），并且提供完善的文档教程（见图 6-11）。

图 6-10

图 6-11

2. 编写 Dockerfile

如下所示，示例 Dockerfile 文件如下：

```
# 基于 Java 9
FROM java:9

# 设置工作目录
WORKDIR /app

# 复制文件到工作目录
COPY . /app

# 设置 Java 环境变量
ENV PATH=$PATH:$JAVA_HOME/bin
ENV JRE_HOME=${JAVA_HOME}/jre
ENV CLASSPATH=.:${JAVA_HOME}/lib:${JRE_HOME}/lib

# 编译
RUN ["/usr/lib/jvm/java-9-openjdk-amd64/bin/javac","Hello.java"]

# 运行
ENTRYPOINT ["/usr/lib/jvm/java-9-openjdk-amd64/bin/java", "Hello"]
```

3. 构建镜像并执行

接下来，我们可以执行以下命令来构建 Docker 镜像（见图 6-12）：

```
docker build --rm -f "dockerfile" -t java-hello:latest
```

图 6-12

构建成功后，运行：

```
docker run java-hello:latest
```

效果如图 6-13 所示。

图 6-13

6.2.3 Docker 资源限制

在使用 Docker 运行容器时，默认情况下，Docker 没有对容器进行硬件资源的限制。当一台主机上运行几百个容器时，这些容器虽然互相隔离，但是底层使用着相同的 CPU、内存和磁盘资源。如果不对容器使用的资源进行限制，那么容器之间会互相影响：小的来说，会导致容器资源使用不公平；大的来说，可能会导致主机和集群资源耗尽，服务完全不可用。

Docker Linux 容器使用 Linux 内核的 CGroup 机制来实现限制容器的资源使用。CGroup（Control Groups）是 Linux 内核提供的一种可以限制、记录、隔离进程组所使用的物理资源（如 CPU、MEMORY、磁盘 I/O 等）的机制，被 LXC、Docker 等很多项目用于实现进程资源控制。CGroup 是将任意进程进行分组化管理的 Linux 内核功能，提供将进程进行分组化管理的功能和接口的基础结构，I/O 或内存的分配控制等具体的资源管理功能都是通过这个功能来实现的。

在"docker run"中，我们已经提过相关资源限制参数的说明。在上面的示例中，我们可以添加以下参数来限制容器资源使用：

```
docker run java-hello:latest --cpu 4 --memory 100m
```

6.2.4 防止 Java 容器应用被杀

Docker Linux 容器使用 Linux 内核的 CGroup 机制来实现限制容器的资源（CPU、内存等）使用，当系统资源不足时，系统就会根据优先级杀掉相关进程来维持系统的正常运行，导致常见的 OOM（Out Of Memory）错误。

为了确保 Java 容器应用正常运行，我们需要确保 JVM（Java Virtual Machine，Java 虚拟机）获得可用的正确的 CPU 核心数和 RAM 容量，以相应地调整内部参数，在有限的资源下正常运行。

值得说明的是，OpenJDK 8 及更高版本可以正确检测容器的 CPU 内核数量和可用 RAM。在 OpenJDK 11 中，这是默认打开的。在版本 8、9 和 10 中，我们必须使用以下配置选项启用容器限制 RAM 的检测，否则 JVM 将使用主机配置而不是容器资源配置（其并不识别容器）：

```
java -XX:+UnlockExperimentalVMOptions -XX:+UseCGroupMemoryLimitForHeap …
```

除此之外，我们可以使用"-Xmx"参数指定 JVM 的最大内存分配。

6.3　使用 Go 推送钉钉消息

Go（又称 Golang）是 Google 开发的一种静态强类型、编译型、并发型并具有垃圾回收功能的编程语言。在 2016 年，Go 被软件评价公司 TIOBE 选为"TIOBE 2016 年最佳语言"。

和其他语言的规定相比，在 Go 中有几项不同的强制规定，当不匹配以下规定时编译将会产生错误：

- 每行程序结束后不需要撰写分号（;）。
- 大括号（{}）不能够换行放置。
- if 判断式和 for 循环不需要以小括号包覆起来。

6.3.1　Go 的优势

相比其他语言，Go 语言主要有以下优势：

- 可直接编译成机器代码，不依赖其他库。
- 丰富的内置数据类型（error 也是基本的数据类型）。
- 语言层面支持并发。
- 设计良好（虽然不算优秀，但是恰到好处，特别实用）。
- 支持垃圾回收。
- 规范（不规范直接编译报错，这点太生猛了）、简单、易学。
- 丰富的标准库。
- 跨平台编译。
- 性能相对强劲。
- 部署简单。
- 生态丰富。

Go 的性能强劲，又比 C/C++的开发效率高（Go 语言的开发者很多都是从 C/C++转过来的，上手几乎无门槛），维护成本更低，同时开发效率又不弱于 Python 等动态语言，而且支持编译（见图 6-14），可能减少很多低级错误。除此之外，Go 还有一个很大的优势——Go 和.NET Core 一样，都是出身名门、血统纯正。

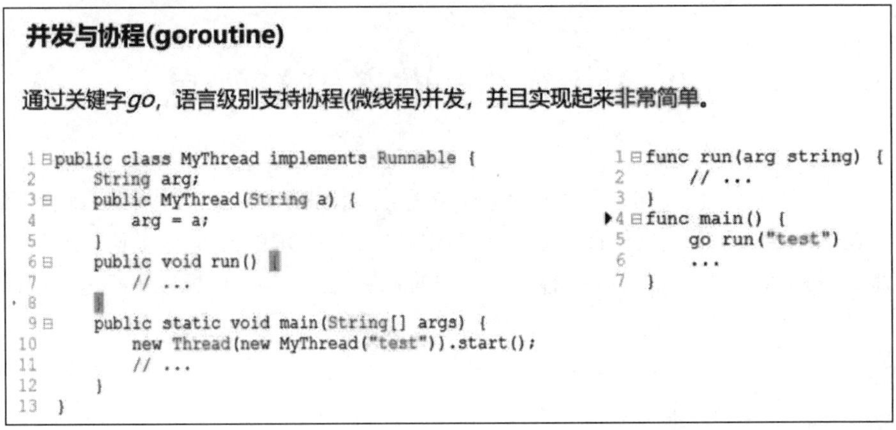

并发与协程(goroutine)
通过关键字go，语言级别支持协程(微线程)并发，并且实现起来非常简单。
public class MyThread implements Runnable {
String arg;
public MyThread(String a) {
arg = a;
}
public void run() {
// ...
}
public static void main(String[] args) {
new Thread(new MyThread("test")).start();
// ...
}
}
func run(arg string) {
// ...
}
func main() {
go run("test")
...
}

Java 多线程并发　　　　Go 协程并发

图 6-14

Docker 就是基于 Go 语言编写的。由于以上特性，Go 特别适合云计算相关服务开发（关于这一点，大家可以关注各大云厂商（见图 6-15）的开源项目）、服务器编程、分布式系统、网络编程、内存数据库等。

业务案例
docker
SWARM
kubernetes
阿里云
aliyun.com
JD.COM 京东
头条!
Sogou搜狗
UBER
美团网
QINIU
七牛云存储
You Tube
蚂蚁金服
ANT FINANCIAL
360
www.360.cn

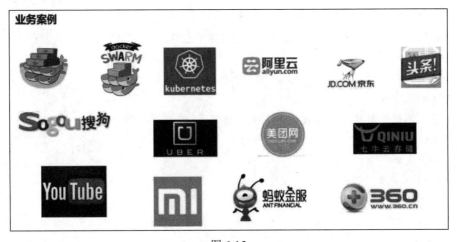

图 6-15

6.3.2 官方镜像

官方镜像地址为 https://hub.docker.com/_/golang，并且官方文档比较详细，如图 6-16 所示。

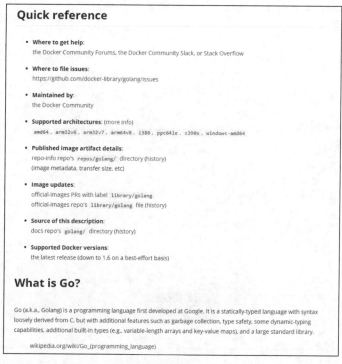

图 6-16

同样，我们可以使用 docker images golang 命令（见图 6-17）来查看相关镜像。值得注意的是，一般情况下，请使用带有 alpine 标签的 golang 镜像，因为体积更小。

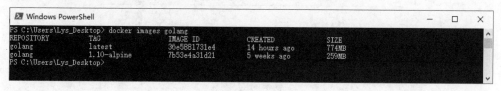

图 6-17

6.3.3　使用 Go 推送钉钉消息

接下来，我们使用 Go 编写一个简单的 Demo：通过钉钉机器人 WebHooks 推送消息到钉钉。

目前钉钉已经普遍应用于办公领域，通过对接钉钉机器人，我们可以将一些希望相关团队关注的信息推送到相应的钉钉群。

1. 了解钉钉机器人

在开始之前，我们需要对钉钉机器人有一个大致的了解，可以访问以下网址：

https://open-doc.dingtalk.com/microapp/serverapi2/qf2nxq

这里我们使用的是自定义机器人。当前自定义机器人支持文本（text）、连接（link）、markdown、ActionCard、FeedCard 消息类型，可以根据自己的使用场景选择合适的消息类型，达到最好的展示样式。例如，我们用得比较多的是 markdown 类型，如图 6-18 所示。

图 6-18

2. 定义消息类型

我们暂且定义文本和 markdown 类型，如图 6-19 所示。

```go
types.go
1    package main
2
3    //文本消息
4    type TextWebhook struct {
5        Msgtype string `json:"msgtype"`
6        Text    Text   `json:"text"`
7        At      At     `json:"at"`
8    }
9
10   type Text struct {
11       Content string `json:"content"`
12   }
13
14   //@, 支持@手机号码和所有人
15   type At struct {
16       AtMobiles []string `json:"atMobiles"`
17       IsAtAll   bool     `json:"isAtAll"`
18   }
19
20   //markdown消息
21   type MarkdownWebHook struct {
22       Msgtype  string   `json:"msgtype"`
23       Markdown Markdown `json:"markdown"`
24       At       At       `json:"at"`
25   }
26
27   type Markdown struct {
28       Title string `json:"title"`
29       Text  string `json:"text"`
30   }
31
```

图 6-19

3. 从环境变量获取参数

我们可以通过环境变量来传参。

- 定义环境变量参数：

```
//环境变量
var envList = []string{
    //钉钉机器人地址
    "WEBHOOK",
    //@的手机号码
    "AT_MOBILES",
    //@所有人
    "IS_AT_ALL",
    //消息内容
    "MESSAGE",
    //消息类型（仅支持文本和 markdown）
    "MSG_TYPE",
}
```

- 从环境变量获取参数并校验：

```
//获取环境变量
envs := make(map[string]string)
for _, envName := range envList {
    envs[envName] = os.Getenv(envName)
    //参数检查
    if envs[envName]=="" && envName != "AT_MOBILES" && envName != "IS_AT_ALL" {
        fmt.Println("envi?oment variable "+envName+" is required")
        os.Exit(1)
    }
}

if envs["AT_MOBILES"] == "" && envs["IS_AT_ALL"] == "" {
    fmt.Println("必须设置参数 AT_MOBILES 和 IS_AT_ALL 两者之一！")
    os.Exit(1)
}
```

4. 设置消息格式并发送请求

相关包引用如下：

```
import (
    "bytes"
    "encoding/json"
    "fmt"
    "io/ioutil"
    "net/http"
    "strings"
)
```

关键代码如下：

```
package main
// 导入包
import (
    "bytes"
```

```go
    "encoding/json"
    "fmt"
    "io/ioutil"
    "net/http"
    "strings"
)

// 结构
type Builder struct {
    Webhook        string
    AtMobiles      []string
    IsAtAll        bool
    Message        string
    payload interface{}
}

// 组装消息格式
func NewBuilder(envs map[string]string) (*Builder, error) {
    b := &Builder{}

    b.Webhook = envs["WEBHOOK"];

    if strings.ToLower(envs["IS_AT_ALL"]) == "true" {
        b.IsAtAll = true
    }

    b.AtMobiles = strings.Split(envs["AT_MOBILES"], ",")
    at := At{
        AtMobiles: b.AtMobiles,
        IsAtAll:   b.IsAtAll,
    }

    if envs["MESSAGE"] != "" {
        b.Message = envs["MESSAGE"]
        switch envs["MSG_TYPE"] {
            case "text":
                text := Text{
                    Content: b.Message,
                }
                info := TextWebhook{
                    Msgtype: "text",
                    Text:    text,
                    At:      at,
                }
                b.payload = info
                return b, nil
            case "markdown":
                md := Markdown{
                        Title: "钉钉通知",
                        Text:  b.Message,
                }
                b.payload = MarkdownWebHook{
                    Msgtype: "markdown",
                    Markdown: md,
                    At:       at,
                }
                return b, nil
        default:
```

```
            return nil, fmt.Errorf("不支持的消息类型！")
        }
    }
    return nil, fmt.Errorf("尚不支持其他格式！")
}
func (b *Builder) run() error {
    if err := b.callWebhook(); err != nil {
        return err
    }
    return nil
}


//调用钉钉 webhook
func (b *Builder) callWebhook() error {
    payload, _ := json.Marshal(b.payload)
    fmt.Printf("sending webhook info: %s\n", string(payload))
    body := bytes.NewBuffer(payload)
    res, err := http.Post(b.Webhook, "application/json;charset=utf-8", body)
    if err != nil {
        return err
    }
    result, err := ioutil.ReadAll(res.Body)
    res.Body.Close()
    if err != nil {
        return err
    }

    var resultJSON interface{}
    if err = json.Unmarshal(result, &resultJSON); err != nil {
        return err
    }

    fmt.Println(resultJSON)
    fmt.Println("Send webhook succeed.")
    return nil
}
```

5. 设置 Dockerfile

Dockerfile 如下所示：

```
FROM golang:1.10-alpine as builder

WORKDIR /go/src/component-dingding

COPY ./ /go/src/component-dingding

RUN set -ex && \
go build -v -o /go/bin/component-dingding \
-gcflags '-N -l' \
./*.go

FROM alpine
RUN apk update && apk add ca-certificates

COPY --from=builder /go/bin/component-dingding /usr/bin/
CMD ["component-dingding"]
```

```
# 注意不要单独使用 MAINTAINER 指令，MAINTAINER 已被 Label 标签代替
LABEL MAINTAINER ="xinlai@xin-lai.com"
# LABEL 指令用于将元数据添加到镜像，支持键值对和 JSON，可以使用 docker inspect 命令查看
LABEL DingtalkComponent='{\
  "description": "使用钉钉发送通知消息.",\
  "input": [\
    {"name": "WEBHOOK", "desc": "必填，钉钉机器人 Webhook 地址"},\
    {"name": "AT_MOBILES", "desc": "非必填，被@人的手机号"},\
    {"name": "IS_AT_ALL", "desc": "非必填，@所有人时:true,否则为:false"},\
    {"name": "MESSAGE", "desc": "必填，自定义发送的消息内容"}, \
    {"name": "MSG_TYPE", "desc": "必填，自定义发送的消息类型，目前仅支持 text 和
      markdown"}\
  ]\
}'
```

这里我们使用标签来说明参数，可以使用以下命令来查看标签（见图 6-20）：

```
docker inspect go-dingtalk
```

图 6-20

编译出来的镜像非常小，因为 Alpine 的镜像非常小，而 Go 可以直接编译成机器代码，如图 6-21 所示。

图 6-21

看到这个大小，是不是相对惊诧呢？其实.NET Core 也支持，需要用到 CoreRT（.NET Core Runtime，C++的性能，.NET 的生产力）。虽然可用，但是还不算完全成熟，有兴趣的可以了解官方的开源库：https://github.com/dotnet/corert。

> **注　意**
>
> Alpine Linux 是一个社区开发的面向安全应用的轻量级 Linux 发行版。从图 6-21 可以看出，它非常小，只有 5MB。这是其最大的优势。因此，Alpine Linux 非常适合用来做 Docker 镜像、路由器、防火墙、VPNs、VoIP 盒子以及服务器的操作系统。

6. 运行并设置环境变量推送消息

我们使用 PowerShell 编写的简单脚本如下所示：

```
docker build --rm -f "dockerfile" -t go-dingtalk:latest .

docker run --rm -e "WEBHOOK=https://oapi.dingtalk.com/robot/send?
access_token={Access token}" `
 -e "MESSAGE=*使用 go 发送钉钉消息。*" `
 -e "IS_AT_ALL=true" `
 -e "MSG_TYPE=markdown" `
 -d go-dingtalk
```

> **注　意**
>
> --rm 用于自动清理，也就是"用之即来，用完即走"。

推送成功后（见图 6-22），效果图如图 6-23 所示。

```
CONTAINER LOGS

sending webhook info: {"msgtype":"markdown","markdown":{"title":"钉钉通知","text":"*使用go发送钉钉消息。*"},"at":{"atMobiles":[""],"isAtAll":true}}
map[errcode:0 errmsg:ok]
Send webhook succeed.
BUILD SUCCEED
```

图 6-22

图 6-23

6.4 使用 Python 实现简单爬虫

6.4.1 关于 Python

Python 是一种计算机程序设计语言，是一种动态、面向对象的脚本语言，最初被设计用于编写自动化脚本（shell），随着版本的不断更新和语言新功能的添加，被越来越多地用于独立的、大型项目的开发。Python 目前是流行度增长最快的主流编程语言，也是第二大受开发者喜爱的语言（参考 Stack Overflow 2019 开发者调查报告发布）。

Python 是一种解释型脚本语言，可以应用于以下领域：

- Web 和 Internet 开发。
- 科学计算和统计。
- 教育。
- 桌面界面开发。
- 软件开发。
- 后端开发。

Python 学习起来虽然没有门槛，但是通过它可以用更短的时间、更高的效率学习和掌握机器学习，甚至是深度学习的技能。不过单单只会 Python 对大多数人来说是不行的，最好掌握一门静态语言（.NET/Java）。同时，建议.NET、Java 开发人员可以将 Python 发展为第二语言，一方面 Python 在某些领域确实非常犀利（爬虫、算法、人工智能等）；另一方面 Python 上手完全没有门槛，甚至无须购买任何书籍！

6.4.2 官方镜像

官方镜像地址为 https://hub.docker.com/_/python。注意，请认准官方镜像（见图 6-24）。

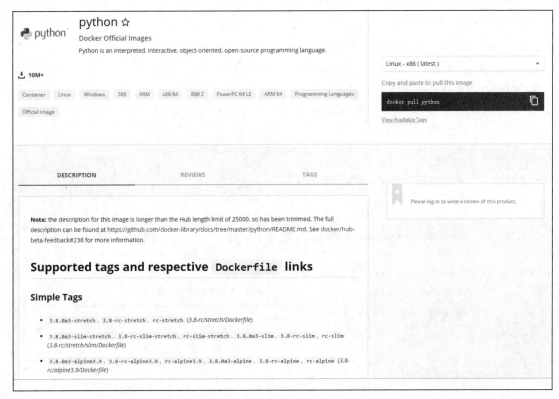

图 6-24

6.4.3　使用 Python 抓取博客列表

1. 需求说明

使用 Python 来抓取笔者博客园的博客列表，打印出标题、链接、日期和摘要。博客地址为
http://www.cnblogs.com/codelove/，内容如图 6-25 所示。

图 6-25

2. 了解 Beautiful Soup

Beautiful Soup 是一个可以从 HTML 或 XML 文件中提取数据的 Python 库，支持多种解析器。Beautiful Soup 简单地说就是一个灵活又方便的网页解析库，是一个爬网利器。这里我们就基于 Beautiful Soup 来抓取博客数据。

Beautiful Soup 官方网站为 https://beautifulsoup.readthedocs.io，主要解析器说明如表 6-6 所示。

表 6-6　主要解析器

解析器	使用方法	优势	劣势
Python标准库	BeautifulSoup(markup, "html.parser")	Python的内置标准库 执行速度适中 文档容错能力强	Python 3.2.2前的版本容错能力差
lxml HTML 解析器	BeautifulSoup(markup, "lxml")	速度快 文档容错能力强	需要安装C语言库
lxml XML 解析器	BeautifulSoup(markup, ["lxml-xml"]) BeautifulSoup(markup, "xml")	速度快 唯一支持XML的解析器	需要安装C语言库
html5lib	BeautifulSoup(markup, "html5lib")	最好的容错性 以浏览器的方式解析文档 生成HTML5格式的文档	速度慢 不依赖外部扩展

3. 分析并获取抓取规则

首先，我们使用 Chrome 浏览器打开网址：http://www.cnblogs.com/codelove/。

然后，按 F12 键打开开发人员工具。通过工具，我们梳理以下规则：

- 博客块（div.day，见图 6-26）。

图 6-26

- 博客标题（div. postTitle a，见图 6-27）。

图 6-27

- 其他内容获取，如日期、博客链接、简介，这里就不截图了。

最后，我们通过观察博客路径来获取 url 分页规律，如图 6-28 所示。

图 6-28

根据以上分析，下面开始编码。

4. 编写代码，实现抓取逻辑

在编码前，请阅读 Beautiful Soup 官方文档，然后根据需求编写 Python 代码：

```python
# 关于 Beautiful Soup，请阅读官方文档：
# https://beautifulsoup.readthedocs.io/zh_CN/v4.4.0/#id52
from bs4 import BeautifulSoup
import os
import sys
import requests
import time
import re
url = "https://www.cnblogs.com/codelove/default.html?page={page}"

#已完成的页数序号，初始为 0
page = 0
```

```
while True:
    page += 1
    request_url = url.format(page=page)
    response = requests.get(request_url)
    #使用 Beautiful Soup 的 html5lib 解析器解析 HTML（兼容性最好）
    html = BeautifulSoup(response.text,'html5lib')

    #获取当前 HTML 的所有博客元素
    blog_list = html.select(".forFlow .day")

    # 循环在读不到新的博客时结束
    if not blog_list:
        break

    print("fetch: ", request_url)

    for blog in blog_list:
        # 获取标题
        title = blog.select(".postTitle a")[0].string
        print('-----------------------'+title+'----------------------');

        # 获取博客链接
        blog_url = blog.select(".postTitle a")[0]["href"]
        print(blog_url);

        # 获取博客日期
        date = blog.select(".dayTitle a")[0].get_text()
        print(date)

        # 获取博客简介
        des = blog.select(".postCon > div")[0].get_text()
        print(des)

        print('---------------------------------------------------------');
```

如上述代码所示，我们根据分析的规则循环翻页并且从每一页的 HTML 中抽取出需要的博客信息并打印出来。相关代码已提供注释，这里我们就不多说了。

5. 编写 Dockerfile

代码写完，按照惯例，我们仍然是使用 Docker 实现本地无 SDK 开发，因此编写 Dockerfile：

```
# 使用官方镜像
FROM python:3.7-slim

# 设置工作目录
WORKDIR /app

# 复制当前目录
COPY . /app

# 安装模块
RUN pip install --trusted-host pypi.python.org -r requirements.txt

# Run app.py when the container launches
CMD ["python", "app.py"]
```

> **注　意**
>
> 由于我们使用到 beautifulsoup 等第三方库，因此需要安装相关模块。requirements.txt 内容如下（注意换行）：
>
> ```
> html5lib
> beautifulsoup4
> requests
> ```

6. 运行并查看抓取结果

构建完成后，运行结果如图 6-29 所示。

图 6-29

6.5　使用 PHP 搭建个人博客站点

　　PHP（Hypertext Preprocessor）是一种通用开源脚本语言，吸收了 C、Java 和 Perl 语言的特点，利于学习，使用广泛，主要适用于 Web 开发领域。PHP 混合了 C、Java、Perl 以及 PHP 自创的语法。它可以比 CGI 或者 Perl 更快速地执行动态网页。用 PHP 做出的动态页面与其他的编程语言相比，执行效率比完全生成 HTML 标记的 CGI 要高许多，因为 PHP 是将程序嵌入到 HTML（标准通用标记语言下的一个应用）文档中去执行。PHP 还可以执行编译（加密和优化代码）后的代码，使代码运行更快。

6.5.1 官方镜像

官方镜像地址为 https://hub.docker.com/_/php，主要内容如图 6-30 所示。

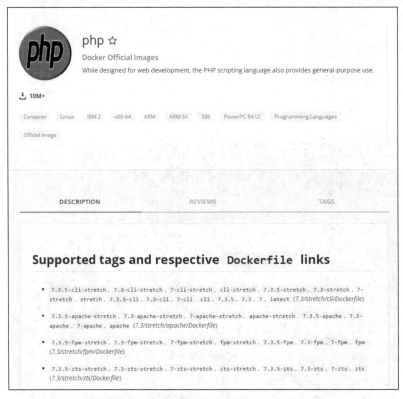

图 6-30

6.5.2 编写简单的"Hello world"

1. 编写"Hello world"

代码极其简单，如下所示：

```
<?php
echo "Hello world";
?>
```

2. 编写 Dockerfile

Dockerfile 文件如下所示：

```
#镜像版本见 https://hub.docker.com/_/php
FROM php:7.3-cli-alpine3.9
COPY . /usr/src/myapp
WORKDIR /usr/src/myapp
#运行 PHP 脚本
```

```
CMD [ "php", "./test.php" ]
```

这里之所以选择 alpine 的镜像，主要是因为体积更小（见图 6-31）。

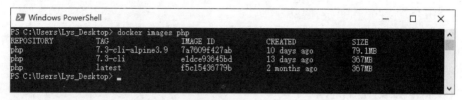

图 6-31

3. 构建并运行

构建命令（见图 6-32）如下：

```
docker build --rm -f "dockerfile" -t phptest1:latest .
```

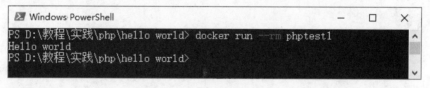

图 6-32

运行结果如图 6-33 所示。

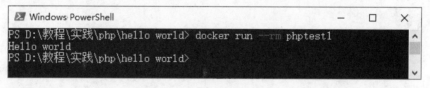

图 6-33

4. 直接使用 PHP Docker 镜像运行 PHP 脚本

在日常开发中，如果我们只是编写 PHP 脚本用于简单的实践，那么完全可以直接使用 PHP Docker 镜像来运行，避免反复的构建过程，从而加速开发：

```
docker run -it --rm `
--name php-running-script `
-v D:\temp\php:/usr/src/myapp `
-w /usr/src/myapp `
php php test.php
```

运行命令参数说明可以参照前面的内容，以上命令主体操作如下：

- 运行 PHP 最新镜像，运行完成后自动删除容器。其中，"-it" 等同于 "-ti"，等同于 "-i -t"，也就是让容器的标准输入保持打开，然后分配一个伪终端并绑定到容器的标准输入上。
- 容器名称为 "php-running-script"。
- 将主机目录 "D:\temp\php" 加载为数据卷，映射到容器内目录 "/usr/src/myapp"。关于数据卷的相关讲解，我们在后续的章节会结合相关实践进一步讲解。
- 指定工作目录 "/usr/src/myapp"。
- 执行 PHP 脚本 "test.php"。

运行结果如图 6-34 所示。

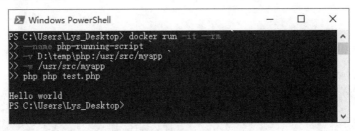

图 6-34

6.5.3　使用 WordPress 镜像搭建个人博客站点

WordPress 是使用 PHP 语言开发的博客平台，用户可以在支持 PHP 和 MySQL 数据库的服务器上架设属于自己的网站，也可以把 WordPress 当作一个内容管理系统（CMS）来使用。

WordPress 是一款个人博客系统，并逐步演化成一款内容管理系统软件，是使用 PHP 语言和 MySQL 数据库开发的。用户可以在支持 PHP 和 MySQL 数据库的服务器上使用自己的博客。

WordPress 官方镜像地址为 https://hub.docker.com/_/wordpress，主要内容如图 6-35 所示。

图 6-35

接下来，我们基于官方镜像开始搭建。

1. 准备 MySQL 数据库

我们先需要准备一个 MySQl 数据库，可以使用现成的 MySQL 数据库，也可以参考数据库容器化的相关章节来进行搭建。

参考命令如下所示：

```
docker run --name mysql -e MYSQL_ROOT_PASSWORD=123456 -p 3306:3306 -d mysql
```

注　意

MySQL 容器创建完成后，需要对 root 账号（见图 6-36）进行设置才能够通过数据库连接访问 MySQL，具体见数据库容器化相关章节。

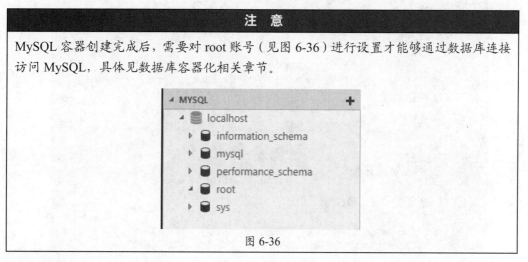

图 6-36

---

2. 跑起来

接下来，我们就可以运行 WordPress 镜像了，参考命令如下所示：

```
docker run `
--name myblog `
--link mysql:wordpressdb `
-e WORDPRESS_DB_HOST=wordpressdb:3306 `
-e WORDPRESS_DB_PASSWORD=123456 `
-e WORDPRESS_DB_NAME=wordpress `
-p 3000:80 `
wordpress
```

如上述命令，我们基于 WordPress 镜像创建了一个名为 myblog 的容器，外部端口为 3000，容器端口为 80。然后使用 "--link" 参数将该容器和 mysql 容器（上一步创建的 MySQL 容器）建立了链接，使其能访问 mysql 容器，并且建立了别名 wordpressdb。接下来，通过环境变量设置 WordPress 中 MySQL 的一些参数，比如数据库服务器、密码、库名称。运行结果如图 6-37 所示。

图 6-37

接下来，我们访问博客网址"http://localhost:3000/"试试（见图 6-38）。

图 6-38

经过一些简单的设置，我们又为 WordPress 添加了一个即将关站的博客站，如图 6-39 所示。

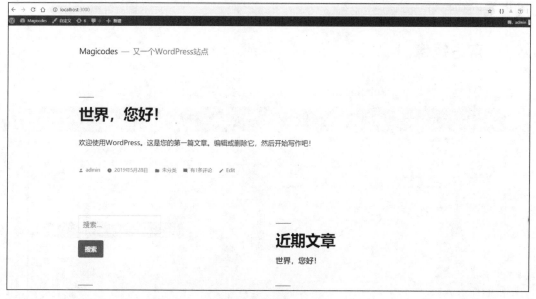

图 6-39

6.5.4　修改 PHP 的文件上传大小限制

基于 Docker 运行 PHP 应用，经常会遇到文件上传大小限制的问题。比如刚刚部署的 WordPress 个人博客站点，如果我们上传一些个人主题，很容易就会突破 PHP 的文件上传大小限制（默认为 2MB，对应设置 key 为 "upload_max_filesize"），这时我们用以下方式进行处理：

- 修改 Dockerfile，构建自己的镜像。使用自己的 PHP 配置文件（php.ini）替换默认的 PHP 配置文件。例如，基于 WordPress 镜像构建自己的镜像，添加类似于 "COPY ./config/php.ini /usr/local/etc/php/conf.d/" 的复制命令。
- 通过 "-v" 参数将容器内指定路径映射到主机目录的自定义配置文件，例如 "-v d:/tmp/php/php.ini:/usr/local/etc/php/conf.d/uploads.ini"。
- 通过 "exec" 命令进入容器内部修改相关配置。

6.6　使用 Node.js 搭建团队技术文档站点

Node.js 是一个基于 Chrome V8 引擎构建的 JavaScript 运行环境，是一个让 JavaScript 能够运行在服务端的开发平台。Node.js 可以方便地搭建响应速度快、易于扩展的 Web 应用。Node.js 使用事件驱动、非阻塞 I/O 模型而得以轻量和高效，非常适合在分布式设备上运行数据密集型的实时应用。

Node.js 的诞生给前端开发人员带来了极大的惊喜。传统的 Web 开发者，在前端使用 JavaScript

进行编程，在服务器端用另外一种语言，比如 Java、.NET、PHP 等。Node.js 出现之后，前端开发者使用 JavaScript 就可以前后端通吃了。

6.6.1　官方镜像

官方镜像地址为 https://hub.docker.com/_/node，主要界面如图 6-40 所示。

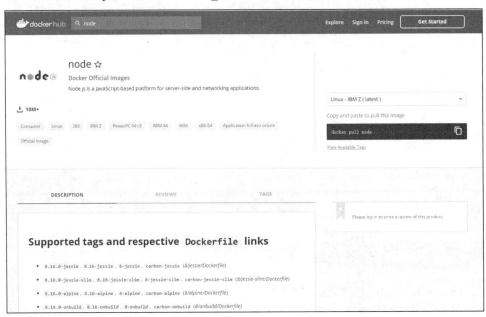

图 6-40

6.6.2　编写一个简单的 Web 服务器

1. 编码

使用 Node.js 编写一个简单的 Web 服务器非常简单，主要需要用到 http 模块。http 模块主要用于搭建 HTTP 服务端和客户端，全部代码如下所示：

```
// 加载 http 模块
const http = require('http');
// 设置端口
const port = 80;
// 创建 Web 服务器
const server = http.createServer((req, res) => {
    // 设置响应的状态码
    res.statusCode = 200;
    // 设置响应的请求头
    res.setHeader('Content-Type', 'text/plain');
    // 设置响应输出文本
    res.end('Hello World !');
});
```

```
// 设置 Web 服务器监听端口
server.listen(port);
```

2. 编写 Dockerfile

Dockerfile 文件如下所示：

```
#指定 node 镜像的版本
FROM node:8.9-alpine

#对外暴露的端口
EXPOSE 80

# 复制文件
COPY . .

# 运行
ENTRYPOINT ["node","app.js"]
```

3. 构建并运行

构建（见图 6-41）：

```
docker build --rm -f "dockerfile" -t nodetest1:latest .
```

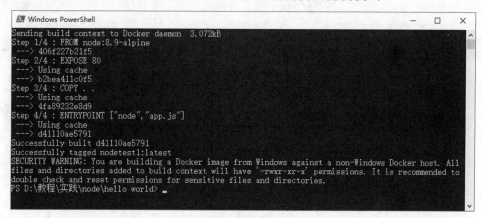

图 6-41

运行（见图 6-42）：

```
docker run --rm -p 4000:80 nodetest1:latest
```

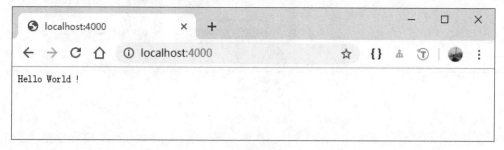

图 6-42

在日常开发中,对于一些简单的脚本编写,为了避免反复的构建过程,大家同样可以参考 PHP 一节,然后直接运行 Node.js 镜像来执行 Node.js 的脚本。

参考脚本如下所示:

```
docker run -it --rm `
--name node-running-script `
-v D:\temp\node:/usr/src/myapp `
-w /usr/src/myapp `
node:8.9-alpine node app.js
```

6.6.3 使用 Hexo 搭建团队技术文档站点

Hexo 是一个快速、简洁且高效的博客(不仅仅是博客)框架,可以使用 Markdown(或其他渲染引擎)解析文章,在几秒内利用靓丽的主题生成静态网页。我们可以用其来搭建博客、文档站点或者其他官网。接下来,我们将使用 Hexo 搭建团队技术文档站点。之所以选择 Hexo,主要原因如下:

(1)主题丰富

Hexo 的主题很多,我们在官网就能找到很多可用的主题,而且均已开源,如图 6-43 所示。

图 6-43

(2)插件丰富

在官网中,我们可以找到很多各种各样的插件,比如搜索、字数统计、自动分类、百度网址提交、静态资源压缩等开源插件,如图 6-44 所示。

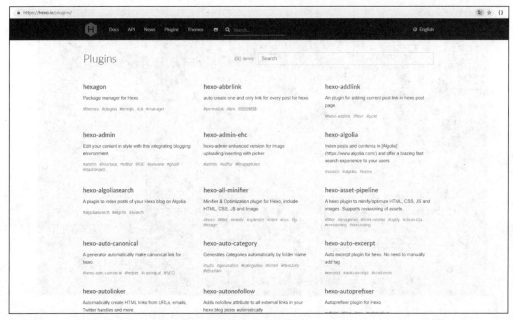

图 6-44

（3）灵活可扩展

无论是主题还是插件，均为开源。相关主题的修改也非常简单，只要具备一定的 JavaScript 和 HTML 知识，就可以完成对主题和插件的修改。

（4）支持对 Markdown 进行渲染

无论是搭建博客还是技术文档站，使用 Markdown 进行文章编写都是需要优先考虑的。团队成员仅需提交 Markdown 就可以生成一个漂亮美观的静态站点，这是一件多么惬意的事情啊！

接下来，我们演示如何一步一步地使用 Hexo 来构建团队技术站点：

（1）安装

在安装 Hexo 之前，先必须安装好以下内容：

- Node.js（Node.js 的版本不得小于 6.9）。
- Git。

接下来，仅需使用以下命令来安装 Hexo：

```
npm install -g hexo-cli
```

npm 是 Node.js 的包管理工具，在安装 Node.js 时会顺带安装好。通过以上命令，将使用 npm 全局安装（安装到全局目录）hexo-cli。

（2）初始化

接下来，我们就可以使用 Hexo 建站了。首先，需要进行一些站点初始化的工作：

```
hexo init <folder>
```

目录为选填，不填则默认当前目录（见图 6-45）。

图 6-45

初始化完成之后，就可以看到目标目录下多了很多内容，如图 6-46 所示。

名称	修改日期	类型	大小
node_modules	2019/6/3 11:39	文件夹	
scaffolds	2019/6/3 11:39	文件夹	
source	2019/6/3 11:39	文件夹	
themes	2019/6/3 11:39	文件夹	
.gitignore	2019/6/3 11:39	Git Ignore 源文件	1 KB
_config.yml	2019/6/3 11:39	Yaml 源文件	2 KB
package.json	2019/6/3 11:39	JSON 源文件	1 KB
yarn.lock	2019/6/3 11:39	LOCK 文件	85 KB

图 6-46

接下来，使用 npm 管理工具安装相关包（见图 6-47）：

```
npm install
```

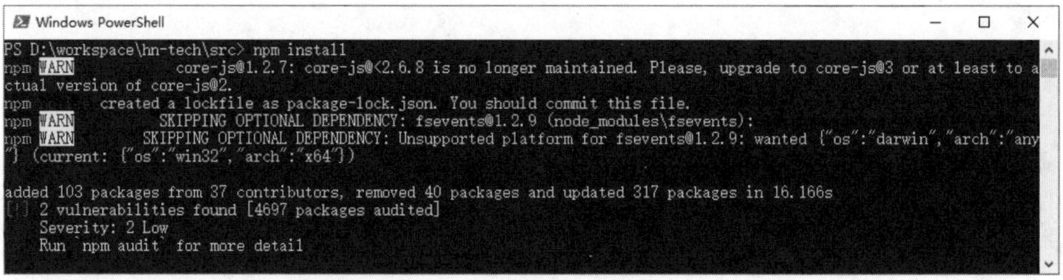

图 6-47

（3）配置站点信息

在根目录下，可以找到"_config.yml"文件。通过修改该文件，可以配置大部分参数，如图 6-48 所示。

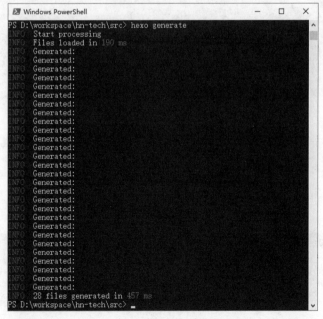

图 6-48

具体配置信息见官网说明：https://hexo.io/zh-cn/docs/configuration。

（4）生成静态文件

默认情况下，Hexo 进行站点初始化时已经完成了默认主题（landscape）和内容（hello-world.md）的设置，可以直接执行以下命令来生成静态文件：

```
hexo generate
```

运行结果如图 6-49 所示。

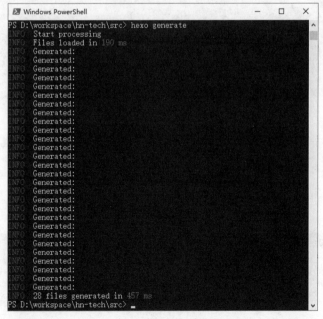

图 6-49

执行之后，可以在"public"目录中看到如图 6-50 所示的静态文件。

图 6-50

我们还可以使用命令"hexo deploy"来部署站点，比如先部署到 GitHub 再使用 GitHub 进行托管。Hexo 支持多种部署方式，具体见官网：https://hexo.io/zh-cn/docs/deployment。

（5）使用 hexo-server 进行托管

我们也可以使用官方组件 hexo-server 托管静态站点。在使用之前，先进行安装（见图 6-51）：

```
npm install hexo-server –save
```

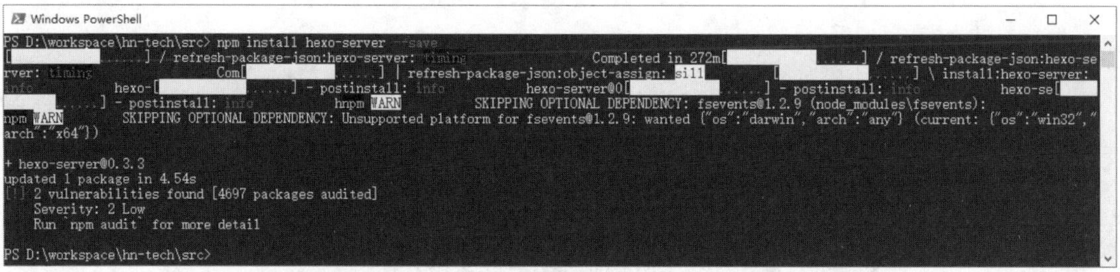

图 6-51

安装完成后，就可以使用以下命令来启动 Web 服务器进行查看了：

```
hexo server -p 5000
```

其中，-p 参数用于指定端口（见图 6-52），默认端口为 4000。

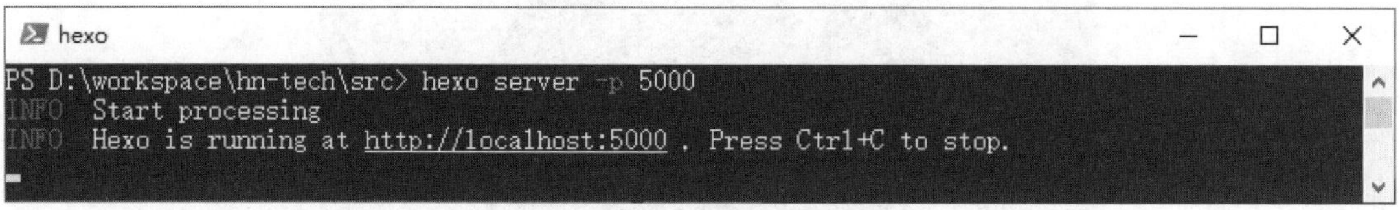

图 6-52

接下来，就可以用浏览器直接打开这个地址进行访问了，如图 6-53 所示。

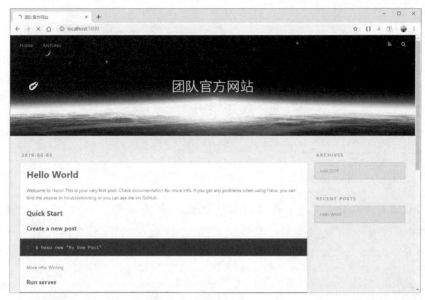

图 6-53

至此，一个简单的静态站点（见图 6-54）就搭建好了。我们可以配置导航链接，或者使用主题和插件来支持各种自定义的功能。

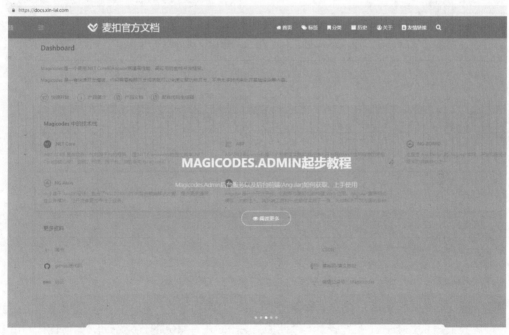

图 6-54

（6）使用容器构建和托管

初步了解 Hexo 之后，我们可以使用 Docker 来构建和托管站点，主体参考流程如图 6-55 所示。

图 6-55

以上流程仅供参考，TeamCity 的配置请参考 DevOps 相关章节。

Dockerfile 文件如下所示：

```
FROM node:10.15.3-alpine
# 设置标签
LABEL author=雪雁 email=xinlai@xin-lai.com site=https://docs.xin-lai.com
# 设置容器内端口
EXPOSE 8000
# 添加目录
ADD . /app
# 设置当前工作目录
WORKDIR /app
# 复制文件
COPY . .
# 设置 npm 并且使用 npm 安装 hexo 以及相关插件，然后生成静态页并且安装 hexo-server
RUN npm config set unsafe-perm true && \
    npm config set registry https://registry.npm.taobao.org && \
    npm install -g hexo-cli && \
    hexo clean && \
    cd src && \
    npm install hexo --save && \
    npm install hexo-neat --save && \
    npm install --save hexo-wordcount && \
    npm i -S hexo-prism-plugin && \
    npm install hexo-generator-search --save && \
    npm i hexo-permalink-pinyin --save && \
    hexo generate && \
    npm install hexo-server --save
# 设置工作目录
WORKDIR src
# 使用 hexo-server 托管静态文件
ENTRYPOINT ["hexo", "server","-p","8000"]
```

通过上述 Dockerfile 脚本，我们能够完成 Hexo 环境的初始化、相关包的安装以及静态页的生成等，最后会依托 hexo-server 来托管。不过此 Dockerfile 还有很大的优化空间，如何优化？请参考上一章的编写准则。

第 **7** 章

数据库容器化

通过前面章节的学习，我们已经可以根据自己熟悉的编程语言编写 Docker 应用了，但是在日常开发中，基本上都会使用到各种各样的数据库，比如 SQL Server、MySQL、Redis、MongoDB 等。我们如何将这些数据库容器化以便更便捷地用于开发调测呢？数据库容器化之后，又如何持久保存数据呢？

本章将讲述主流的数据库容器化并且会侧重讲解容器化之后如何持久保存数据。同时，针对 SQL Server、MySQL、Redis、MongoDB 等主流数据库，笔者会从官方镜像开始，结合使用场景到相关的使用和实践以及管理进行讲解。

本章主要包含以下内容：

- 主流的关系型数据库和非关系型数据库；
- 讲解 SQL Server、MySQL、Redis、MongoDB 等主流数据库的容器化、场景以及数据持久化等内容；
- 相关数据库的使用和实践以及数据库管理。

7.1 什么是数据库

数据库可视为电子化的文件柜——存储电子文件的处所。用户可以对文件中的数据运行新增、获取、更新、删除等操作。因此，所谓"数据库"，是以一定方式储存在一起、能与多个用户共享、具有尽可能小的冗余度、与应用程序彼此独立的数据集合。

目前主流的数据库分为关系型数据库和非关系型数据库（NoSQL）。

7.2　关系型数据库和非关系型数据库对比

关系型数据库和非关系型数据库的对比如表 7-1 所示。

表 7-1　两种数据库对比

关系型数据库		非关系型数据库	
优势	劣势	优势	劣势
数据的一致性(事务) 安全 复杂SQL支持(比如关联查询) 标准和成熟 支持好	高并发下的读写瓶颈 海量数据的高效率读写 已有结构(表、索引)的变更成本高 字段不固定的应用支持不够 对简单查询需要快速返回结果的处理	成本低（授权成本和存储成本） 大量数据的写入和读取 快速的查询响应,灵活的数据模型 数据结构变更或更新非常方便,不需要更改已有数据的数据结构 性能更好，执行更快 扩展性更高	不提供复杂的API接口 一般仅提供key索引 不适合小数据量的处理 现有产品不够成熟，维护的工具和资料比较有限

7.3　主流的数据库

关系型数据库主要有：

- Microsoft SQL Server（Microsoft）
- MySQL（开源）
- Oracle（甲骨文）
- MariaDB（MySQL 的代替品）
- PostgreSQL（开源）
- DB2（IBM）

非关系型数据库主要有：

- MongoDB（面向文档）
- CouchDB（面向文档，Apache 基金会）
- Redis（键值对数据库）
- MemcacheDB（键值对数据库）
- Hypertable
- Hadoop Hbase

7.4　数据库容器化

随着 Docker 的流行，主流的数据库厂商均提供了相关的 Docker 镜像，因此我们能够非常方便地将数据库托管到容器之中，用于测试和开发环境（现阶段）。

注　意

现阶段我们不推荐在容器中托管正式环境的数据库，目前数据库容器化还存在一些问题、不适应性以及质疑，并且还缺乏成熟的案例和方案（已经有很多厂商在做这块的探索了，包括阿里、京东）。

数据库容器化是实现数据库弹性调度的基础条件，如图 7-1 所示。因此，数据库容器化绝不是一个伪命题，是值得我们探索的一个方向，而且是一种必然的趋势。在这里，我们不做过多探讨。

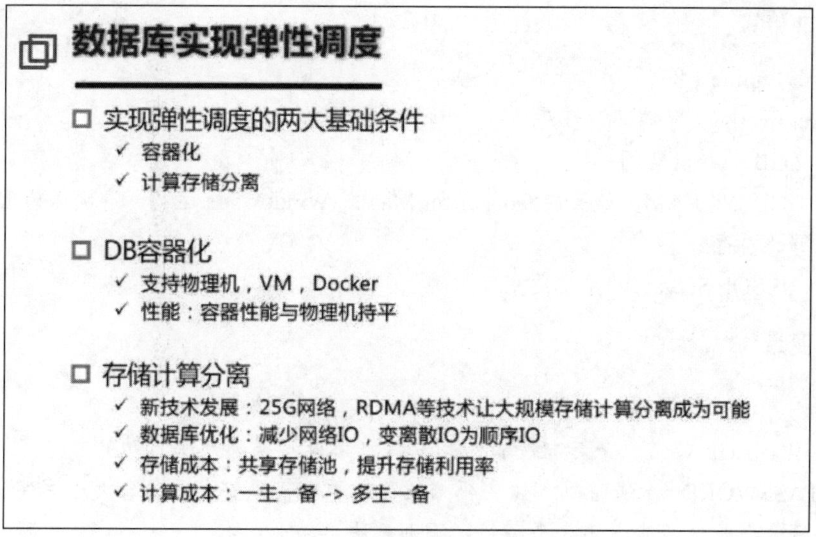

数据库实现弹性调度

□ 实现弹性调度的两大基础条件
- ✓ 容器化
- ✓ 计算存储分离

□ DB容器化
- ✓ 支持物理机，VM，Docker
- ✓ 性能：容器性能与物理机持平

□ 存储计算分离
- ✓ 新技术发展：25G网络，RDMA等技术让大规模存储计算分离成为可能
- ✓ 数据库优化：减少网络IO，变离散IO为顺序IO
- ✓ 存储成本：共享存储池，提升存储利用率
- ✓ 计算成本：一主一备 -> 多主一备

图 7-1

后面，笔者将逐步和大家分享如何将主流的数据库托管到容器之中。

7.5　SQL Server 容器化

SQL Server 是由 Microsoft 开发和推广的关系数据库，其在操作数据库管理系统（ODBMS）领域处于领先水平。其中，SQL Server 2017 跨出了重要的一步，力求通过将 SQL Server 的强大功能引入 Linux、基于 Linux 的 Docker 容器和 Windows，使用户可以在 SQL Server 平台上选择开发语言、数据类型、本地开发或云端开发，以及操作系统开发。

本节将使用 SQL Server 2017（见图 7-2）来进行演示。

图 7-2

7.5.1 镜像说明

官方镜像分为 Windows 版本和 Linux 版本，官方镜像说明网址为 https://hub.docker.com/r/microsoft/mssql-server。这里我们主要介绍 Linux 版本的镜像。

1. 环境要求

- Docker Engine 1.8+。
- Docker overlay2 存储驱动程序。
- 至少 2 GB 的磁盘空间。
- 至少 2 GB 的 RAM。如果在 Docker for Mac 或 Windows 上运行，请确保为 Docker VM 分配足够的内存。
- Linux 上 SQL Server 的系统要求。

2. 环境变量

必填项：

- ACCEPT_EULA = Y（表示接受最终用户许可协议，否则无法启动）。
- SA_PASSWORD = <强密码>（密码必须符合复杂密码要求，包含大小写字母以及数字或特殊符号，长度不能少于 8 个字符，否则无法启动）。

注意项：

- MSSQL_PID = <your_product_id | edition_name>（用于设置产品 ID（PID）或版本，默认值为 Developer）。

值范围支持 Developer、Express、Standard 、Enterprise、EnterpriseCore、产品密钥，一般情况下使用 Developer 即可，即开发版本（包含企业版所有的功能，足够我们用于开发和测试）。

其他设置如图 7-3 所示。

MSSQL_LCID	设置要用于 SQL Server 的语言 ID。例如 1036年为法语。
MSSQL_COLLATION	设置 SQL Server 的默认排序规则。这会重写排序规则的语言 id (LCID) 的默认的映射。
MSSQL_MEMORY_LIMIT_MB	设置 SQL Server 可使用的内存 （以 MB 为单位）。默认情况下它是总物理内存的 80%。
MSSQL_TCP_PORT	配置 SQL Server 用于侦听的 TCP 端口（默认为 1433）。
MSSQL_IP_ADDRESS	设置 IP 地址。目前，IP 地址必须为 IPv4 样式 (0.0.0.0)。
MSSQL_BACKUP_DIR	设置默认备份目录位置。
MSSQL_DATA_DIR	更改创建新 SQL Server 数据库数据文件 (.mdf) 的目录。
MSSQL_LOG_DIR	更改在其中创建新的 SQL Server 数据库日志 (.ldf) 文件的目录。
MSSQL_DUMP_DIR	更改 SQL Server 存放内存转储和其他故障排除文件的默认目录。
MSSQL_ENABLE_HADR	启用可用性组。例如，"1"已启用，并禁用"0"
MSSQL_AGENT_ENABLED	启用 SQL Server 代理。例如，启用了 'true'、'false' 被禁用。默认情况下禁用代理。
MSSQL_MASTER_DATA_FILE	设置 master 数据库数据文件的位置。必须命名为master.mdf，直到首次运行 SQL Server。
MSSQL_MASTER_LOG_FILE	设置 master 数据库日志文件的位置。必须命名为mastlog.ldf，直到首次运行 SQL Server。
MSSQL_ERROR_LOG_FILE	设置错误日志文件的位置。

图 7-3

7.5.2　运行 SQL Server 容器镜像

1. PowerShell 运行

在 Windows 系统之上，我们可以使用 PowerShell 来运行 SQL Server 镜像。脚本如下所示：

```
docker run -e "ACCEPT_EULA=Y" -e "SA_PASSWORD=123456abcD" `
  -p 1433:1433 --name mySqlServer `
  -d mcr.microsoft.com/mssql/server:2017-latest
```

相关参数说明如表 7-2 所示。

表 7-2　参数说明

参数	描述
-e "ACCEPT_EULA=Y"	将 ACCEPT_EULA 变量设置为任意值，以确认接受最终用户许可协议。 SQL Server 映像的必需设置
-e "SA_PASSWORD =123456abcD"	指定至少包含 8 个字符且符合SQL Server 密码要求的强密码。 SQL Server 映像的必需设置
-p 1433:1433	建立主机环境（第一个值）上的 TCP 端口与容器（第二个值）中 TCP 端口的映射。在此示例中，SQL Server 侦听容器中的 TCP 1433端口，并在主机上公开1433端口
--name sql1	为容器指定一个自定义名称，而不是使用随机生成的名称。若运行多个容器，则无法重复使用相同的名称
-d	在后台运行容器并打印容器ID
mcr.microsoft.com/mssql/server:2017-latest	SQL Server 2017 Linux 容器镜像

运行结果如图 7-4 所示。

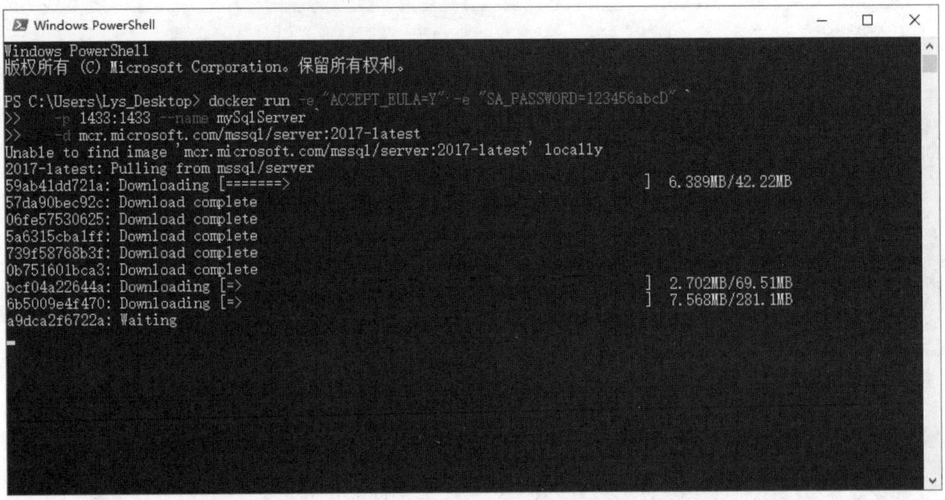

图 7-4

注　意

密码应符合 SQL Server 默认密码策略,否则容器无法设置 SQL Server,将停止工作。默认情况下, 密码必须至少为 8 个字符长, 且包含大写字母、小写字母、十进制数字和符号 4 种字符集中的 3 种字符。可以通过执行 docker logs 命令检查错误日志。

执行之后（镜像不存在自动拉取，大家也可以使用拉取命令来拉取镜像，比如"docker pull mcr.microsoft.com/mssql/server:2017-latest"），会默认创建一个使用 SQL Server 2017 开发人员版的容器，端口为 1433，密码为 123456abcD，如图 7-5 所示。

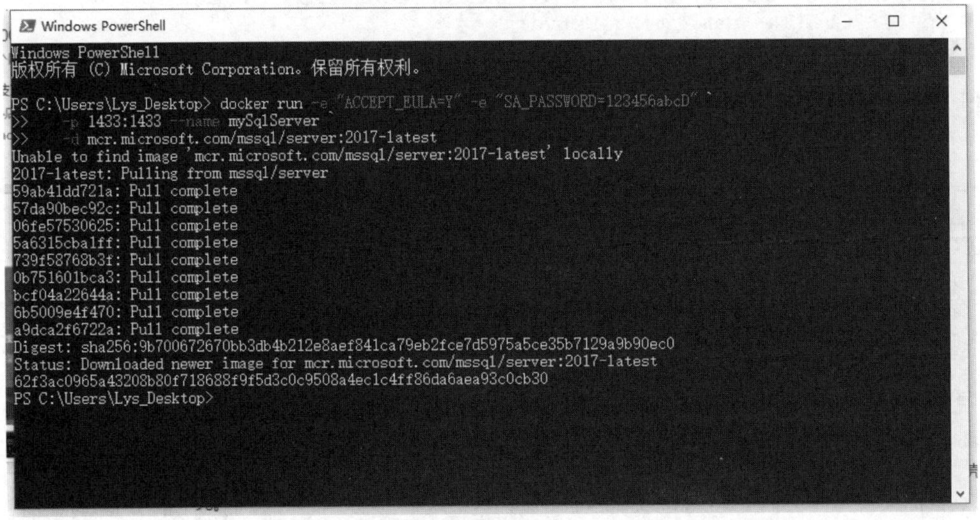

图 7-5

镜像拉取完成之后成功启动，如图 7-6 所示。

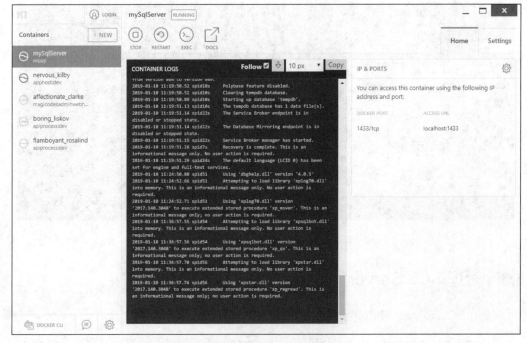

图 7-6

当然，也可以通过命令行查看：

```
docker ps -a
```

运行结果如图 7-7 所示。

图 7-7

如果"状态（STATUS）"列显示"UP"，那么 SQL Server 将在容器中运行，并侦听"端口"列中指定的端口。

2. Bash Shell 运行

如果是 Linux 系统，可以通过 Bash Shell 执行以下命令：

```
sudo docker run -e 'ACCEPT_EULA=Y' -e 'SA_PASSWORD=123456abcD' \
  -p 1433:1433 --name mySqlServer \
  -d mcr.microsoft.com/mssql/server:2017-latest
```

运行结果如图 7-8 所示。

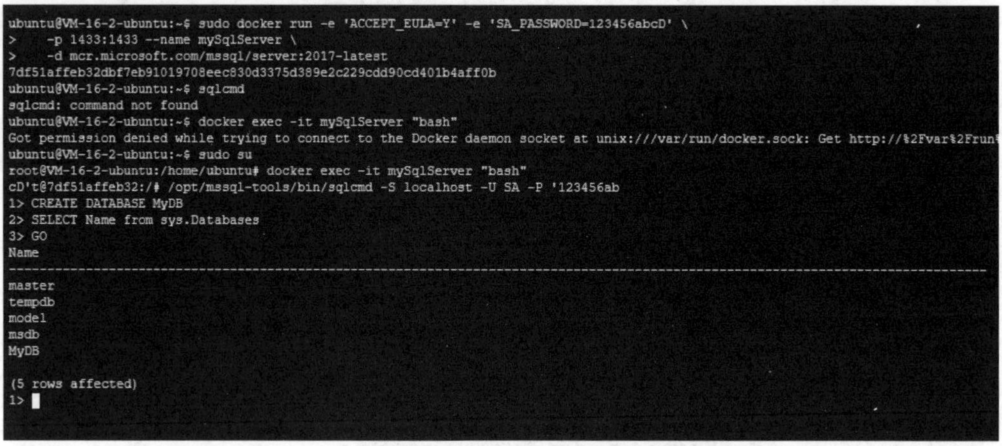

图 7-8

7.5.3　管理 SQL Server

1. 使用 SQL Server Management Studio 来管理 SQL Server

SQL Server Management Studio（SSMS）是 Microsoft 免费提供为开发和管理需求的 SQL 工具套件的一部分。SSMS 是一个集成的环境，若要访问、配置、管理和开发 SQL Server 的所有组件，它可以连接到运行在任何平台上（本地、Docker 和云中）的 SQL Server。它还可以连接到 Azure SQL 数据库和 Azure SQL 数据仓库。SSMS 将大量图形工具与丰富的脚本编辑器相结合，各种技术水平的开发人员和管理员都能访问 SQL Server。

SSMS 提供适用于 SQL Server 的大量开发和管理功能，包括执行以下任务的工具：

- 配置、监视和管理单个或多个 SQL Server 实例。
- 部署、监视和升级数据层组件，如数据库和数据仓库。
- 备份和还原数据库。
- 生成和执行 T-SQL 查询和脚本，并查看结果。
- 生成数据库对象的 T-SQL 脚本。
- 查看和编辑数据库中的数据。
- 以可视方式设计 T-SQL 查询和数据库对象，如视图、表和存储的过程。

下载地址为 https://docs.microsoft.com/zh-cn/sql/ssms/download-sql-server-management-studio-ssms?view=sql-server-2017。

安装完成之后，就可以启动 SSMS 来管理数据库了，如图 7-9 所示。

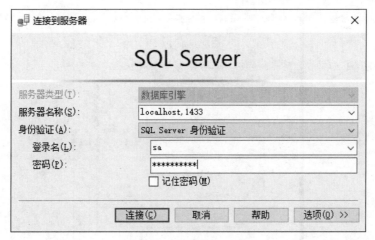

图 7-9

图 7-9 中的参数选项说明如表 7-3 所示。

表 7-3　"连接到服务器"界面选项说明

设置	描述
服务器类型	默认为数据库引擎，请勿更改
服务器名称	输入目标计算机的名称或IP 地址
身份验证	对于 Linux 上的 SQL Server，请使用SQL Server 身份验证
登录	输入数据库服务器上具有访问权限的用户的名称（例如，默认值SA安装过程中创建的账户）
密码	指定的用户输入的密码（对于SA账户，在此安装过程中创建）

　　输入上述内容，以及刚才我们通过环境变量设置的密码"123456abcD"，单击"连接"按钮，可以看到如图 7-10 所示的界面。

图 7-10

我们可以通过界面来管理数据库并执行相关的查询，如图 7-11 所示。

图 7-11

2. 使用 sqlcmd 管理数据库

我们可以在容器内部使用 SQL Server 命令行工具 sqlcmd 来连接和管理 SQL Server。

步骤 01 使用 docker exec -it 命令在运行的容器内部启动交互式 Bash Shell。

PowerShell（见图 7-12）：

```
docker exec -it mySqlServer "bash"
```

图 7-12

bash：

```
sudo docker exec -it mySqlServer "bash"
```

步骤 02 使用 sqlcmd 进行本地连接。默认情况下，sqlcmd 不在路径之中，因此需要指定完整路径。命令如下：

```
/opt/mssql-tools/bin/sqlcmd -S localhost -U SA -P '123456abcD'
```

成功的话，就会显示 sqlcmd 命令提示符"1>"，如图 7-13 所示。

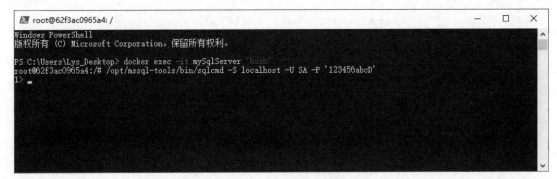

图 7-13

步骤 03 执行 SQL 脚本。

比如，创建一个 MyDB 数据库，可以执行以下脚本：

```
CREATE DATABASE MyDB
SELECT Name from sys.Databases
GO
```

其中，第一行为创库脚本；第二行执行查询，查询服务器上所有数据库的名称；第三行为执行。

注　　意
只有输入 GO 才会立即执行之前的命令。

执行结果如图 7-14 所示。

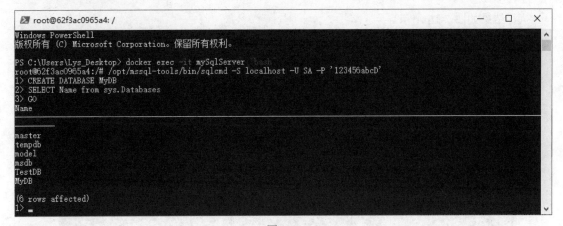

图 7-14

通过 SSMS 可以查看到刚才创建的数据库，如图 7-15 所示。

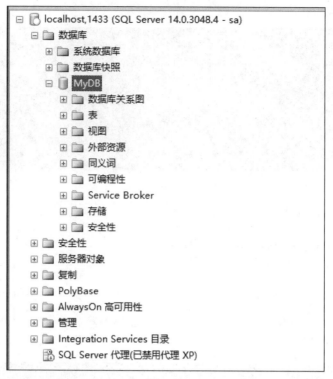

图 7-15

除了以上方式，也可以在容器外使用 sqlcmd 连接数据库：

```
sqlcmd -S localhost,1433 -U SA -P "123456abcD"
```

执行结果如图 7-16 所示。

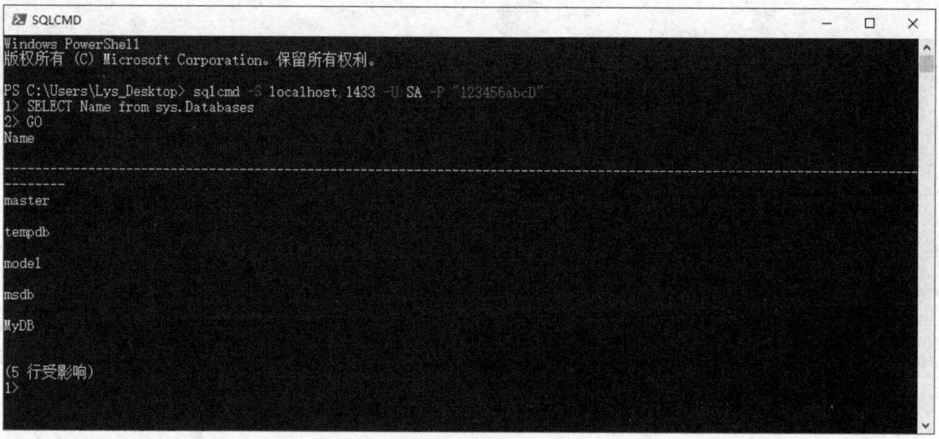

图 7-16

注　意
退出 SQLCMD 的命令为 QUIT。

3. 其他管理工具

除了以上连接管理工具，大家还可以使用以下工具进行连接：

● Visual Studio Code（见图 7-17）。

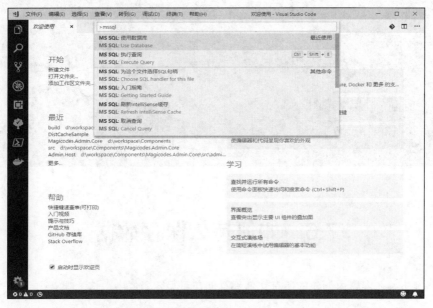

图 7-17

● Azure Data Studio(跨平台数据库工具，适用于在 Windows、MacOS 和 Linux 上使用 Microsoft 系列内部部署和云数据平台的数据专业人员，见图 7-18)。

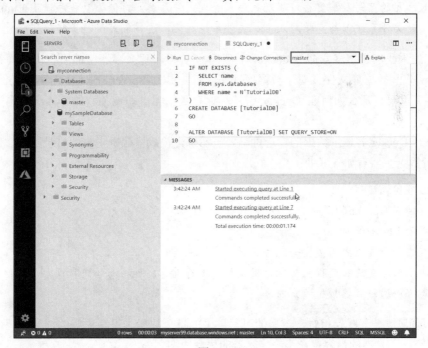

图 7-18

- mssql-cli（SQL Server 的新交互式命令行查询工具，见图 7-19，支持跨平台、开源、提供智能提示和语法高亮等）。

图 7-19

7.6 如何持久保存数据

默认情况下，在容器内创建的所有文件都存储在可写容器层中。这意味着：

- 当该容器不再存在时，数据不会持久存在，并且如果另一个进程需要，那么可能很难从容器中获取数据。
- 容器的可写层紧密耦合到运行容器的主机，数据迁移很麻烦。
- 写入容器的可写层需要存储驱动程序来管理文件系统。存储驱动程序使用 Linux 内核提供统一的文件系统。与直接写入主机文件系统相比，这种额外的抽象降低了性能。

因此，如果我们使用容器命令 docker rm 删除了容器，那么容器中的所有内容均将丢失，包括 SQL Server 和数据库文件。对于数据库（不仅仅是 SQL Server）来说，了解 Docker 中的数据持久性至关重要！那么如何在 Docker 中持久保存数据呢，即使关联的容器已经删除？使用数据卷！

卷是保存 Docker 容器中数据的首选机制。虽然绑定挂载依赖于主机的目录结构，但是卷完全由 Docker 管理。主要有如下好处：

- 易于备份或迁移。
- 可以使用 Docker CLI 命令或 Docker API 管理卷。
- 适用于 Linux 和 Windows 容器。
- 可以在多个容器之间更安全地共享卷。
- 卷驱动程序允许在远程主机或云提供程序上存储卷、加密卷的内容或添加其他功能。
- 新卷可以通过容器预先填充内容。

因此，通常情况下，卷相对于容器的可写层中的持久数据来说是更好的选择，因为卷不会增加容器的大小，并且卷的内容存在于给定容器的生命周期之外。

如图 7-20 所示，Docker 的数据持久化主要有两种方式：一种是使用主机目录存储，也就是图中的 bind mount；另一种是数据卷（volume）。这两种方式保存的数据均不会随着 Docker 容器的停止而丢失。接下来我们一起来实践。

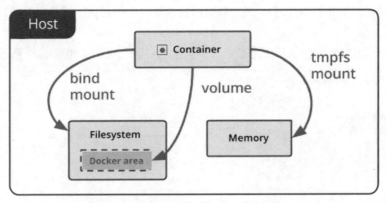

图 7-20

7.6.1　方式一：使用主机目录

首先，我们可以将主机目录加载为容器的数据卷，用来存储数据库文件。例如，可以通过"-v <host directory>:/var/opt/mssql"命令来完成需求。

PowerShell：

```
docker run -e "ACCEPT_EULA=Y" -e "SA_PASSWORD=123456abcD" `
   -p 1433:1433 --name mySqlServer `
   -v d:/temp/data:/var/opt/mssql `
   -d mcr.microsoft.com/mssql/server:2017-latest
```

运行结果如图 7-21 所示。

图 7-21

bash：

```
docker run -e 'ACCEPT_EULA=Y' \
-e 'SA_PASSWORD=123456abcD' \
-p 1433:1433 \
--name mySqlServer \
-v /temp/data:/var/opt/mssql \
-d mcr.microsoft.com/mssql/server:2017-latest
```

注　意

-v 参数应该在-d 参数之前。

-v or -volume 用于映射卷，冒号 ":" 前面的目录是宿主机目录，冒号后面的目录是容器内目录。

执行成功后，可以看到容器已正常运行，并且主机目录已绑定，如图 7-22 所示。

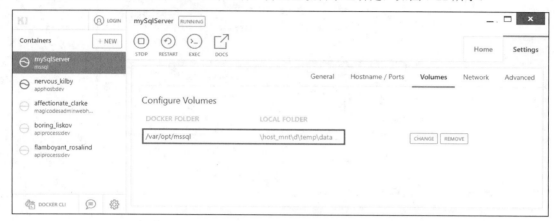

图 7-22

启动 SSMS 工具，创建一个数据库（见图 7-23），然后打开本地资源管理器即可看到。

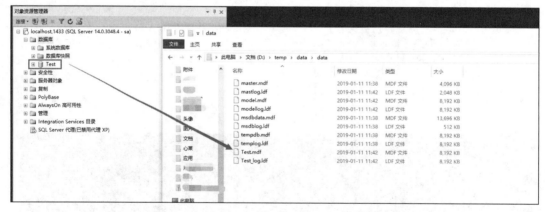

图 7-23

接下来，我们删除容器并验证数据库文件是否仍然保留：

```
set-location D:\temp\data\data
docker stop mySqlServer
docker rm mySqlServer
ls
```

执行结果如图 7-24 所示。

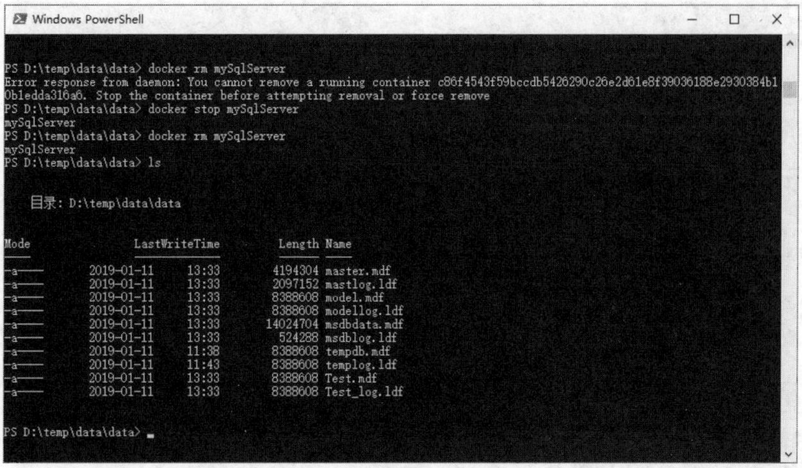

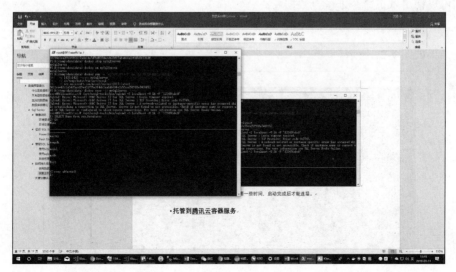

图 7-24

值得注意的是，SQL Server 会自动从目录/var/opt/mssql 挂载数据库。我们可以使用以下步骤来验证（见图 7-25）。

第一步：

```
docker run -e "ACCEPT_EULA=Y" -e "SA_PASSWORD=123456abcD" `
   -p 1433:1433 --name mySqlServer `
   -v d:/temp/data:/var/opt/mssql `
   -d mcr.microsoft.com/mssql/server:2017-latest

docker exec -it mySqlServer "bash"
```

第二步：

```
/opt/mssql-tools/bin/sqlcmd -S localhost -U SA -P '123456abcD'
```

第三步：

```
SELECT Name from sys.Databases
GO
```

图 7-25

注　意
SQL Server 容器启动时需要一些时间，启动完成后才能连接。

7.6.2　方式二：使用数据卷

我们可以使用 docker volume 命令来创建卷，然后执行如下命令：

```
docker volume create my-data
docker volume ls

docker run -e "ACCEPT_EULA=Y" `
  -e "MSSQL_SA_PASSWORD=123456abcD" `
  -p 1433:1433 --name mySqlServer `
  -v my-data:/var/opt/mssql `
  -d mcr.microsoft.com/mssql/server:2017-latest
```

运行结果如图 7-26 所示。

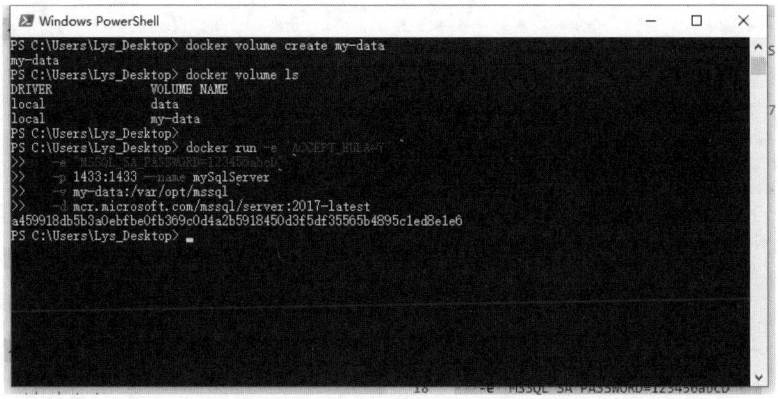

图 7-26

我们可以使用以下命令来检查数据卷：

```
docker volume inspect my-data
```

运行结果如图 7-27 所示。

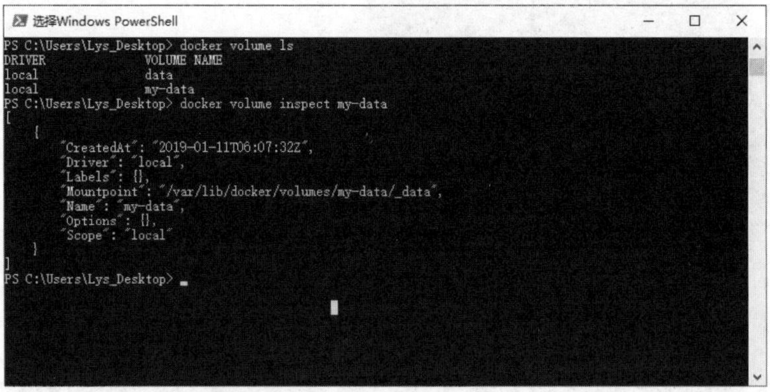

图 7-27

同样，也可以使用 7.6.1 节的命令删除容器并再次创建来验证数据是否丢失。这里我们就不做演示了。

7.7　MongoDB 容器化

MongoDB 是一个免费、开源、跨平台分布式面向文档存储的数据库，由 C++语言编写，旨在为 Web 应用提供可扩展的高性能数据存储解决方案。

MongoDB 是一个介于关系数据库和非关系数据库之间的产品，是非关系数据库当中功能最丰富、最像关系数据库的。它支持的数据结构非常松散，是类似 JSON 的 BSON 格式，因此可以存储比较复杂的数据类型。Mongo 最大的特点是支持的查询语言非常强大。其语法有点类似于面向对象的查询语言，几乎可以实现类似关系数据库单表查询的绝大部分功能，并且支持对数据建立索引。

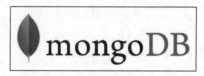

官方网站的地址为 https://www.mongodb.com/，图标如图 7-28 所示。

图 7-28

7.7.1　适用场景

MongoDB 容器化适用于以下场景：

- 网站实时数据处理。它非常适合实时的插入、更新与查询，并具备网站实时数据存储所需的复制及高度伸缩性。
- 缓存。由于性能很高，因此它适合作为信息基础设施的缓存层。在系统重启之后，由它搭建的持久化缓存层可以避免下层的数据源过载。
- 高伸缩性、高可用的场景。MongoDB 使用分片水平缩放，并且可以运行在多个服务器上，平衡负载或复制数据，以便在硬件出现故障时保持系统正常运行，如图 7-29 所示。
- 海量数据。

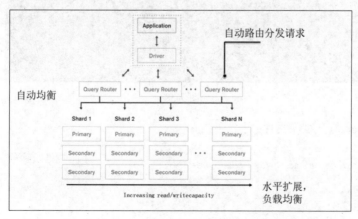

图 7-29

7.7.2 不适用场景

MongoDB 容器化不适用于以下场景：

- 要求高度事务性的系统。
- 传统的商业智能应用。
- 复杂的跨文档（表）级联查询。

7.7.3 镜像说明

官方镜像地址为 https://hub.docker.com/_/mongo。

主要环境变量说明：

- MONGO_INITDB_ROOT_USERNAME: 管理员账号，例如 "root"。
- MONGO_INITDB_ROOT_PASSWORD: 管理员密码，例如 "12345"。

7.7.4 运行 MongoDB 容器镜像

运行 MongoDB 容器镜像（见图 7-30），命令如下：

```
docker run  -p 27017:27017 --name myMongodb `
  -d mongo
```

图 7-30

使用主机目录保存数据库文件：

```
docker run  -p 27017:27017 --name myMongodb `
  -v d:/temp/data/mongodb:/data/db `
  -d mongo
```

执行之后如图 7-31 所示。

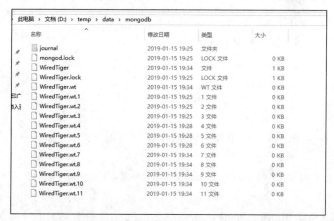

图 7-31

注　意

Windows 和 OS X 上的 Docker 默认设置使用 VirtualBox VM 来托管 Docker 守护程序，但是 VirtualBox 用于在主机系统和 Docker 容器之间共享文件夹的机制与 MongoDB 使用的内存映射文件不兼容（请参阅 vbox bug、docs.mongodb.org 和相关的 jira.mongodb.org 错误），这意味着无法运行映射到主机数据目录的 MongoDB 容器。

7.7.5　管理 MongoDB

1. 使用 NoSQLBooster 管理 MongoDB

NoSQLBooster 是以 Shell 为中心的跨平台 GUI 的 MongoDB 管理工具，提供全面的服务器监控工具、流畅的查询构建器、SQL 查询支持、ES2017 语法支持和真正的智能感知体验，是非常值得推荐的一个 MongoDB 管理工具。

官方网址为 https://nosqlbooster.com，主要界面如图 7-32 所示。

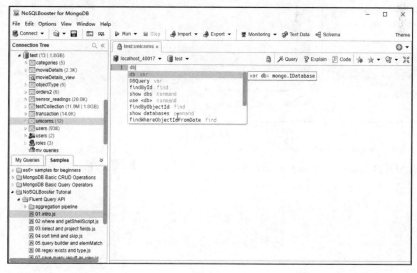

图 7-32

非常值得推荐的是，NoSQLBooster 支持使用 SQL 查询语法来执行查询（MongoDB 本身不支持，由 NoSQLBooster 进行了验证和转换处理）。

例如：

```
db.employees.aggregate([{
        $group: { _id:   "$department", total: { $sum: "$salary" }}
}])
```

以下 MongoDB 查询语法可以使用我们熟悉的 SQL 查询语法来查询：

```
mb.runSQLQuery(`
        SELECT department, SUM(salary) AS total FROM employees GROUP BY department
        `)
```

这里附上一个 MySQL 和 MongoDB 的语法对比示例（见图 7-33）。

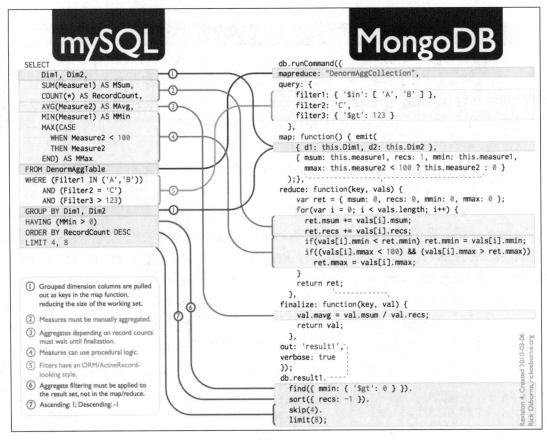

图 7-33

同时，NoSQLBooster 还提供了丰富的性能监视和分析工具，如 Visual Explain Plan，如图 7-34 所示。

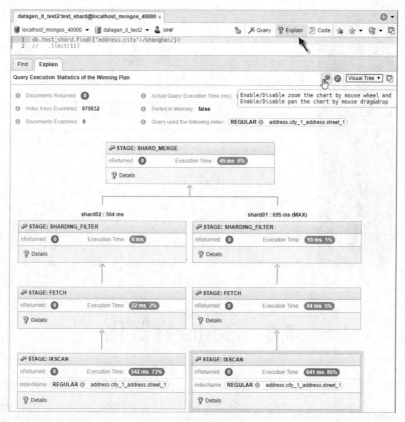

图 7-34

2. 使用 MongoDB Compass

MongoDB Compass（见图 7-35、图 7-36）是 MongoDB 的可视化工具，适用于 Linux、Mac 或 Windows，能够非常直观地查看和管理数据，并且可以轻松识别可能导致性能问题的瓶颈或慢查询，这意味着我们可以更快地解决问题。

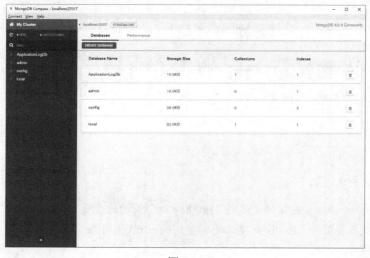

图 7-35

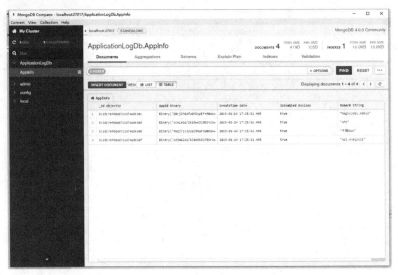

图 7-36

7.8 Redis 容器化

Redis（官方网址为 https://redis.io/）是一个开源的、支持网络、可基于内存也可持久化的日志型、高性能的 key-value 数据库，并提供多种语言的 API。其支持存储的 value 类型相对很多，包括 string（字符串）、list（链表）、set（集合）、zset（sorted set ——有序集合）和 hash（哈希类型）。这些数据类型都支持 push/pop、add/remove、取交集/并集/差集以及更丰富的操作，而且这些操作都是原子性的。

Redis 与其他 key - value 缓存产品有以下 3 个特点：

- Redis 支持数据的持久化，可以将内存中的数据保存在磁盘中，重启的时候可以再次加载进行使用。
- Redis 不仅仅支持简单的 key-value 类型的数据，同时还提供 list、set、zset、hash 等数据结构的存储。
- Redis 支持数据的备份，即 master-slave 模式的数据备份。

官方镜像地址为 https://hub.docker.com/_/redis。

7.8.1 优势

Redis 容器化的优势如下：

- 性能极高 ——Redis 能读的速度是 110000 次/s，写的速度是 81000 次/s。
- 丰富的数据类型 ——Redis 支持二进制案例的 strings、lists、hashes、sets 及 ordered sets 数据类型操作。
- 原子 ——Redis 的所有操作都是原子性的，意思就是要么成功执行、要么完全不执行。单个操作是原子性的。多个操作也支持事务，即原子性，通过 MULTI 和 EXEC 指令包起来。

- 丰富的特性——Redis 还支持 publish/subscribe、通知、key 过期等特性。

7.8.2　运行 Redis 镜像

运行 Redis 镜像的命令如下：

```
docker run --name myRedis `
  -p 6379:6379 `
  -v d:/temp/data/redis:/data `
  -d redis
```

执行结果如图 7-37 所示。

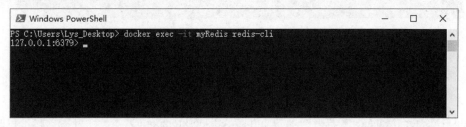

图 7-37

7.8.3　使用 redis-cli

进入 redis-cli：

```
docker exec -it myRedis redis-cli
```

运行结果如图 7-38 所示。

图 7-38

（1）设置一个 key-value，比如 key 为 name、value 为 test，如图 7-39 所示。

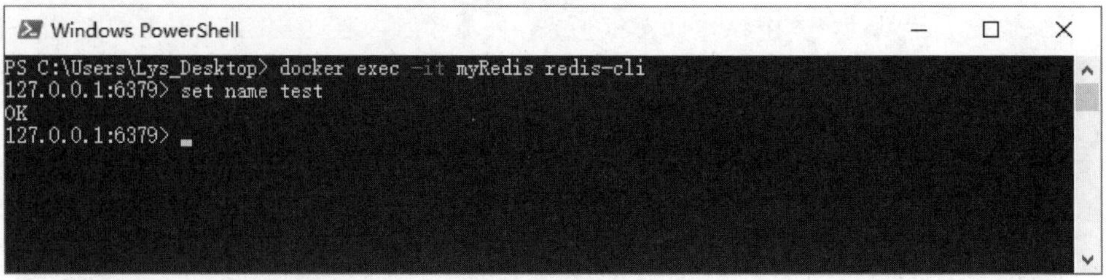

图 7-39

（2）查看 value，如图 7-40 所示。

图 7-40

（3）提供智能提示，如图 7-41、图 7-42 所示。

图 7-41

图 7-42

7.8.4 使用 Redis Desktop Manager 管理 Redis

Redis Desktop Manager（官方网址为 https://redisdesktop.com/）是一个开源的跨平台的 Redis 桌面管理工具，使用起来比较简单。

首先，我们需要添加连接，如图 7-43 所示。

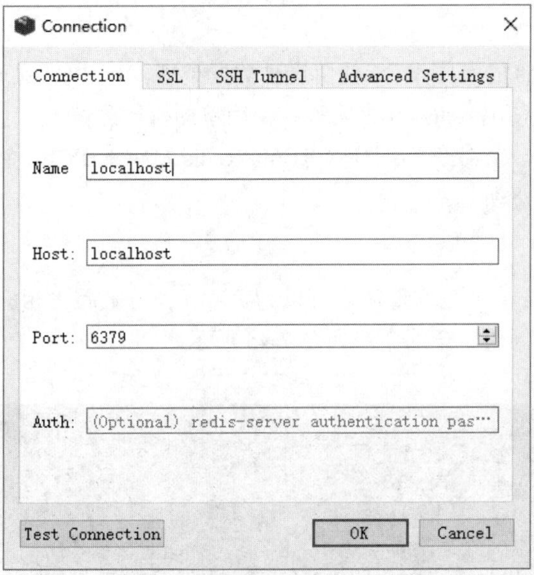

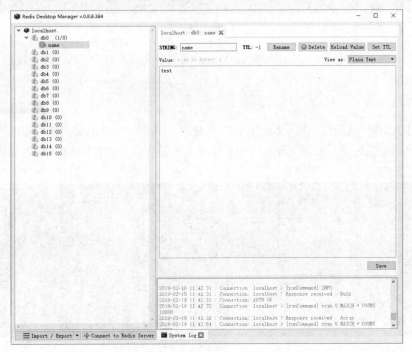

图 7-43

接下来，就可以访问刚创建的 Redis 数据库了，如图 7-44 所示。

图 7-44

7.8.5　既好又快地实现排行榜

Redis 的应用场景很多，key-value 经常用，就不多讲了，这里仅将一个排行榜实践分享给大家。

1. 使用 redis cli

排行榜需要用到 Redis 的有序集合。使用这种数据类型，可以既快又好地来实现我们的排行榜，比如玩家分数排行。这里使用 redis-cli 来实现一个简单的排行测试。

这里，我们需要熟悉一个命令——ZINCRBY。Redis ZINCRBY 命令可以对有序集合中指定成员的分数加上增量值，如下所示：

```
ZINCRBY rank_test 1 "aa"
```

其中，rank_test 为 key；1 为增量值，可以为负数（让分数减去相应的值）；"aa" 为值。如果 key 不存在，就会自动创建。全部命令如图 7-45 所示。

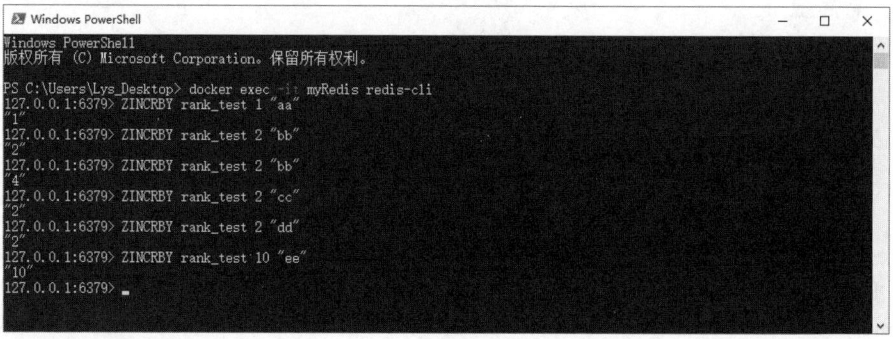

图 7-45

通过以上命令，我们创建了有序集合 rank_test 以及多个值和分数。接下来，通过 ZRANGE 命令查看所有数据：

```
ZRANGE rank_test 0 -1 withscores
```

Redis ZRANGE 返回有序集中指定区间内的成员。其中，成员的位置按分数值递增（从小到大）来排序，如果我们需要按照分数从大到小排序，就需要添加 WITHSCORES，如图 7-46 所示。

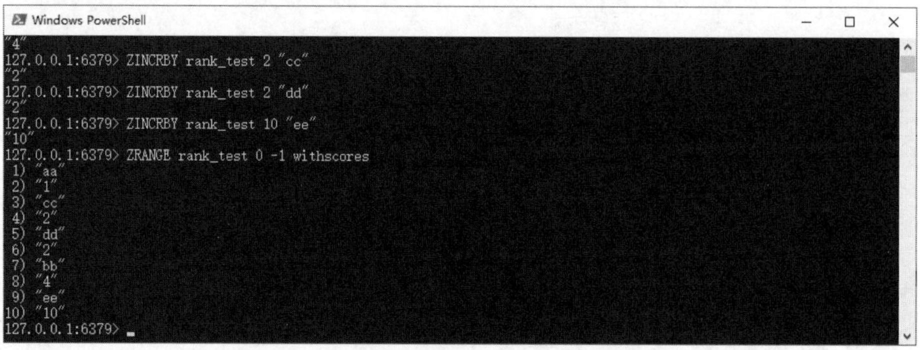

图 7-46

如果我们需要获取前 3 条数据（根据分数排名），那么可以执行以下命令：

```
ZREVRANGE rank_test 0 2 withscores
```

运行结果如图 7-47 所示。

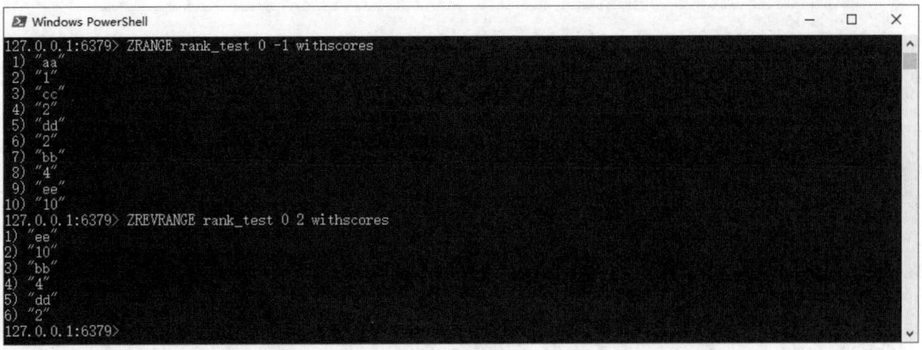

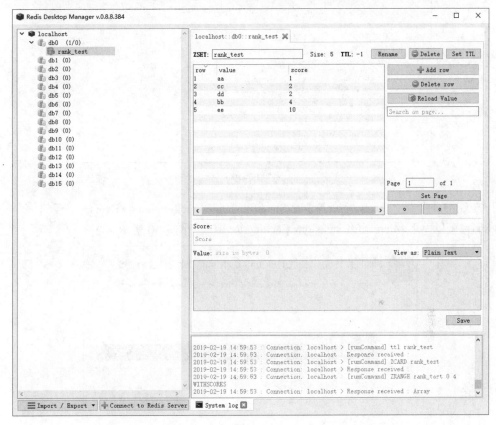

图 7-47

我们可以使用 Redis Desktop Manager 工具查看刚才添加的数据，如图 7-48 所示。

图 7-48

整个排行榜实现非常简单，是否学到了呢？

利用容器来做实践，省心不费力！

2. .NET Core 实践

在.NET Core 中，使用 Redis 非常便捷，我们可以使用 Nuget 包——StackExchange.Redis，如图 7-49 所示。

图 7-49

官方 GitHub 地址为 https://github.com/StackExchange/StackExchange.Redis。
我们也可以使用 Microsoft.Extensions.Caching.Redis，如图 7-50 所示。

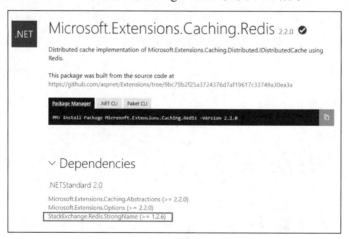

图 7-50

以下是相关关键代码：

（1）获取数据库连接：

```
ConnectionMultiplexer.Connect(configuration["RedisCache:ConnectionString"]
);
```

（2）获取数据库对象：

```
RedisConnection.GetDatabase();  //通过 ConnectionMultiplexer 对象获取
```

（3）添加有序集合：

```
//参数依次为 key、value 和分数
RedisDb.SortedSetIncrementAsync("Rank_Test", " Test", 1);
```

（4）根据分数从大到小获取前 10 条信息：

```
RedisDb.SortedSetRangeByRankWithScoresAsync("Rank_Test", 0, 9,
StackExchange.Redis.Order.Descending);
```

如上所示，我们可以非常简单地应用于.NET Core 项目中，既好又快地实现排行榜！

7.9　MySQL 容器化

MySQL 是目前流行的开源关系型数据库，因其高性能、可靠性和易用性而广受开发者的欢迎，尤其是开放源码这一特点，一般中小型网站的开发都会优先选择 MySQL 作为网站数据库。

与其他的大型数据库（例如 Oracle、DB2、SQL Server 等）相比，MySQL 虽然有它的不足之处，但是丝毫没有减少它受欢迎的程度。对于一般的个人使用者和中小型企业来说，MySQL 提供的功能已经绰绰有余，而且 MySQL 是开放源码软件，因此可以大大降低总体拥有成本。

7.9.1　镜像说明

MySQL 的官方镜像地址为 https://hub.docker.com/_/mysql，主要内容如图 7-51 所示。

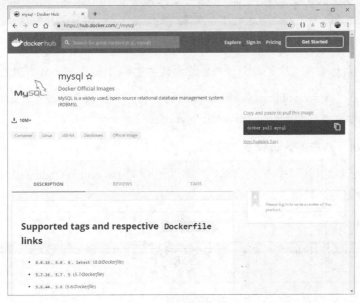

图 7-51

7.9.2 运行 MySQL 容器镜像

1. 运行 MySQL 容器

我们可以使用 PowerShell 来运行 MySQL 镜像，脚本如下：

```
docker run --name mysql `
-e MYSQL_ROOT_PASSWORD=123456 `
-p 3306:3306 `
-d mysql
```

相关参数说明如表 7-4 所示。

表 7-4　运行 MySQL 镜像参数说明

参数	描述
-e MYSQL_ROOT_PASSWORD=123456	此变量是必需的，用于指定MySQL超级管理员账户（root）的密码
-p 3306:3306	建立容器端口和主机端口的映射。MySQL默认端口为3306
-d	在后台运行容器并打印容器ID
--name mysql	为容器指定一个自定义名称，而不是使用随机生成的名称。如果运行多个容器，那么无法重复使用相同的名称
mysql	MySQL容器镜像

执行界面如图 7-52 所示。

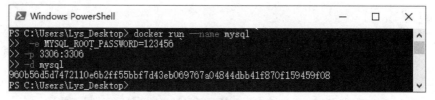

图 7-52

同样的，我们可以参考前面的章节使用数据卷或者主机目录来完成 MySQL 的数据持久化：

- 使用数据卷 "-v my-volume:/var/lib/mysql"。
- 使用主机目录 "-v d:\temp\data:/var/lib/mysql"。

2. 修改 "root" 账户的认证模式和密码

MySQL 容器已经运行了，如果我们满怀欣喜地使用 Visual Studio Code 的 MySQL 扩展插件去连接就会碰到一个错误，如图 7-53 所示。

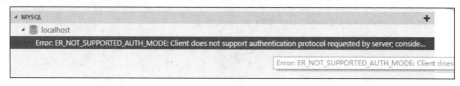

图 7-53

究其原因，其实就是 MySQL 新版本的 "caching_sha2_password" 授权认证模式的问题，将其改回 "mysql_native_password" 授权模式即可。

主要有以下几步操作：

步骤 01 进入 MySQL 容器：

```
docker exec -it mysql /bin/bash
```

运行结果如图 7-54 所示。

图 7-54

步骤 02 使用 MySQL 命令行工具连接 MySQL：

```
mysql -h localhost -u root -p
```

需要输入密码，如图 7-55 所示。

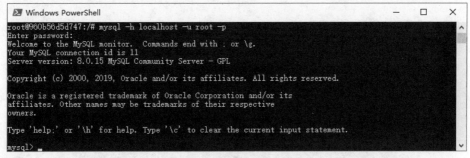

图 7-55

步骤 03 修改 "root" 账户的认证模式。

连接成功后，接下来就可以使用 SQL 语句来修改 "root" 账户的认证模式了：

```
ALTER USER 'root'@'%' IDENTIFIED WITH mysql_native_password BY '123456';
```

注意，最后的字符串 "123456" 为 "root" 账户的密码。

运行结果如图 7-56 所示。

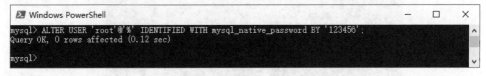

图 7-56

步骤 04 验证外部连接。

同样的，我们使用 Visual Studio Code 的 MySQL 扩展插件进行验证，正常情况如图 7-57 所示。

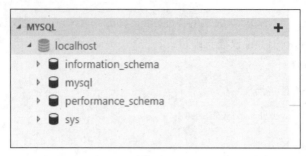

图 7-57

7.9.3 管理 MySQL

这里我们主要简单地介绍一下 MySQL 命令行工具和 Visual Studio Code 的 MySQL 扩展插件。

1. MySQL 命令行工具

进入方式在前面的章节我们已经多次讲述，这里就不赘述了。使用 MySQL 命令行工具，可以非常方便地管理数据库，比如：

- 查看数据库（见图 7-58）。

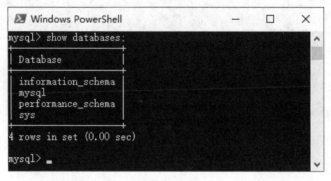

图 7-58

- 创建数据库（见图 7-59）。

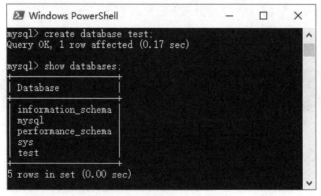

图 7-59

- 执行其他查询（见图 7-60）。

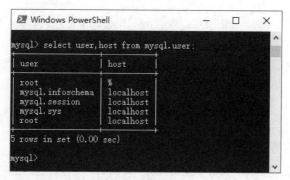

图 7-60

2. Visual Studio Code 的 MySQL 插件

大部分 MySQL UI 管理工具都要付费，推荐使用万能的 Visual Studio Code 的 MySQL 插件来进行管理。

- MySQL 插件

使用起来非常简单，如图 7-61 所示。

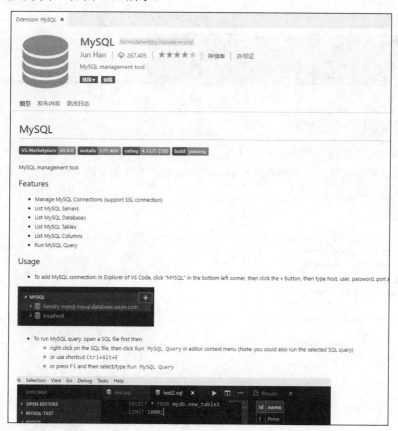

图 7-61

- SQLTools

支持多种数据库（MySQL、MSSQL、PostgreSQL、Oracle、SQLite、SAP HANA），支持书签、查询语句智能提示和自动完成以及将数据导出 CSV 或 JSON，如图 7-62 所示。

图 7-62

3. phpMyAdmin

phpMyAdmin 是一个 B/S 架构的 MySQL 数据库管理工具，让管理者可用 Web 接口管理 MySQL 数据库。我们可以使用容器来运行 phpMyAdmin，官方镜像地址为 https://hub.docker.com/r/phpmyadmin/phpmyadmin。

执行如下命令：

```
docker run --name myadmin `
 --link mysql:db `
 -e MYSQL_ROOT_PASSWORD=123456 `
 -p 8080:80 `
 -d phpmyadmin/phpmyadmin
```

可以运行一个 phpMyAdmin 容器实例，其中 MySQL 的"root"账户密码为"123456"。运行成功后，就可以访问"http://localhost:8080/"进入如图 7-63 所示的管理界面（登录账户、密码分别为"root""123456"）了。

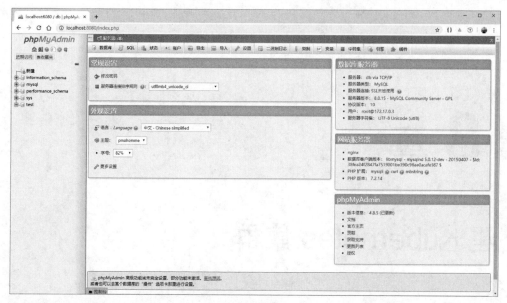

图 7-63

phpMyAdmin 的管理功能很强大，非常值得推荐。

第 **8** 章

搭建 Kubernetes 集群

玩转了 Docker，其实仅仅只是容器化之旅的开始。如前面章节所述，我们可以直接在生产环境中使用 Docker、Docker Compose 托管我们的 Docker 应用，但是容器应用的编排和管理会是一个极大的负担。

本章将开始为大家隆重介绍前面提过的 Docker 最佳搭档——Kubernetes（简称为 k8s），主要讲述其主体架构、核心概念、集群搭建和故障处理。

本章主要包含以下内容：

- Kubernetes 简介；
- Kubernetes 的主体架构，包含核心组件和基本概念说明；
- 使用 Minikube 部署本地 Kubernetes 集群，主要用于开发实验；
- 使用 kubectl 管理 Kubernetes 集群，包括语法、命令、参数等具体讲解；
- 使用 kubeadm 创建 Kubernetes 集群，整个过程比较复杂，笔者将会分步骤进行讲解；
- 集群故障处理，包含处理思路讲解和相关处理步骤以及解决办法。

8.1 Docker+ Kubernetes 已成为云计算的主流

8.1.1 什么是 Kubernetes

Kubernetes（k8s）诞生于谷歌，是一个开源的、跨服务器集群容器调度平台，用于管理云平台中多个主机上的容器化应用。k8s 可以自动化应用容器的部署、扩展和操作。k8s 的目标是让部署容器化的应用简单并且高效，其提供了应用部署、规划、更新、维护的机制。

Kubernetes 的名称源于希腊语，意为 "舵手"或"飞行员"，且是英文"governor"和"cybernetic"的词根。简称 k8s 是通过将 8 个字母 "ubernete" 替换为 8 而生成的缩写，并且在中文里 k8s 的发音与 Kubernetes 的发音比较接近。

k8s 主要有以下特点：

- 可移植

支持公有云、私有云、混合云、多重云（multi-cloud）。可以将容器化的工作负载从本地开发计算机无缝移动到生产环境中。在本地基础结构以及公共云和混合云中，在不同环境中协调容器，保持一致性。

- 可扩展性

支持模块化、插件化、可挂载、可组合，支持各种形式的扩展，并且 k8s 的扩展和插件在社区开发者和各大公司的支持下高速增长。用户可以充分利用这些社区产品/服务来添加各种功能。

- 自动化和可伸缩性

支持自动部署、自动重启、自动复制、自动伸缩/扩展，可以定义复杂的容器化应用程序并将其部署在服务器集群甚至多个集群上——因为 k8s 会根据所需状态优化资源。通过内置的自动缩放器，k8s 可轻松地水平缩放应用程序，同时自动监视和维护容器的正常运行。

8.1.2　Kubernetes 正在塑造应用程序开发和管理的未来

k8s 结合了社区最佳的想法和实践，而且在不断地高速迭代和更新之中。

k8s 衔着金钥匙出生，一诞生就广受欢迎，并且在 2017 年打败所有的竞争对手，赢得了云计算的战争——主流的云厂商基本上都纷纷放弃了自己造"轮子"的举动，终止了各自的容器编排工具，加盟了 k8s 阵营，其中包括 Red Hat、微软、IBM、阿里、腾讯、华为和甲骨文等。

k8s 像风暴一样席卷了应用开发领域，并且已成为云原生应用程序（架构、组件、部署和管理方式）的事实标准，大量的开发者和企业正在使用 k8s 创建由微服务和无服务器功能组成的现代架构。

8.2　Kubernetes 主体架构

k8s 的整体架构如图 8-1 所示。

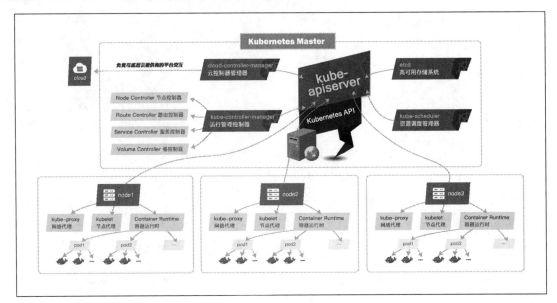

图 8-1

8.2.1 主要核心组件

1. Master 组件

Master 为集群控制管理节点，负责整个集群的管理和控制。Master 的组件如下所示。

（1）kube-apiserver

kube-apiserver 用于暴露 Kubernetes API，提供了资源操作的唯一入口。任何资源请求/调用操作都是通过 kube-apiserver 提供的接口进行的。

（2）etcd

etcd 是 Kubernetes 高可用的一致性键值存储系统，也是其提供的默认存储系统，用于存储所有的集群数据，使用时需要为 etcd 数据提供备份计划。

（3）kube-scheduler

kube-scheduler 监视新创建没有分配到 Node 的 Pod，为 Pod 选择一个 Node 以供其运行。

（4）kube-controller-manager

kube-controller-manager 运行管理控制器，它们是集群中处理常规任务的后台线程。逻辑上，每个控制器都是一个单独的进程，但为了降低复杂性，它们都被编译成单个二进制文件，并在单个进程中运行。

这些控制器包括：

- 节点（Node）控制器：负责在节点出现故障时警示和响应。
- 副本（Replication）控制器：负责为系统中的每个副本控制器对象维护正确的 Pod 数量。
- 端点（Endpoints）控制器：填充 Endpoints 对象（连接 Services & Pods）。
- Service Account 和 token 控制器：为新的 Namespace 创建默认账户访问 API 访问 token。

（5）cloud-controller-manager

云控制器管理器负责与底层云提供商的平台交互。云控制器管理器是 Kubernetes 版本 1.6 中引入的。

云控制器管理器仅运行云提供商特定的控制器循环（controller loop）。可以通过将 --cloud-provider flag 设置为 external 启动 kube-controller-manager 来禁用控制器循环。

cloud-controller-manager 具体功能：

- 节点（Node）控制器：检查云端节点，以确保节点在停止响应之后在云中是否删除。
- 路由（Route）控制器：用于在底层云基础架构中设置路由。
- 服务（Service）控制器：用于创建、更新和删除云提供商的负载均衡器。
- 卷（Volume）控制器：用于创建、附加和装载卷，以及与云提供商交互以协调卷。

2. 节点（Node）组件

Node 是 k8s 集群中的工作负载节点，用于被 Master 分配工作负载（容器）。Node 的组件有：

（1）kubelet

kubelet 是节点代理，会监视已分配给节点的 Pod，确保容器在 Pod 中运行。

（2）kube-proxy

kube-proxy 为节点的网络代理，通过在主机上维护网络规则并执行连接转发来实现 Kubernetes 的服务抽象。

kube-proxy 负责请求转发。kube-proxy 允许通过一组后端功能进行 TCP 和 UDP 流转发或循环 TCP 和 UDP 转发。

（3）Container Runtime

容器运行时是负责运行容器的软件。

Kubernetes 支持多个容器运行时：Docker、containerd、cri-o、rktlet 以及 Kubernetes CRI（容器运行时接口）的任何实现。目前最佳组合为 Kubernetes+Docker。

3. 插件

插件是实现集群功能的 Pod 和服务，扩展了 Kubernetes 的功能。主要的插件有：

- DNS

Kubernetes 的集群 DNS 扩展插件用于支持 k8s 集群系统中各服务之间的发现和调用。

- Web UI（Dashboard）

Dashboard（仪表盘）是 Kubernetes 集群基于 Web 的通用 UI，允许用户管理集群以及管理集群中运行的应用程序。

- Container Resource Monitoring（容器资源监测）

Container Resource Monitoring 工具提供了 UI 监测容器、Pods、服务以及整个集群中的数据，用于检查 Kubernetes 集群中应用程序的性能。

- Cluster-level Logging（集群级日志记录）

Cluster-level Logging 提供了容器日志存储，并且提供了搜索/浏览界面。

8.2.2 基本概念

初步了解了 Kubernetes 的主题架构和核心组件，我们还需要进一步了解一些 Kubernetes 的基本概念。这里笔者先做一个初步的介绍，接下来我们需要结合实践来进行演示和讲解。

1. 容器组（Pod）

Pod 是 k8s 集群中运行部署应用或服务的最小单元，一个 Pod 由一个或多个容器组成。在一个 Pod 中，容器共享网络和存储，并且在一个 Node 上运行。

Kubernetes 为每个 Pod 都分配了唯一的 IP 地址，称为 Pod IP。一个 Pod 的多个容器共享 Pod IP 地址。Kubernetes 要求底层网络支持集群内任意两个 Pod 之间的 TCP/IP 直接通信，通常采用虚拟二层网络技术来实现，例如 Flannel、Open vSwitch 等。因此，在 Kubernetes 中，一个 Pod 的容器与另外主机上的 Pod 容器能够直接通信。

Pod 有两种类型：普通的 Pod 和静态 Pod（Static Pod）。静态 Pod 不存放在 etcd 存储里，而是存放在某个具体的 Node 上的一个具体文件中，并且只在 Node 上启动运行。普通的 Pod 一旦被创建，就会被存储到 etcd 中，随后会被 Kubernetes Master 调度到某个具体的 Node 上并进行绑定（Binding），该 Node 上的 kubelet 进程会将其实例化成一组相关的容器并启动起来。当 Pod 的某个容器停止时，Kubernetes 会自动检测到这个问题并且重新启动 Pod（重启 Pod 的所有容器）；如果 Pod 所在的 Node 宕机，就会将这个 Node 上的所有 Pod 重新调度到其他节点上运行。

Pod、容器与 Node 的关系如图 8-2 所示。

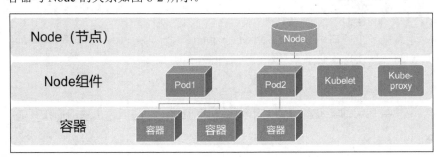

图 8-2

2. 服务（Service）

在 Kubernetes 中，Pod 会经历"生老病死"而无法复活，也就是说，分配给 Pod 的 IP 会随着 Pod 的销毁而消失，这就会导致一个问题——如果由一组 Pod 组成一个集群来提供服务，某些 Pod 提供后端服务 API，某些 Pod 提供前端界面 UI，那么该如何保证前端能够稳定地访问这些后端服务呢？这就是 Service 的由来。

Service 在 Kubernetes 中是一个抽象的概念，定义了一组逻辑上的 Pod 和一个访问它们的策略（通常称为微服务）。这一组 Pod 能够被 Service 访问到，通常是通过 Label 选择器确定的。

例如，一个图片处理的后端程序，它运行了 3 个副本，这些副本是可互换的——前端程序不需要关心它们调用了哪个后端副本。虽然组成这一组的后端程序的 Pod 实际上可能会发生变化，但是前端无须知道也没必要知道，也不需要跟踪后端的状态。Service 的抽象解耦了这种关联。

3. 卷（Volume）

和 Docker 不同，Kubernetes 的 Volume 定义在 Pod 上，被一个 Pod 中的多个容器挂载到具体的文件目录下，当容器终止或者重启时，Volume 中的数据也不会丢失。也就是说，在 Kubernetes 中，Volume 是 Pod 中能够被多个容器访问的共享目录。

目前，Kubernetes 支持以下类型的卷：

- awsElasticBlockStore

awsElasticBlockStore 可以挂载 AWS 上的 EBS 盘到容器，需要 Kubernetes 运行在 AWS 的 EC2 上。

- azureDisk

Azure 是微软提供的公有云服务，如果使用 Azure 上面的虚拟机来作为 Kubernetes 集群使用，那么可以通过 azureDisk 这种类型的卷插件来挂载 Azure 提供的数据磁盘。

- azureFile

azureFile Volume 用于将 Microsoft Azure 文件卷（SMB 2.1 和 3.0）挂载到 Pod 中。

- cephfs

cephfs Volume 可以将已经存在的 cephfs Volume 挂载到 Pod 中，与 emptyDir 的特点不同，Pod 被删除的时候 cephfs 仅被卸载，内容保留。cephfs 允许我们提前对数据进行处理，而且这些数据可以在 Pod 之间"切换"。

- cinder

cinder 用于将 OpenStack Cinder Volume 安装到 Pod 中。

- configMap

configMap 提供了一种将配置数据注入 Pod 的方法。存储在 configMap 对象中的数据可以在 configMap 类型的卷中引用，然后由在 Pod 中运行的容器化应用程序使用。

- CSI

Container Storage Interface（CSI）为 Kubernetes 定义了一个标准接口，以将任意存储系统暴露给其容器工作负载。在 Kubernetes 集群上部署 CSI 兼容卷驱动程序后，用户可以使用 CSI 卷类型来附加、装载 CSI 驱动程序公开的卷。

- downwardAPI

downwardAPI 可以将 Pod 和 Container 字段公开给正在运行的 Container。

- emptyDir

使用 emptyDir 时，Pod 分配给节点时就会首先创建卷，并且只要 Pod 在该节点上运行，这个卷就会一直存在。当 Pod 被删除时，emptyDir 中的数据也不复存在。

- fc（fibre channel）

光纤通道区域存储网络，需要购买支持 FC 的磁盘阵列设备、控制器、光纤、光接口以及与设置相匹配的软件。

- flocker

flocker 是一个开源的容器集群数据卷管理器，提供由各种存储后端支持的数据卷的管理和编排。

- gcePersistentDisk

gcePersistentDisk 可以挂载 GCE（Google 的云计算引擎）上的永久磁盘到容器，需要 Kubernetes 运行在 GCE 的 VM 中。与 emptyDir 不同，Pod 删除时，gcePersistentDisk 被删除，但 Persistent Disk 的内容仍然存在。这就意味着 gcePersistentDisk 允许我们提前对数据进行处理，而且这些数据可以在 Pod 之间"切换"。

- glusterfs

glusterfs 允许将 Glusterfs（一个开源网络文件系统）Volume 安装到 Pod 中。不同于 emptyDir，Pod 被删除时，Volume 只是被卸载，内容被保留。

- hostPath

hostPath 允许挂载 Node 上的文件系统到 Pod 中。如果 Pod 需要使用 Node 上的文件，可以使用 hostPath。

- iscsi

iscsi 允许将 iscsi 磁盘挂载到 Pod 中，Pod 被删除时，Volume 只是被卸载，内容被保留。

- local

local 是 Kubernetes 集群中每个节点的本地存储（如磁盘、分区或目录）。在 Kubernetes 1.7 中，kubelet 可以支持对 kube-reserved 和 system-reserved 指定本地存储资源。

通过上面的这个新特性可以看出来，Local Storage 同 HostPath 的区别在于对 Pod 的调度上，使用 Local Storage 可以由 Kubernetes 自动对 Pod 进行调度，而使用 HostPath 只能人工手动调度 Pod，因为 Kubernetes 已经知道了每个节点上 kube-reserved 和 system-reserved 设置的本地存储限制。

但是，本地卷仍受基础节点可用性的限制，并不适用于所有应用程序。如果节点变得不健康，那么本地卷也将变得不可访问，并且使用它的 Pod 将无法运行。使用本地卷的应用程序必须能够容忍这种降低的可用性以及潜在的数据丢失，具体取决于底层磁盘的持久性特征。

- NFS

NFS（Network File System，网络文件系统）。在 Kubernetes 中，通过简单的配置就可以挂载 NFS 到 Pod 中，而 NFS 中的数据是可以永久保存的，并且支持同时写操作。Pod 被删除时，Volume

被卸载，内容被保留。这就意味着 NFS 允许我们提前对数据进行处理，而且这些数据可以在 Pod 之间相互传递。

使用 NFS 数据卷适用于多读多写的持久化存储，适用于大数据分析、媒体处理、内容管理等场景。

- persistentVolumeClaim

persistentVolumeClaim 用来挂载持久化磁盘。PersistentVolumes 是用户在不知道特定云环境细节的情况下实现持久化存储（如 GCE PersistentDisk 或 iSCSI 卷）的一种方式。

- projected

projected Volume 将多个 Volume 源映射到同一个目录，可以支持以下类型的卷源：secret、downwardAPI、configMap、serviceAccounttoken。

所有源都需要与 Pod 在同一名称空间中。

- portworxVolume

portworxVolume 是一个运行在 Kubernetes 中的弹性块存储层，可以通过 Kubernetes 动态创建，也可以在 Kubernetes Pod 中预先配置和引用。它能够聚合多个服务器之间的容量，可以将服务器变成一个聚合的高可用的计算和存储节点。

- quobyte

quobyte 是 Quobyte 公司推出的分布式文件存储系统，实现了容器存储接口（Container Storage Interface，CSI）。

- RBD

RBD 允许将 Rados Block Device 格式的磁盘挂载到 Pod 中。同样的，当 Pod 被删除的时候，RBD 也仅仅是被卸载，内容保留。

RBD 的一个特点是它可以同时由多个消费者以只读方式安装，但是不允许同时写入。这意味着我们可以使用数据集预填充卷，然后根据需要从多个 Pod 中并行使用。

- ScaleIO

ScaleIO 是一种基于软件的存储平台（虚拟 SAN），可以使用现有硬件来创建可扩展的共享块网络存储的集群。ScaleIO 卷插件允许部署的 Pod 访问现有的 ScaleIO 卷。

- secret

secret volume 用于将敏感信息（如密码）传递给 Pod。我们可以将 secret 存储在 Kubernetes API 中，使用的时候以文件的形式挂载到 Pod 中，而无须直接连接 Kubernetes。secret volume 由 tmpfs（RAM 支持的文件系统）支持，因此它们永远不会写入非易失性存储。

- StorageOS

StorageOS 是一家英国的初创公司，给无状态容器提供简单的自动块存储、状态来运行数据库和其他需要企业级的存储功能。StorageOS 在 Kubernetes 环境中作为 Container 运行，从而可以从

Kubernetes 集群中的任何节点访问本地或附加存储，可以复制数据以防止节点故障。精简配置和内容压缩可以提高利用率并降低成本。

StorageOS 的核心是为容器提供块存储，可通过文件系统访问。StorageOS Container 需要 64 位 Linux，并且没有其他依赖项，提供免费的开发人员许可。

- vsphereVolume

vsphereVolume 用于将 vSphere VMDK Volume 挂载到 Pod 中。卸载卷后，内容将被保留。它同时支持 VMFS 和 VSAN 数据存储。

4. 标签（Labels）和标签选择器（Label Selector）

Labels 其实就是附加到对象（例如 Pod）上的键值对。给某个资源对象定义一个 Label，就相当于给它打了一个标签，随后就可以通过 Label Selector（标签选择器）来查询和筛选拥有某些 Label 的资源对象，Kubernetes 通过这种方式实现了类似 SQL 简单又通用的对象查询机制。

总的来说，使用 Label 可以给对象创建多组标签，Label 和 Label Selector 共同构成了 Kubernetes 系统中最核心的应用模型，使得被管理对象能够被精细地分组管理，同时实现了整个集群的高可用性。

5. 复制控制器（Replication Controller，RC）

RC 的作用是保障 Pod 的副本数量在任意时刻都符合某个预期值，不多也不少：如果多了，就杀死几个；如果少了，就创建几个。

RC 有点类似于进程管理程序，但是它不是监视单个节点上的各个进程，而是监视多个节点上的多个 Pod，确保 Pod 的数量符合预期值。

RC 的定义由如图 8-3 所示的内容组成。

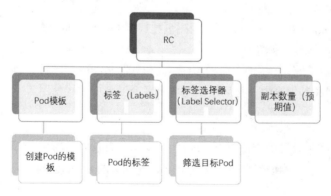

图 8-3

当我们定义了一个 RC 并提交到 Kubernetes 集群后，Master 节点上的 Controller Manager 组件就得到通知，定期巡检系统中当前存活的目标 Pod，并确保目标 Pod 实例的数量刚好等于此 RC 的期望值。如果有过多的 Pod 副本在运行，系统就会停掉多余的 Pod；如果运行的 Pod 副本少于期望值，即如果某个 Pod 挂掉，系统就会自动创建新的 Pod 以保证数量等于期望值。

通过 RC，Kubernetes 实现了用户应用集群的高可用性，并且大大减少了运维人员在传统 IT 环境中需要完成的许多手工运维工作（如主机监控脚本、应用监控脚本、故障恢复脚本等）。

常见使用场景：

- 重新规划，比如重新设置 Pod 数量。
- 缩放。
- 滚动更新。
- RC 支持滚动更新，允许我们在更新服务时逐个替换 Pod。也就是说，滚动更新可以保障应用的可用性，确保任何时间都有可用的 Pod 来提供服务。
- 多个发布版本追踪。
- 除了在程序更新过程中同时可以运行多个版本的程序外，也可以在更新完成之后的一段时间内或者持续的同时运行多个版本（新旧），需要通过标签选择器来完成。

6. 副本集控制器（Replica Set，RS）

Replica Set 是下一代复制控制器。Replica Set 和 Replication Controller 之间的唯一区别是选择器的支持——Replica Set 支持基于集合的 Label selector（Set-based selector），而 RC 只支持基于等式的 Label selector（equality-based selector），所以 Replica Set 的功能更强大。

Replica Set 很少单独使用，主要被 Deployment（部署）这个更高层的资源对象所使用，从而形成一整套 Pod 创建、删除、更新的编排机制。

7. 部署控制器（Deployment）

Deployment 为 Pod 和 Replica Set 提供声明式更新。

我们只需在 Deployment 中描述想要的目标状态是什么，Deployment controller 就会帮我们将 Pod 和 Replica Set 的实际状态改变到目标状态。我们可以定义一个全新的 Deployment，也可以创建一个新的替换旧的 Deployment。

Deployment 相对于 RC 的最大区别是我们可以随时知道当前 Pod "部署" 的进度。一个 Pod 的创建、调度、绑定节点及在目标 Node 上启动对应的容器这一完整过程需要一定的时间，所以我们期待系统启动 N 个 Pod 副本的目标状态，实际上是一个连续变化的 "部署过程" 导致的最终状态。

Deployment 的典型使用场景有以下几个：

- 创建一个 Deployment 对象来生成对应的 Replica Set 并完成 Pod 副本的创建过程。
- 检查 Deployment 的状态来查看部署动作是否完成（Pod 副本的数量是否达到预期值）。
- 更新 Deployment 以创建新的 Pod（比如镜像升级）。
- 如果当前 Deployment 不稳定，就回滚到一个早先的 Deployment 版本。
- 暂停 Deployment 以便于一次性修改多个 Pod Template Spec 的配置项，之后再恢复 Deployment，进行新的发布。
- 扩展 Deployment 以应对高负载。
- 查看 Deployment 的状态，以此作为发布是否成功的指标。
- 清理不再需要的旧版本 ReplicaSet。

8. StatefulSet

StatefulSet 用于管理有状态应用程序，比如 MySQL 集群、MongoDB 集群、ZooKeeper 集群等。StatefulSet 的主要特性如下：

- StatefulSet 里的每个 Pod 都有稳定、唯一的网络标识，可以用来发现集群内的其他成员。
- 稳定的持久化存储，即 Pod 重新调度后还是能访问到相同的持久化数据，基于 PersistentVolume 来实现，删除 Pod 时默认不会删除与 StatefulSet 相关的存储卷（为了保证数据的安全）。
- 有序部署，有序扩展，即 Pod 是有顺序的，在部署或者扩展的时候要依据定义的顺序依次进行（从 0 到 N-1，在下一个 Pod 运行之前，所有之前的 Pod 必须都是 Running 和 Ready 状态），基于 init containers 来实现。
- 有序收缩，有序删除。

9. 后台支撑服务集（DaemonSet）

DaemonSet 保证在每个 Node 上都运行一个容器副本，常用来部署一些集群的日志、监控或者其他系统管理应用。典型的应用包括：

- 日志收集守护程序，比如 fluentd、logstash 等。
- 系统监控，比如 Prometheus Node Exporter、collectd、New Relic agent、Ganglia gmond 等。
- 集群存储后台进程，比如 glusterd、ceph 等。
- 系统程序，比如 kube-proxy、kube-dns、glusterd、ceph 等。

10. 一次性任务（Job）

Job 负责批量处理短暂的一次性任务 (short lived one-off tasks)，即仅执行一次的任务，它保证批处理任务的一个或多个 Pod 成功结束。

Kubernetes 支持以下几种 Job：

- 非并行任务。
- 具有固定完成计数要求的并行任务。
- 带有工作队列的并行任务。

8.3 使用 Minikube 部署本地 Kubernetes 集群

8.3.1 什么是 Kubernetes 集群

Kubernetes 用于协调高度可用的计算机集群，这些计算机被连接作为单个工作单元。Kubernetes 允许用户将容器化的应用程序部署到集群，而不必专门将其绑定到单个计算机。为了利用这种新的部署模型，应用程序需要被容器化。容器化应用程序比过去的部署模型更灵活、可用——而不是将应用程序直接安装到特定机器上，作为深入集成到主机中的软件包。Kubernetes 在一个集群上以更有效的方式自动分发和调度容器应用程序。

Kubernetes 集群由两种类型的资源组成：

- Master：集群的调度节点，负责管理集群，例如调度应用程序、维护应用程序的所需状态、扩展应用程序和滚动更新。

- Nodes：应用程序实际运行的工作节点，可以是物理机或者虚拟机。每个工作节点都有一个 kubelet（节点代理），是管理节点并与 Kubernetes Master 节点进行通信的代理。节点上还应支持容器操作，例如 Docker 或 rkt。一个 Kubernetes 工作集群至少有 3 个节点。

当我们在 Kubernetes 上部署应用程序时， Master 会启动应用程序容器，并调度容器在集群的 Nodes 上运行，而 Nodes 使用 Master 公开的 Kubernetes API 与 Master 进行通信，最终用户还可以直接使用 Kubernetes 的 API 与集群交互，如图 8-4 所示。

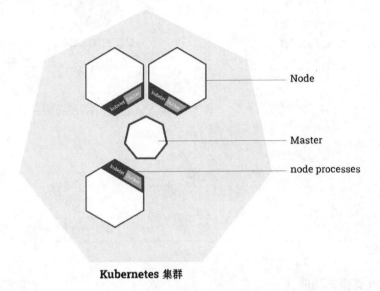

Kubernetes 集群

图 8-4

8.3.2 使用 Minikube 创建本地 Kubernetes 实验环境

在大部分情况下，我们需要在本地玩转 Kubernetes，以便于 Kubernetes 应用程序的开发和调测。搭建完整的 Kubernetes 集群毕竟太重，使用 Minikube 则是不二之选。

1. 什么是 Minikube

Minikube 是一个轻量级的 Kubernetes 实现，会在本机创建一台虚拟机，并部署一个只包含一个节点的简单集群。 Minikube 适用于 Linux、Mac OS 和 Windows 系统。Minikube CLI 提供了集群的基本引导操作，包括启动、停止、状态和删除。

Minikube 的目标是成为本地 Kubernetes 应用程序开发的最佳工具，并支持所有适合的 Kubernetes 功能，如图 8-5 所示。

官方 GitHub 地址为 https://github.com/kubernetes/minikube。

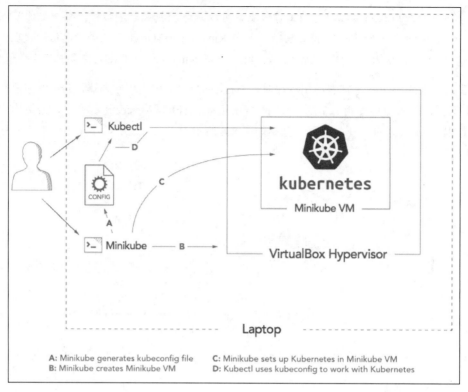

A: Minikube generates kubeconfig file   C: Minikube sets up Kubernetes in Minikube VM
B: Minikube creates Minikube VM   D: Kubectl uses kubeconfig to work with Kubernetes

图 8-5

2. Minikube 支持的功能

Minikube 支持以下 Kubernetes 功能：

- DNS。
- NodePorts（可使用 "minikube service" 命令来管理）。
- ConfigMaps 和 Secrets。
- 仪表板（Dashboards，minikube dashboard）。
- 容器运行时：Docker、rkt、CRI-O 和 containerd。
- Enabling CNI（容器网络接口）。
- Ingress。
- LoadBalancer（负载均衡，可以使用 "minikube tunnel" 命令来启用）。
- Multi-cluster（多集群，可以使用 "minikube start -p <name>" 命令来启用）。
- Persistent Volumes。
- RBAC。
- 通过命令配置 apiserver 和 kubelet。

3. 在 Windows 10 下安装

（1）安装要求

Windows 必须支持虚拟化，可以执行 "systeminfo" 命令来确认。如果支持虚拟化，那么 "Hyper-V 要求" 一栏如图 8-6 所示。

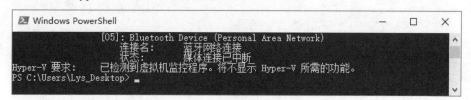

```
PS C:\Users\q1> systeminfo
主机名:                    DESKTOP-L22LH7U
OS 名称:                   Microsoft Windows 10 教育版
OS 版本:                   10.0.17763 暂缺 Build 17763
OS 制造商:                 Microsoft Corporation
OS 配置:                   独立工作站
OS 构件类型:               Multiprocessor Free
注册的所有人:              q1
注册的组织:                暂缺
产品 ID:                   00328-10000-00001-AA501
初始安装日期:              2019/2/18, 12:52:51
系统启动时间:              2019/6/19, 9:01:56
系统制造商:                System manufacturer
系统型号:                  System Product Name
系统类型:                  x64-based PC
处理器:                    安装了 1 个处理器。
                          [01]: AMD64 Family 23 Model 8 Stepping 2 AuthenticAMD ~3600 Mhz
BIOS 版本:                 American Megatrends Inc. 0409, 2018/8/24
Windows 目录:              C:\WINDOWS
系统目录:                  C:\WINDOWS\system32
启动设备:                  \Device\HarddiskVolume3
系统区域设置:              zh-cn;中文(中国)
输入法区域设置:            zh-cn;中文(中国)
时区:                      (UTC+08:00) 北京，重庆，香港特别行政区，乌鲁木齐
物理内存总量:              16,313 MB
可用的物理内存:            5,334 MB
虚拟内存: 最大值:          36,793 MB
虚拟内存: 可用:            13,676 MB
虚拟内存: 使用中:          23,117 MB
页面文件位置:              C:\pagefile.sys
域:                        WORKGROUP
登录服务器:                \\DESKTOP-L22LH7U
修补程序:                  安装了 10 个修补程序。
                          [01]: KB4495590
                          [02]: KB4465065
                          [03]: KB4470788
                          [04]: KB4493478
                          [05]: KB4493510
                          [06]: KB4497932
                          [07]: KB4499728
                          [08]: KB4503308
                          [09]: KB4504369
                          [10]: KB4503327
网卡:                      安装了 1 个 NIC。
                          [01]: Realtek PCIe GBE Family Controller
                               连接名:       以太网 2
                               启用 DHCP:     是
                               DHCP 服务器: 172.16.2.254
                               IP 地址
                                  [01]: 172.16.2.69
                                  [02]: fe80::191d:5f85:cf5e:4737
Hyper-V 要求:              虚拟机监视器模式扩展: 是
                          固件中已启用虚拟化: 否
                          二级地址转换: 是
                          数据执行保护可用: 是
```

图 8-6

如果已经装了 Hyper-V，那么提示如图 8-7 所示。

```
            [05]: Bluetooth Device (Personal Area Network)
                连接名:       蓝牙网络连接
                状态:         媒体连接已中断
Hyper-V 要求:   已检测到虚拟机监控程序。将不显示 Hyper-V 所需的功能。
PS C:\Users\Lys_Desktop>
```

图 8-7

（2）启用 Hyper-V（推荐）

可以通过"程序和功能"→"打开或关闭 Windows 功能"→勾选"Hyper-V"来启用 Hyper-V，也可以通过管理员执行以下 Powershell 脚本：

```
Enable-WindowsOptionalFeature -Online -FeatureName Microsoft-Hyper-V -All
```

如果不支持启用 Hyper-V，大家可以安装"VirtualBox"，而且目前"VirtualBox"是官方默认的虚拟机管理程序。

（3）安装 Minikube 和 kubectl

● 使用 Chocolatey 安装 Minikube（推荐）

Chocolatey 我们在前面已经进行了讲解，这里使用 Chocolatey 以管理员身份一键安装 Minikube：

```
choco install minikube kubernetes-cli
```

运行结果如图 8-8 所示。

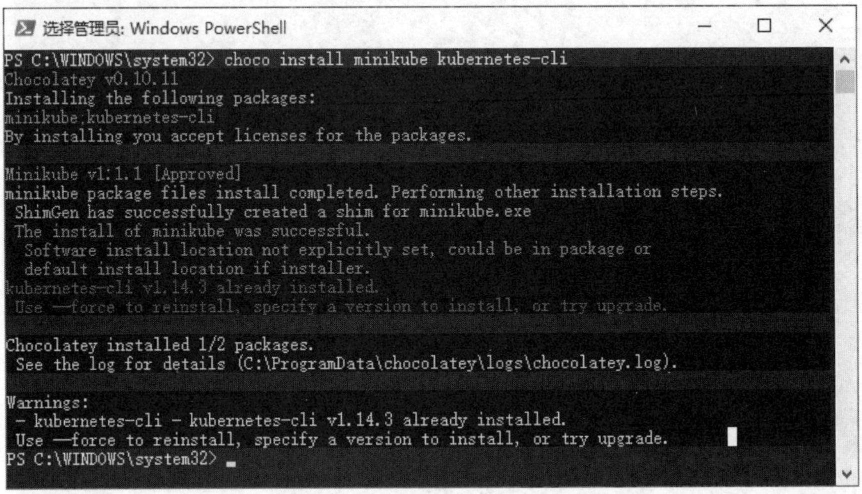

图 8-8

```
PS C:\WINDOWS\system32> choco install minikube kubernetes-cli
Chocolatey v0.10.11
Installing the following packages:
minikube;kubernetes-cli
By installing you accept licenses for the packages.

Minikube v1.1.1 [Approved]
minikube package files install completed. Performing other installation steps.
 ShimGen has successfully created a shim for minikube.exe
 The install of minikube was successful.
  Software install location not explicitly set, could be in package or
  default install location if installer.
kubernetes-cli v1.14.3 already installed.
 Use --force to reinstall, specify a version to install, or try upgrade.

Chocolatey installed 1/2 packages.
 See the log for details (C:\ProgramData\chocolatey\logs\chocolatey.log).

Warnings:
 - kubernetes-cli - kubernetes-cli v1.14.3 already installed.
 Use --force to reinstall, specify a version to install, or try upgrade.
```

● 通过下载安装包安装

下载地址为 https://github.com/kubernetes/minikube/releases/。下载 "minikube-windows-amd64.exe" 后，需重命名为 "minikube.exe" 进行使用。

- *启动 Minikube*

Minikube 在 Windows 上支持使用 VirtualBox 和 Hyper-V，这里我们使用 Hyper-V 进行实践。

我们需要执行"minikube start"命令来启动 Minikube。在这个过程中，会下载 Minikube ISO 镜像，如果 Minikube ISO 镜像下载失败，可复制链接手动下载或者配置容器代理再试。如果是手动下载，那么下载后请将 ISO 文件放置在 C:\Users\<用户名>\.minikube\cache\iso 目录，然后再次执行"start"命令。具体命令如下所示（需使用管理员权限执行）：

```
minikube.exe start --registry-mirror=https://registry.docker-cn.com
--vm-driver="hyperv" --memory=4096
```

需要使用管理员执行以下 Powershell 脚本：

```
minikube.exe start --registry-mirror=https://registry.docker-cn.com
--vm-driver="hyperv" --memory=4096
```

其中，--registry-mirror 参数用于设置镜像服务地址，这里设置为国内镜像服务地址；--vm-driver 参数设置了虚拟机类型，这里我们使用 Hyper-V，默认是 VirtualBox；--memory 参数设置了虚拟机内存大小。执行此脚本后，会使用默认的 Hyper-V 虚拟交换机。我们也可以使用参数 --hyperv-virtual-switch 指定虚拟网络交换机，参数设置如图 8-9 所示。

图 8-9

由于网络和防火墙的原因，通常无法拉取 k8s 相关镜像或者下载速度过于缓慢，我们可以通过参数--image-repository 来设置 Minikube 使用阿里云镜像，命令如下：

```
    minikube.exe start --registry-mirror=https://registry.docker-cn.com
--vm-driver="hyperv" --memory=4096 --hyperv-virtual-switch="NET"
--image-repository=registry.cn-hangzhou.aliyuncs.com/google_containers
```

运行结果如图 8-10 所示。

图 8-10

```
    PS C:\WINDOWS\system32> minikube.exe start
--registry-mirror=https://registry.docker-cn.com --vm-driver="hyperv"
--memory=4096 --hyperv-virtual-switch="NET"
--image-repository=registry.cn-hangzhou.aliyuncs.com/google_containers
    * minikube v1.1.1 on windows (amd64)
    * using image repository registry.cn-hangzhou.aliyuncs.com/google_containers
    * Creating hyperv VM (CPUs=2, Memory=4096MB, Disk=20000MB) ...
    * Configuring environment for Kubernetes v1.14.3 on docker 18.09.6
    * Pulling images ...
    * Launching Kubernetes ...
    * Verifying: apiserver proxy etcd scheduler controller dns
    * Done! kubectl is now configured to use "minikube"
```

成功之后，我们就可以使用 kubectl 来操作集群了，比如查看当前所有 Pod 的状态：

```
kubectl get Pods --all-namespaces
```

运行结果如图 8-11 所示。

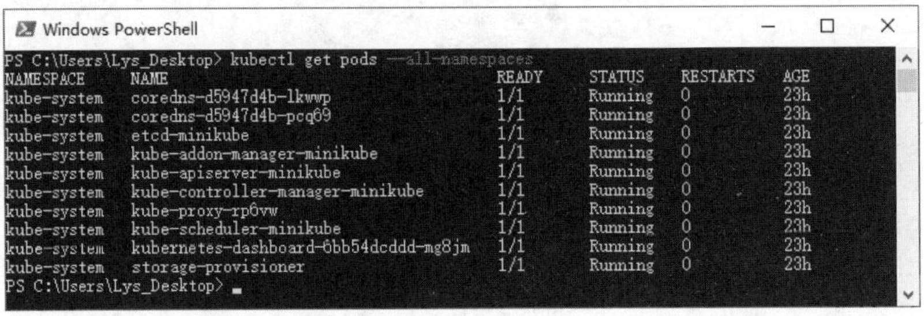

图 8-11

刚才我们使用 Minikube 创建了默认的集群，其实还可以使用 Minikube 创建新的集群，比如：

```
minikube start -p mycluster
```

值得注意的是，Minikube 搭配 Hyper-V 使用时需要禁用动态内存（Docker for Windows 初始化时指定禁用相关虚拟机使用动态内存），执行的 Powershell 脚本如下所示：

```
Set-VMMemory -VMName 'minikube' -DynamicMemoryEnabled $false
```

在 Windows 10 下，我们可以使用 docker-desktop 来启用 k8s（见图 8-12），不过由于网络的原因，并不是很推荐这种方式。

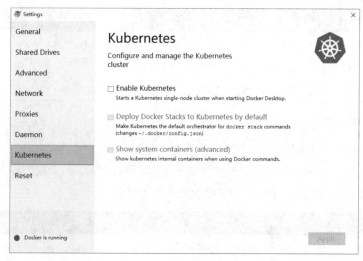

图 8-12

4. 打开 Minikube 可视化面板

成功启动 Minikube 之后，我们可以通过以下命令来打开 Minikube 可视化面板（见图 8-13）：

```
minikube dashboard
```

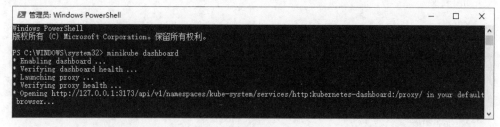

图 8-13

启用面板（见图 8-14）：

```
PS > minikube dashboard
```

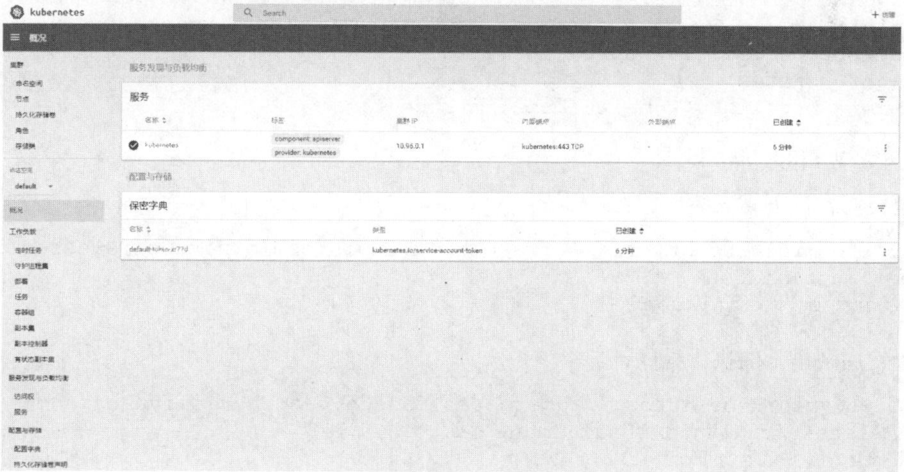

图 8-14

> **注　意**
>
> 如果安装失败，或者启动 Minikube 时提示错误 "X Unable to start VM: start: exit status 1"，就可以执行 "minikube delete"，或者手工清理相关虚拟机目录存在的残留内容，同时需要手动删除目录 "C:\Users\{your username} \.minikube\machines" 后再次尝试重新启动。

5. 在 Linux 下安装

（1）安装虚拟机（可选）

在 Linux 环境下，Minikube 支持直接在主机上运行 Kubernetes，因此此步骤为可选的。大家可以根据实际情况选择是否安装虚拟机，比如 KVM 和 VirtualBox。

> **注　意**
>
> 如果直接在主机上运行，那么 Minikube 会运行一个不安全的 API Server，可能会导致安全隐患，因此不建议在个人工作环境中安装。

（2）安装 kubectl

由于 Google 网络不太稳定，因此我们使用阿里云镜像进行安装。

- CentOS

```
echo '#k8s
[kubernetes]
name=Kubernetes
baseurl=https://mirrors.aliyun.com/kubernetes/yum/repos/kubernetes-el7-x86_64
enabled=1
gpgcheck=0
'>/etc/yum.repos.d/kubernetes.repo
#kubeadm 和相关工具包
yum -y install kubelet kubeadm kubectl kubernetes-cni
```

- Debian / Ubuntu

```
apt-get update && apt-get install -y apt-transport-https
curl -s https://mirrors.aliyun.com/kubernetes/apt/doc/apt-key.gpg | apt-key add -
echo 'deb https://mirrors.aliyun.com/kubernetes/apt/ kubernetes-xenial main'
>/etc/apt/sources.list.d/kubernetes.list
apt-get update
apt-get install -y kubelet kubeadm kubectl
```

（3）安装 Minikube

这里我们直接下载安装：

```
curl -Lo minikube https://storage.googleapis.com/minikube/releases/latest/
minikube-linux-amd64 \
    && chmod +x minikube
```

选择使用阿里云的执行程序：

```
curl -Lo minikube https://kubernetes.oss-cn-hangzhou.aliyuncs.com/minikube/
releases/latest/minikube-linux-amd64 \
    && chmod +x minikube
```

然后将可执行文件添加到/usr/local/bin 目录下：

```
sudo install minikube /usr/local/bin
```

（4）启动 Minikube

命令如下：

```
minikube start --vm-driver=none
```

运行结果如图 8-15 所示。

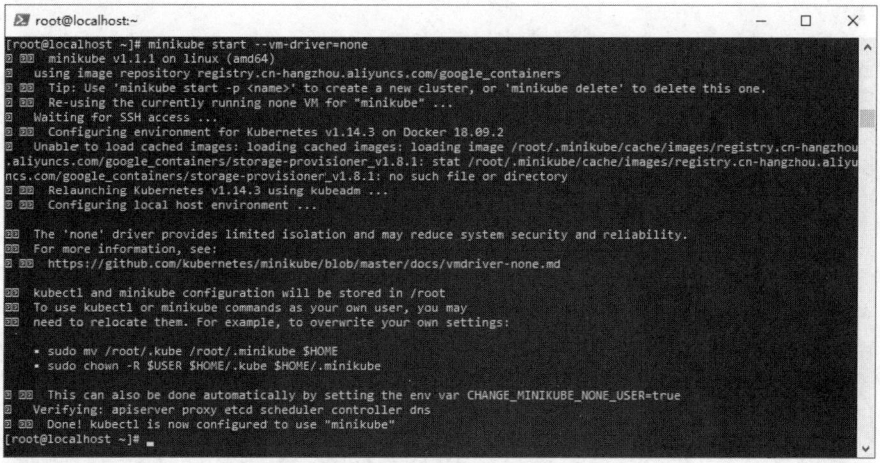

图 8-15

如果存在网络问题，可以使用 --image-repository=registry.cn-hangzhou.aliyuncs.com/ google_containers 指定镜像仓库地址。

安装过程中若出现问题，则可执行以下命令之后再重新尝试：

```
minikube delete
rm ~/.minikube
```

8.4　使用 kubectl 管理 Kubernetes 集群

8.4.1　概述

kubectl 是一个命令行界面，用于运行针对 Kubernetes 集群的命令。kubectl 的配置文件在 $HOME/.kube 目录。我们可以通过设置 KUBECONFIG 环境变量或设置命令参数 --kubeconfig 来指定其他位置的 kubeconfig 文件。

8.4.2　语法

可以使用以下语法从终端窗口运行命令：

```
kubectl [command] [TYPE] [NAME] [flags]
```

其中，command、TYPE、NAME 和 flags 说明如下：

（1）command：指定要在一个或多个资源进行的操作（create、get、describe、delete 等），例如"kubectl get cs"。

（2）TYPE：指定资源类型。资源类型不区分大小写，可以指定单数、复数或缩写形式。例如，以下命令产生相同的输出：

```
kubectl get Pod Pod1
kubectl get Pods Pod1
kubectl get po Pod1
```

（3）NAME：指定资源的名称。名称区分大小写。如果省略名称，就显示所有资源的详细信息，如"kubectl get Pods"。

在对多个资源执行操作时，我们可以按类型和名称指定每个资源或者指定一个/多个文件：

① 要按类型和名称指定资源。

- 若资源类型相同，则对资源进行分组：TYPE1 name1 name2 name<#>。例如：
```
kubectl get Pod example-Pod1 example-Pod2
```

- 分别指定多种资源类型：TYPE1/name1 TYPE1/name2 TYPE2/name3 TYPE<#>/name<#>。例如：
```
kubectl get Pod/example-Pod1 replicationcontroller/example-rc1
```

② 要使用一个或多个文件指定资源： -f file1 -f file2 -f file<#>。

注意，使用 YAML 而不是 JSON，因为 YAML 往往更加友好，特别是对于配置文件。例如：

```
kubectl get Pod -f ./Pod.yaml
```

（4）flags：指定的可选标志。值得注意的是，使用命令行指定参数会覆盖默认值以及相关的环境变量。例如，我们可以使用-s 或--server 标志来指定 Kubernetes API 服务器的地址和端口。

8.4.3 主要命令说明

kubectl 的主要操作命令（command）如表 8-1 所示。

表 8-1 kubectl 主要操作命令

操作	描述
annotate	添加或更新一个或多个资源的注释
api-versions	列出可用的API版本
apply	通过文件名或标准输入流（stdin）对资源进行配置，例如"kubectl apply --prune -f manifest.yaml -l app=nginx"
attach	附加到一个正在运行的容器，以查看输出流或与容器（stdin）交互
autoscale	自动缩放由Replication Controller管理的Pod集
cluster-info	显示有关集群中主服务器和服务的端点信息
config	指定kubeconfig文件

操作	描述
create	从文件或标准输入流（stdin）创建一个或多个资源。例如，使用Pod.json创建Pod：kubectl create -f ./Pod.json
delete	通过文件、标准输入、指定标签选择器/名称/资源选择器或资源来删除资源。例如，删除所有的Pod：kubectl delete Pods –all
describe	显示一个或多个资源的详细描述。例如，查看Pod "coredns-5c98db65d4-h5v9h" 的详情"kubectl describe Pod coredns-5c98db65d4-h5v9h -n kube-system"，这里使用"-n"指定命名空间
edit	在服务器上编辑一个资源
exec	在Pod容器中执行命令
explain	查看资源的文档（Pod、节点、服务等），例如 "kubectl explain Pods"
expose	将复制控制器、服务或Pod公开为新的Kubernetes服务
get	列出一个或多个资源。例如，"kubectl get Pods -n kube-system -o wide" 命令将列出 "kube-system" 命名空间下的所有Pod并且以表格状输出Pod的相关附加信息（节点名称）
label	添加或更新一个或多个资源的标签
logs	输出容器在Pod中的日志。例如，执行命令 "kubectl logs etcd-k8s-master -n kube-system" 将在终端中输出该容器的日志
patch	使用patch策略更新资源的字段
port-forward	将一个或多个本地端口转发到Pod
proxy	运行代理指定到Kubernetes API Server
replace	从文件或标准输入中替换资源
rolling-update	通过逐步替换指定的Replication Controller及其Pod来执行滚动更新
run	在集群上运行指定的映像。例如，运行Nginx：kubectl run nginx --image=nginx
scale	设置新的Deployment、ReplicaSet、Replication Controller 或者 Job副本数量，例如 "kubectl scale --replicas=3 -f foo.yaml"
version	显示客户端和服务器上运行的Kubernetes版本
api-resources	输出服务端支持的所有API资源类型
api-versions	输出服务端支持的API版本

我们可以执行 "kubectl help" 来查看当前所有支持的命令，也可以访问官方地址 "https://kubernetes.io/docs/reference/generated/kubectl/kubectl-commands" 来查看所有的命令说明。在使用的过程中，如果不了解单个命令的具体语法，我们可以使用 "kubectl <command> --help" 来获取详细介绍，具体如下：

```
kubectl scale -help
```

运行结果如图 8-16 所示。

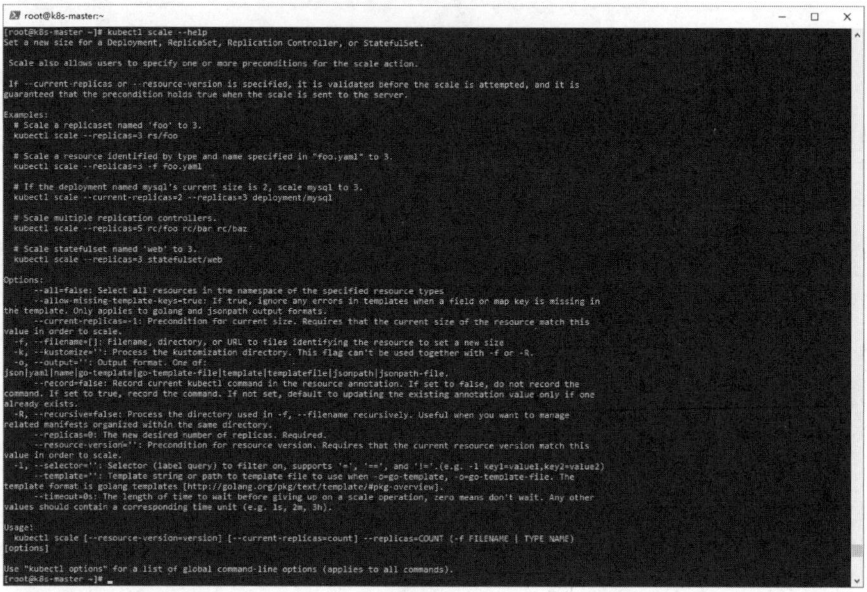

```
root@k8s-master:~
[root@k8s-master ~]# kubectl scale --help
Set a new size for a Deployment, ReplicaSet, Replication Controller, or StatefulSet.

 Scale also allows users to specify one or more preconditions for the scale action.

 If --current-replicas or --resource-version is specified, it is validated before the scale is attempted, and it is
guaranteed that the precondition holds true when the scale is sent to the server.

Examples:
  # Scale a replicaset named 'foo' to 3.
  kubectl scale --replicas=3 rs/foo

  # Scale a resource identified by type and name specified in "foo.yaml" to 3.
  kubectl scale --replicas=3 -f foo.yaml

  # If the deployment named mysql's current size is 2, scale mysql to 3.
  kubectl scale --current-replicas=2 --replicas=3 deployment/mysql

  # Scale multiple replication controllers.
  kubectl scale --replicas=5 rc/foo rc/bar rc/baz

  # Scale statefulset named 'web' to 3.
  kubectl scale --replicas=3 statefulset/web

Options:
      --all=false: Select all resources in the namespace of the specified resource types
      --allow-missing-template-keys=true: If true, ignore any errors in templates when a field or map key is missing in
the template. Only applies to golang and jsonpath output formats.
      --current-replicas=-1: Precondition for current size. Requires that the current size of the resource match this
value in order to scale.
  -f, --filename=[]: Filename, directory, or URL to files identifying the resource to set a new size
  -k, --kustomize='': Process the kustomization directory. This flag can't be used together with -f or -R.
  -o, --output='': Output format. One of:
json|yaml|name|go-template|go-template-file|template|templatefile|jsonpath|jsonpath-file.
      --record=false: Record current kubectl command in the resource annotation. If set to false, do not record the
command. If set to true, record the command. If not set, default to updating the existing annotation value only if one
already exists.
  -R, --recursive=false: Process the directory used in -f, --filename recursively. Useful when you want to manage
related manifests organized within the same directory.
      --replicas=0: The new desired number of replicas. Required.
      --resource-version='': Precondition for resource version. Requires that the current resource version match this
value in order to scale.
  -l, --selector='': Selector (label query) to filter on, supports '=', '==', and '!='.(e.g. -l key1=value1,key2=value2)
      --template='': Template string or path to template file to use when -o=go-template, -o=go-template-file. The
template format is golang templates [http://golang.org/pkg/text/template/#pkg-overview].
      --timeout=0s: The length of time to wait before giving up on a scale operation, zero means don't wait. Any other
values should contain a corresponding time unit (e.g. 1s, 2m, 3h).

Usage:
  kubectl scale [--resource-version=version] [--current-replicas=count] --replicas=COUNT (-f FILENAME | TYPE NAME)
[options]

Use "kubectl options" for a list of global command-line options (applies to all commands).
[root@k8s-master ~]#
```

图 8-16

8.4.4 资源类型说明

我们可以使用“kubectl api-resources”命令来获取服务端目前支持的所有资源类型（Type），如图 8-17 所示。

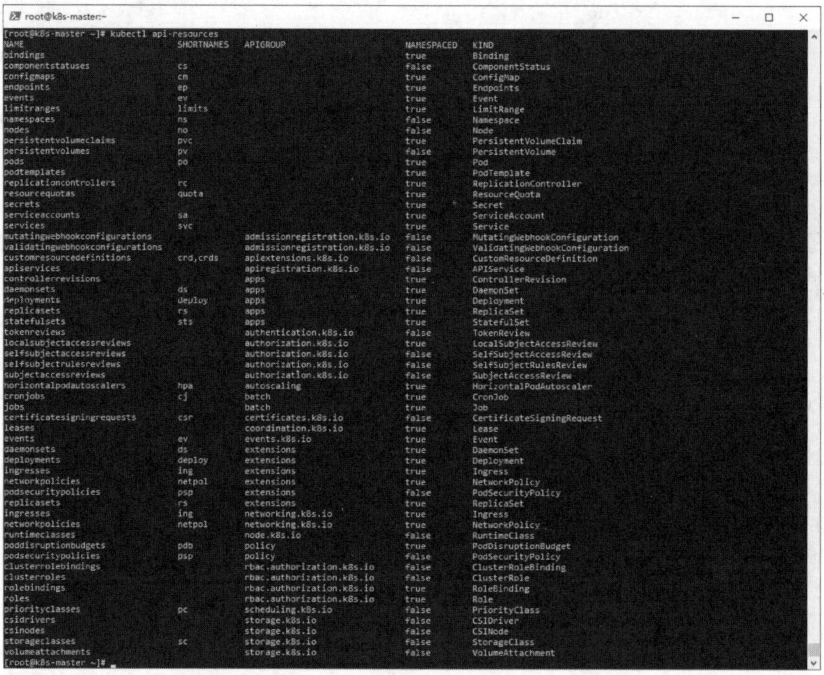

```
root@k8s-master:~
[root@k8s-master ~]# kubectl api-resources
NAME                              SHORTNAMES   APIGROUP                        NAMESPACED   KIND
bindings                                                                       true         Binding
componentstatuses                 cs                                           false        ComponentStatus
configmaps                        cm                                           true         ConfigMap
endpoints                         ep                                           true         Endpoints
events                            ev                                           true         Event
limitranges                       limits                                       true         LimitRange
namespaces                        ns                                           false        Namespace
nodes                             no                                           false        Node
persistentvolumeclaims            pvc                                          true         PersistentVolumeClaim
persistentvolumes                 pv                                           false        PersistentVolume
pods                              po                                           true         Pod
podtemplates                                                                   true         PodTemplate
replicationcontrollers            rc                                           true         ReplicationController
resourcequotas                    quota                                        true         ResourceQuota
secrets                                                                        true         Secret
serviceaccounts                   sa                                           true         ServiceAccount
services                          svc                                          true         Service
mutatingwebhookconfigurations                  admissionregistration.k8s.io    false        MutatingWebhookConfiguration
validatingwebhookconfigurations                admissionregistration.k8s.io    false        ValidatingWebhookConfiguration
customresourcedefinitions         crd,crds     apiextensions.k8s.io            false        CustomResourceDefinition
apiservices                                    apiregistration.k8s.io          false        APIService
controllerrevisions                            apps                            true         ControllerRevision
daemonsets                        ds           apps                            true         DaemonSet
deployments                       deploy       apps                            true         Deployment
replicasets                       rs           apps                            true         ReplicaSet
statefulsets                      sts          apps                            true         StatefulSet
tokenreviews                                   authentication.k8s.io           false        TokenReview
localsubjectaccessreviews                      authorization.k8s.io            true         LocalSubjectAccessReview
selfsubjectaccessreviews                       authorization.k8s.io            false        SelfSubjectAccessReview
selfsubjectrulesreviews                        authorization.k8s.io            false        SelfSubjectRulesReview
subjectaccessreviews                           authorization.k8s.io            false        SubjectAccessReview
horizontalpodautoscalers          hpa          autoscaling                     true         HorizontalPodAutoscaler
cronjobs                          cj           batch                           true         CronJob
jobs                                           batch                           true         Job
certificatesigningrequests        csr          certificates.k8s.io             false        CertificateSigningRequest
leases                                         coordination.k8s.io             true         Lease
events                            ev           events.k8s.io                   true         Event
daemonsets                        ds           extensions                      true         DaemonSet
deployments                       deploy       extensions                      true         Deployment
ingresses                         ing          extensions                      true         Ingress
networkpolicies                   netpol       extensions                      true         NetworkPolicy
podsecuritypolicies               psp          extensions                      false        PodSecurityPolicy
replicasets                       rs           extensions                      true         ReplicaSet
ingresses                         ing          networking.k8s.io               true         Ingress
networkpolicies                   netpol       networking.k8s.io               true         NetworkPolicy
runtimeclasses                                 node.k8s.io                     false        RuntimeClass
poddisruptionbudgets              pdb          policy                          true         PodDisruptionBudget
podsecuritypolicies               psp          policy                          false        PodSecurityPolicy
clusterrolebindings                            rbac.authorization.k8s.io       false        ClusterRoleBinding
clusterroles                                   rbac.authorization.k8s.io       false        ClusterRole
rolebindings                                   rbac.authorization.k8s.io       true         RoleBinding
roles                                          rbac.authorization.k8s.io       true         Role
priorityclasses                   pc           scheduling.k8s.io               false        PriorityClass
csidrivers                                     storage.k8s.io                  false        CSIDriver
csinodes                                       storage.k8s.io                  false        CSINode
storageclasses                    sc           storage.k8s.io                  false        StorageClass
volumeattachments                              storage.k8s.io                  false        VolumeAttachment
[root@k8s-master ~]#
```

图 8-17

8.4.5　命令标志说明

我们可以使用命令"kubectl options"来输出当前支持的所有可选标志（flags），如图 8-18所示。

```
root@k8s-master:~
[root@k8s-master ~]# kubectl options
The following options can be passed to any command:

    --alsologtostderr=false: log to standard error as well as files
    --as='': Username to impersonate for the operation
    --as-group=[]: Group to impersonate for the operation, this flag can be repeated to specify multiple groups.
    --cache-dir='/root/.kube/http-cache': Default HTTP cache directory
    --certificate-authority='': Path to a cert file for the certificate authority
    --client-certificate='': Path to a client certificate file for TLS
    --client-key='': Path to a client key file for TLS
    --cluster='': The name of the kubeconfig cluster to use
    --context='': The name of the kubeconfig context to use
    --insecure-skip-tls-verify=false: If true, the server's certificate will not be checked for validity. This will
make your HTTPS connections insecure
    --kubeconfig='': Path to the kubeconfig file to use for CLI requests.
    --log-backtrace-at=:0: when logging hits line file:N, emit a stack trace
    --log-dir='': If non-empty, write log files in this directory
    --log-file='': If non-empty, use this log file
    --log-file-max-size=1800: Defines the maximum size a log file can grow to. Unit is megabytes. If the value is 0,
the maximum file size is unlimited.
    --log-flush-frequency=5s: Maximum number of seconds between log flushes
    --logtostderr=true: log to standard error instead of files
    --match-server-version=false: Require server version to match client version
-n, --namespace='': If present, the namespace scope for this CLI request
    --password='': Password for basic authentication to the API server
    --profile='none': Name of profile to capture. One of (none|cpu|heap|goroutine|threadcreate|block|mutex)
    --profile-output='profile.pprof': Name of the file to write the profile to
    --request-timeout='0': The length of time to wait before giving up on a single server request. Non-zero values
should contain a corresponding time unit (e.g. 1s, 2m, 3h). A value of zero means don't timeout requests.
-s, --server='': The address and port of the Kubernetes API server
    --skip-headers=false: If true, avoid header prefixes in the log messages
    --skip-log-headers=false: If true, avoid headers when opening log files
    --stderrthreshold=2: logs at or above this threshold go to stderr
    --token='': Bearer token for authentication to the API server
    --user='': The name of the kubeconfig user to use
    --username='': Username for basic authentication to the API server
-v, --v=0: number for the log level verbosity
    --vmodule=: comma-separated list of pattern=N settings for file-filtered logging
[root@k8s-master ~]#
```

图 8-18

在前面我们说过，"-s"可以指定 Kubernetes API 服务器地址，"-n"可以指定命名空间，"--kubeconfig"可以指定 kubeconfig 配置文件。主要的一些说明如图 8-19 所示。

--alsologtostderr	同时输出日志到标准错误控制台和文件
--as string	以指定用户执行操作
--as-group stringArray	模拟操作的组，可以使用这个标识来指定多个组
--cache-dir string	默认 HTTP 缓存目录（默认值 "/home/username/.kube/http-cache"）
--certificate-authority string	用于进行认证授权的 .cert 文件路径
--client-certificate string	TLS 使用的客户端证书路径
--client-key string	TLS 使用的客户端密钥文件路径
--cluster string	指定要使用的 kubeconfig 文件集群名
--context string	指定要使用的 kubeconfig 文件上下文
-h, --help	kubectl 帮助
--insecure-skip-tls-verify	值为 true，则不会检查服务器的证书有效性。这将使您的HTTPS连接不安全
--kubeconfig string	CLI 请求使用的 kubeconfig 配置文件路径
--log-backtrace-at traceLocation	当日志长度超出规定的行数时，忽略堆栈信息（默认值：0）
--log-dir string	如果不为空，则将日志文件写入此目录
--logtostderr	日志输出到标准错误控制台而不输出到文件
--match-server-version	要求客户端版本和服务器端版本相匹配
-n, --namespace string	如果存在，CLI 请求将使用此命名空间
--request-timeout string	放弃一个简单服务请求前的等待时间，非零值需要包含相应时间单位（例如：1s, 2m, 3h）。零值则认为不做超时请求。（默认值 "0"）
-s, --server string	Kubernetes API server 的地址和端口
--stderrthreshold severity	等于或高于此阈值的日志将输出标准错误控制台（默认值2）
--token string	用于 API server 进行身份认证的承载令牌
--user string	指定使用的 kubeconfig 配置文件中的用户名
-v, --v Level	指定输出日志的日志级别
--vmodule moduleSpec	指定输出日志的模块，格式如下：pattern=N，使用逗号分隔

图 8-19

8.4.6　格式化输出

默认情况下，所有的 kubectl 命令默认输出格式是可读的纯文本格式。要以特定格式将详细信息输出到终端窗口，我们需要使用"-o"或多个"-output"标志。语法如下：

```
kubectl [command] [TYPE] [NAME] -o=<output_format>
```

支持的输出格式如表 8-2 所示。

表 8-2　输出格式

输出格式	描述
-o=custom-columns=<spec>	输入指定的逗号分隔的列名列表来打印表格
-o=custom-columns-file=<filename>	使用文件中的自定义列模板来打印表
-o=json	输出JSON格式的API对象
-o=jsonpath=<template>	打印在jsonpath表达式中定义的字段
-o=jsonpath-file=<filename>	打印由文件中的jsonpath表达式定义的字段
-o=name	仅打印资源名称
-o=wide	以纯文本格式输出任何附加信息。对于Pod，包括节点名称
-o=yaml	输出YAML格式的API对象

例如：

```
kubectl get Pods -n kube-system -o wide
```

运行结果如图 8-20 所示。

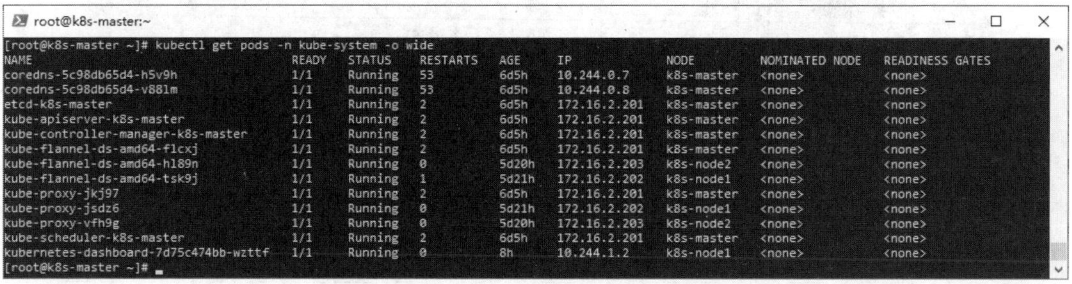

图 8-20

8.5　使用 kubeadm 创建集群

8.5.1　kubeadm 概述

kubeadm 是一个命令行工具，提供 "kubeadm init" 和 "kubeadm join" 两个命令来快速创建和初始化 kubernetes 集群。

kubeadm 通过执行必要的操作来启动和运行一个最小可用的集群。它被故意设计为只关心启动集群，而不是之前的节点准备工作。同样的，诸如安装各种各样的插件，例如 Kubernetes Dashboard、监控解决方案以及特定云提供商的插件，这些都不在它负责的范围。

其主要命令和说明如表 8-3 所示。

表 8-3　主要命令和说明

命令	说明
kubeadm init	启动一个Kubernetes主节点
kubeadm join	启动一个Kubernetes工作节点并且将其加入到集群
kubeadm upgrade	更新一个 Kubernetes 集群到新版本
kubeadm config	查看存储在集群中的kubeadm配置，例如"kubeadm config images list"可以列出kubeadm需要的镜像
kubeadm token	令牌管理
kubeadm reset	重置集群，也就是还原kubeadm init 或者 kubeadm join 对主机所做的任何更改
kubeadm version	打印kubeadm 版本

8.5.2　kubelet 概述

kubelet 是在每个节点上运行的主要"节点代理"。简单地说，kubelet 的主要功能就是定时获取节点上 Pod/Container 的期望状态（运行什么容器、运行的副本数量、网络或者存储如何配置等），并调用对应的容器平台接口达到这个状态，并确保它们能够健康运行。因此，kubelet 的主要功能为：

- Pod 管理。
- 容器健康检查。
- 容器监控。

注　意
不是 Kubernetes 创建的容器将不在 kubelet 的管理范围。

了解这些之后，接下来我们将使用 kubeadm 创建集群。

8.5.3　定义集群部署目标和规划

有目标，我们才能有的放矢。在本节内容中，我们将基于 3 台虚拟机来搭建一个 k8s 集群，其中一台作为主节点，另外两台作为工作节点。

具体部署架构如图 8-21 所示。服务器规划如表 8-4 所示。

表 8-4　服务器规划

主机名称	操作系统	IP	系统配置	备注
k8s-master	CentOS-7-x86_64	172.16.2.201	2核2G	作为主节点
k8s-node1	CentOS-7-x86_64	172.16.2.202	2核2G	作为工作节点
k8s-node2	CentOS-7-x86_64	172.16.2.203	2核2G	作为工作节点

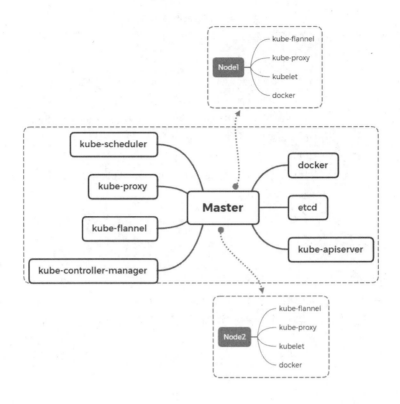

图 8-21

值得注意的是：

- 服务器最小内存不得小于 2GB，CPU 核心数最少为 2。
- 集群中所有的计算机之间拥有完全的网络连接（公共或专用网络）。
- 所有机器都有 sudo 权限。

相关环境的搭建和初始化，这里先行略过。以下内容均使用 root 账户安装和配置：

- Pod 分配 IP 段：10.244.0.0/16。
- kubernetes-version：v1.15.0。
- apiserver-advertise-address：172.16.2.201。

8.5.4 开始部署

接下来，我们就开始按规划进行部署，主要步骤如下所示。

1. 主机和 IP 设置

各节点主机名称和 IP 设置如表 8-5 所示。

表 8-5 主机和 IP 设置

主机名称	IP
k8s-master	172.16.2.201
k8s-node1	172.16.2.202
k8s-node2	172.16.2.203

接下来我们以 master（k8s-master）为例进行讲述，相关设置步骤如下所示（注意替换相关参数）。

（1）设置主机名称以及修改主机记录

bash:

```
#设置 Host 名称
hostnamectl set-hostname k8s-master

#查看 Host 名称
hostname

#修改 Host 文件，给 127.0.0.1 添加 hostname
echo "127.0.0.1   localhost localhost.localdomain localhost4
localhost4.localdomain4 k8s-master
::1         localhost localhost.localdomain localhost6 localhost6.localdomain6
172.16.2.201 k8s-master
172.16.2.202 k8s-node1
172.16.2.203 k8s-node2
"> /etc/hosts

#查看修改结果
cat /etc/hosts
```

运行结果如图 8-22 所示。

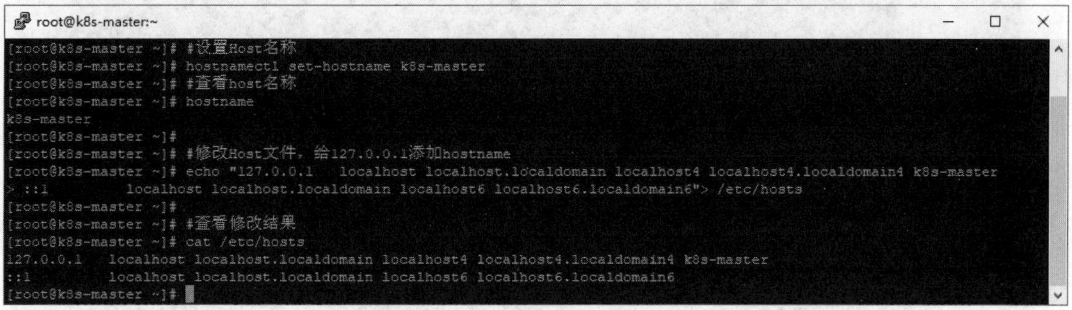

图 8-22

（2）配置网络服务以及设置固定 IP

```
#配置网卡
echo "
DEVICE=eth0
TYPE=Ethernet
IPADDR=172.16.2.201
PREFIX=24
NETMASK=255.255.255.0
```

```
NETWORK=172.16.2.0
GATEWAY=172.16.2.254
BROADCAST=172.16.2.255
DEFROUTE=yes
ONBOOT=yes
USERCTL=yes
BOOTPROTO=static
NAME=eth0
IPV4_FAILURE_FATAL=yes
UUID=5ed1bf4a-4be2-4040-ad55-fea853b849d1
"> /etc/sysconfig/network-scripts/ifcfg-eth0

#编辑/etc/sysconfig/network
echo "NETWORKING=yes
HOSTNAME=k8s-master"> /etc/sysconfig/network

#编辑/etc/resolv.conf，设置 DNS
echo "nameserver 172.16.2.254
nameserver 114.114.114.114
nameserver 8.8.8.8
"> /etc/resolv.conf

#重启网络服务
systemctl restart network.service #重启网络服务
systemctl status network.service #查看网络服务状态
```

运行结果如图 8-23 所示。

图 8-23

（3）系统设置

```
#关闭 Selinux
sed -i 's/SELINUX=.*/SELINUX=disabled/g' /etc/selinux/config

#永久关闭 Swap
```

```
swapoff -a
sed -ri 's/.*swap.*/#&/' /etc/fstab
echo "vm.swappiness = 0">> /etc/sysctl.conf

#修改内核参数
cat <<EOF > /etc/sysctl.d/k8s.conf
net.ipv4.ip_forward = 1
net.bridge.bridge-nf-call-ip6tables = 1
net.bridge.bridge-nf-call-iptables = 1
vm.swappiness=0
EOF
```

2. Docker 安装

这里推荐使用以下脚本来安装官方已经充分测试过的指定版本的 docker-ce：

```
# 安装必需的包
yum install yum-utils device-mapper-persistent-data lvm2
# 添加 Docker 仓库
yum-config-manager \
  --add-repo \
  https://download.docker.com/linux/centos/docker-ce.repo
# 安装指定版本的 Docker CE
yum update && yum install docker-ce-18.06.2.ce
# 创建 /etc/docker 目录
mkdir /etc/docker
# 设置守护程序
cat > /etc/docker/daemon.json <<EOF
{
  "exec-opts": ["native.cgroupdriver=systemd"],
  "log-driver": "json-file",
  "log-level": "warn",
  "log-opts": {
    "max-size": "100m"
  },
  "storage-driver": "overlay2",
  "storage-opts": [
    "overlay2.override_kernel_check=true"
  ] ,
  "registry-mirrors": [
    "https://mirror.ccs.tencentyun.com"
  ],
  "ip-forward": true,
  "ip-masq": false,
  "iptables": false,
  "ipv6": false,
  "live-restore": true,
  "selinux-enabled": false
}
EOF
mkdir -p /etc/systemd/system/docker.service.d
# 重启 Docker 服务
systemctl daemon-reload
systemctl enable docker
systemctl restart docker
```

配置 Docker 使用 systemd 驱动，相比默认的 cgroups 更稳定。

运行结果如图 8-24 所示。

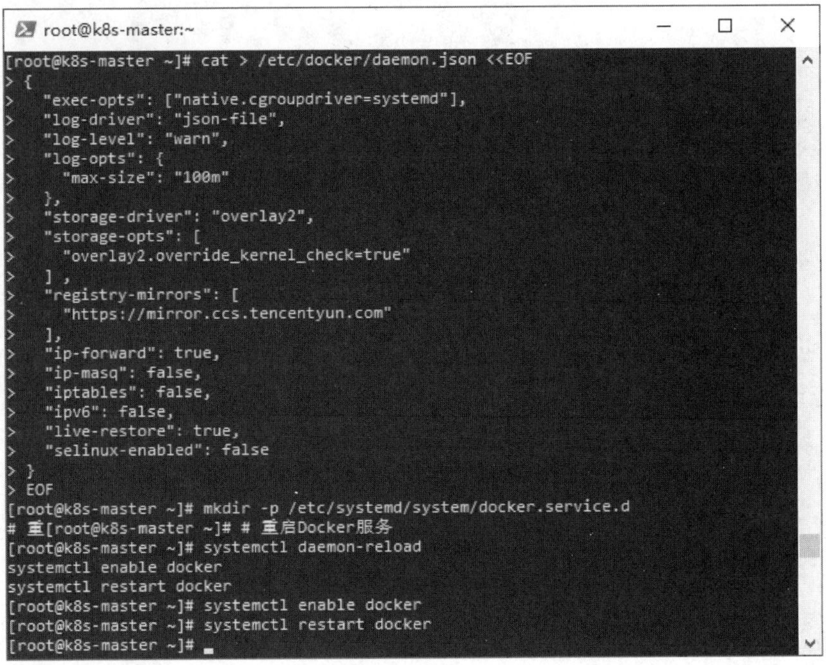

图 8-24

3. 主机端口设置

（1）主节点端口设置如表 8-6 所示。

表 8-6　主节点端口设置

协议	方向	端口	说明
TCP	入站	6443*	Kubernetes API Server
TCP	入站	2379~2380	etcd server client API
TCP	入站	10250	kubelet API
TCP	入站	10251	kube-scheduler
TCP	入站	10252	kube-controller-manager

（2）工作节点端口设置如表 8-7 所示。

表 8-7　工作节点端口设置

协议	方向	端口	说明
TCP	入站	10250	kubelet API
TCP	入站	30000~32767	NodePort Services

CentOS 默认没有安装防火墙，需要使用以下命令安装和启用防火墙：

```
#安装 iptables 服务
yum install iptables-services
systemctl enable iptables.service
systemctl start iptables.service
```

然后使用编辑器按 Demo 编辑文件/etc/sysconfig/iptables 设置准入端口即可。

在开发实验阶段，为了方便，也可以直接禁用防火墙：

```
systemctl stop firewalld.service
systemctl disable firewalld.service
```

8.5.5　主节点部署

当上述步骤完成后，我们依照以下步骤来完成主节点的安装。

1. kubeadm 以及相关工具包的安装

安装脚本如下：

```
#配置源
echo '#k8s
[kubernetes]
name=Kubernetes
baseurl=https://mirrors.aliyun.com/kubernetes/yum/repos/kubernetes-el7-x86_64
enabled=1
gpgcheck=0
'>/etc/yum.repos.d/kubernetes.repo
#kubeadm 和相关工具包
yum -y install kubelet kubeadm kubectl kubernetes-cni
```

注　意

以上脚本使用阿里云镜像进行安装。如果是 Debian/Ubuntu 系统，请使用下面的脚本进行安装：
 	
`apt-get update && apt-get install -y apt-transport-https`
`curl https://mirrors.aliyun.com/kubernetes/apt/doc/apt-key.gpg | apt-key add -`
`cat <<EOF >/etc/apt/sources.list.d/kubernetes.list`
`deb https://mirrors.aliyun.com/kubernetes/apt/ kubernetes-xenial main`
`EOF`
`apt-get update`
`apt-get install -y kubelet kubeadm kubectl kubernetes-cni`

启动安装后，如图 8-25 所示，会列出相关包以进行安装。

如果成功安装，会提示"完毕！"，如图 8-26 所示。

安装完成之后，需要启用 kubelet：

```
systemctl daemon-reload
systemctl enable kubelet && systemctl start kubelet
```

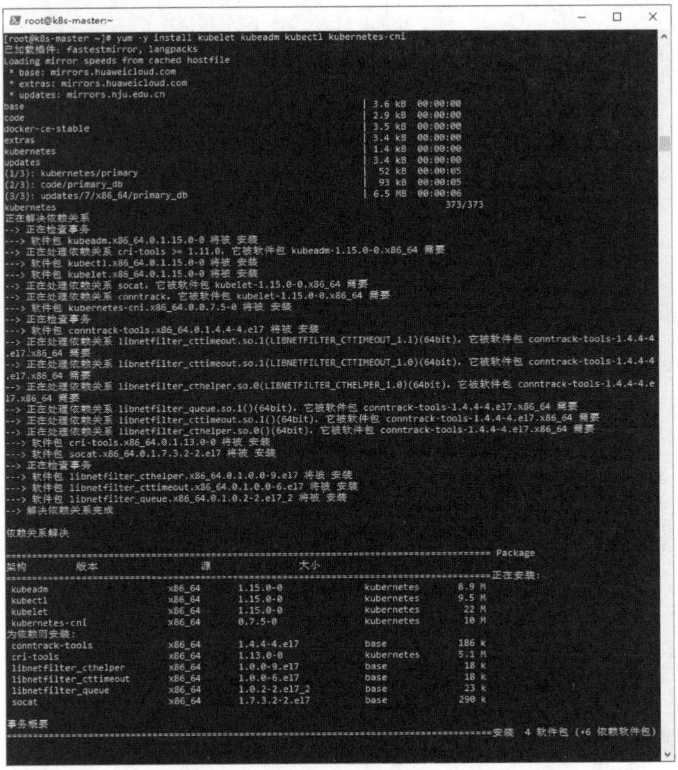

图 8-25

图 8-26

2. 批量拉取 k8s 相关镜像

如果使用代理、国际网络或者指定镜像库地址，此步骤可以忽略。在国内，由于国际网络问题，k8s 相关镜像可能无法下载，因此我们需要手动准备。

首先，使用"kubeadm config"命令来查看 kubeadm 相关镜像的列表：

```
kubeadm config images list
```

运行结果如图 8-27 所示。

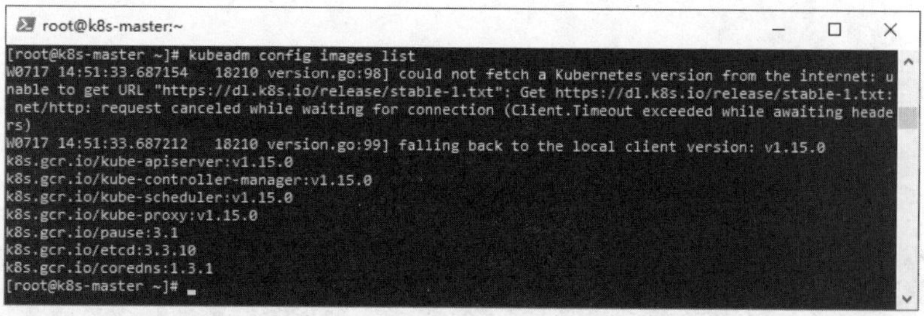

图 8-27

接下来，我们可以从其他仓库批量下载镜像并且修改镜像标签：

```
#批量下载镜像
kubeadm config images list |sed -e 's/^/docker pull /g' -e
's#k8s.gcr.io#docker.io/mirrorgooglecontainers#g' |sh -x
#批量命名镜像
docker images |grep mirrorgooglecontainers |awk '{print "docker tag
",$1":"$2,$1":"$2}' |sed -e 's# mirrorgooglecontainers# k8s.gcr.io#2' |sh -x
#批量删除 mirrorgooglecontainers 镜像
docker images |grep mirrorgooglecontainers |awk '{print "docker rmi ", $1":"$2}'
|sh -x
# coredns 没有包含在 docker.io/mirrorgooglecontainers 中
docker pull coredns/coredns:1.3.1
docker tag coredns/coredns:1.3.1 k8s.gcr.io/coredns:1.3.1
docker rmi coredns/coredns:1.3.1
```

运行结果如图 8-28 所示。

图 8-28

> **注　意**
>
> coredns 没有包含在 docker.io/mirrorgooglecontainers 中，需要手动从 coredns 官方镜像转换一下。

经过漫长的等待之后，如果镜像下载完成，我们可以执行命令"docker images"来查看本地镜像是否均已准备妥当，如图 8-29 所示。

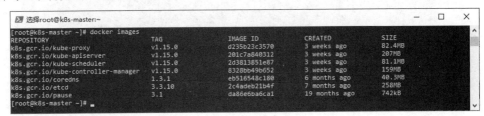

图 8-29

准备好了，接下来我们就可以创建集群了。

3. 使用"kubeadm init"启动 k8s 主节点

在前面，我们讲过"kubeadm init"命令可以用于启动一个 Kubernetes 主节点，语法如下：

```
kubeadm init [flags]
```

其中，主要的参数如表 8-8 所示。

表 8-8　主要参数说明

可选参数	说明
--apiserver-advertise-address	指定API Server地址
--apiserver-bind-port	指定绑定的API Server端口，默认值为6443
--apiserver-cert-extra-sans	指定API Server的服务器证书
--cert-dir	指定证书的路径
--dry-run	输出将要执行的操作，不做任何改变
--feature-gates	指定功能配置键值对，可控制是否启用各种功能
-h, --help	输出init命令的帮助信息
--ignore-preflight-errors	忽视检查项错误列表,例如"IsPrivilegedUser,Swap",若填写为 'all' 则将忽视所有的检查项错误
--kubernetes-version	指定Kubernetes版本
--node-name	指定节点名称
--Pod-network-cidr	指定Pod网络IP地址段
--service-cidr	指定Service的IP地址段
--service-dns-domain	指定Service的域名，默认为"cluster.local"
--skip-token-print	不打印token
--token	指定token
--token-ttl	指定token有效时间，若设置为"0"，则永不过期
--image-repository	指定镜像仓库地址，默认为"k8s.gcr.io"

值得注意的是，如上所述，如果我们不想每次都手动批量拉取镜像，可以使用参数"--image-repository"来指定第三方镜像仓库，如下述命令所示：

```
kubeadm init --kubernetes-version=v1.15.0
--apiserver-advertise-address=172.16.2.201  --Pod-network-cidr=10.0.0.0/16
--service-cidr 11.0.0.0/12
--image-repository=registry.cn-hangzhou.aliyuncs.com/google_containers
```

"kubeadm init"命令会执行一系列步骤来保障启动一个 k8s 主节点，我们可以通过命令"kubeadm init --dry-run"来查看其将进行的步骤（见图 8-30）。了解了其动作，我们才能保障在安装的过程中处理起来游刃有余。

图 8-30

主要常规步骤（部分步骤根据参数会有变动）如下：

步骤 01 确定 Kubernetes 版本。

步骤 02 预检。出现错误则退出安装，比如虚拟内存（swap）没有关闭，端口被占用。出现错误时，请用心按照提示进行处理，不推荐使用"--ignore-preflight-errors"来忽略。

步骤 03 写入 kubelet 配置。

步骤 04 生成自签名的 CA 证书（可指定已有证书）。

步骤 05 将 kubeconfig 文件写入 /etc/kubernetes/ 目录，以便 kubelet、controller-manager 和 scheduler 用来连接 API Server，它们每一个都有自己的身份标识，同时生成一个名为 admin.conf 的

独立 kubeconfig 文件，用于管理操作（我们下面会用到）。

步骤 06 为 kube-apiserver、kube-controller-manager 和 kube-scheduler 生成静态 Pod 的定义文件。如果没有提供外部的 etcd 服务，也会为 etcd 生成一份额外的静态 Pod 定义文件。这些静态 Pod 的定义文件会写入"/etc/kubernetes/manifests"目录（见图 8-31）。kubelet 会监视这个目录，以便在系统启动的时候创建 Pod。

/etc/kubernetes/manifests/				
名字	大小	已改变	权限	拥有者
..		2019/7/20 15:13:22	rwxr-xr-x	root
kube-scheduler.yaml	2 KB	2019/7/19 9:32:13	rw-------	root
kube-controller-manager.yaml	3 KB	2019/7/19 9:32:13	rw-------	root
kube-apiserver.yaml	3 KB	2019/7/19 9:32:13	rw-------	root
etcd.yaml	2 KB	2019/7/19 9:32:13	rw-------	root

图 8-31

注 意

静态 Pod 是由 kubelet 进行管理的，仅存在于特定节点上的 Pod。它们不能通过 API Server 进行管理，无法与 ReplicationController、Deployment 或 DaemonSet 进行关联，并且 kubelet 也无法对其进行健康检查。静态 Pod 始终绑定在某一个 kubelet，并且始终运行在同一个节点上。

步骤 07 对 master 节点应用 labels 和 taints，以便不会在它上面运行其他工作负载，也就是说 master 节点只做管理不干活。

步骤 08 生成令牌以便其他节点注册。

步骤 09 执行必要配置（比如集群 ConfigMap、RBAC 等）。

步骤 10 安装"CoreDNS"组件（在 1.11 版本以及更新版本的 Kubernetes 中，CoreDNS 是默认的 DNS 服务器）和"kube-proxy"组件。

4. 启动 k8s 主节点

根据前面的规划，以及刚才讲述的"kubeadm init"命令语法和执行步骤，我们使用如下命令来启动 k8s 集群主节点：

```
kubeadm init --kubernetes-version=v1.15.0
--apiserver-advertise-address=172.16.2.201  --Pod-network-cidr=10.0.0.0/16
--service-cidr 11.0.0.0/16
```

其中，kubernetes version 为 v1.15.0，apiserver 地址为 172.16.2.201，Pod IP 段为 10.0.0.0/16。具体执行细节如图 8-32 所示。

集群创建成功后，注意这一条命令需要保存好，以便后续将节点添加到集群时使用：

```
kubeadm join 172.16.2.201:6443 --token jx82lw.8ephcufcot5j06v7 \
    --discovery-token-ca-cert-hash
sha256:180a8dfb45398cc6c3addd84a61c1bd4364297da1e91611c8c46a976dc12ff17
```

令牌是用于主节点和新添加的节点之间进行相互身份验证的，因此需要确保其安全，因为任何人一旦知道了这些令牌，就可以随便给集群添加节点。如果令牌过期了，我们可以使用"kubeadm token"命令来列出、创建和删除这类令牌，具体操作见后续的"集群故障处理"。

图 8-32

5. kubectl 认证

集群主节点启动之后，我们需要使用 kubectl 来管理集群。在开始前，我们需要设置其配置文件进行认证。

这里我们使用 root 账户，命令如下：

```
#kubectl 认证
export KUBECONFIG=/etc/kubernetes/admin.conf
```

如果是非 root 账户，就需要使用以下命令：

```
# 如果是非 root 用户
mkdir -p $HOME/.kube
cp -i /etc/kubernetes/admin.conf $HOME/.kube/config
chown $(id -u):$(id -g) $HOME/.kube/config
```

6. 安装 flannel 网络插件

这里我们使用默认的网络组件 flannel，相关安装命令如下：

```
kubectl apply -f https://raw.githubusercontent.com/coreos/flannel/master/
Documentation/kube-flannel.yml
```

"kubectl apply"命令可以用于创建和更新资源。以上命令使用网络路径的 yaml 来创建 flanner，如图 8-33 所示。

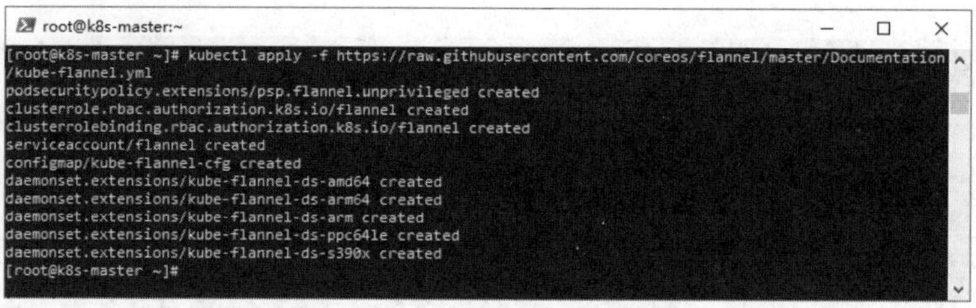

图 8-33

当然，除了 flannel 网络组件，事实上我们还可以根据自己的情况安装不同的网络组件，比如 Calico、Canal、Cilium、Weave Net 等。

7. 检查集群状态

安装完成之后，我们可以使用以下命令来检查集群组件是否运行正常：

```
kubectl get cs
```

运行结果如图 8-34 所示。

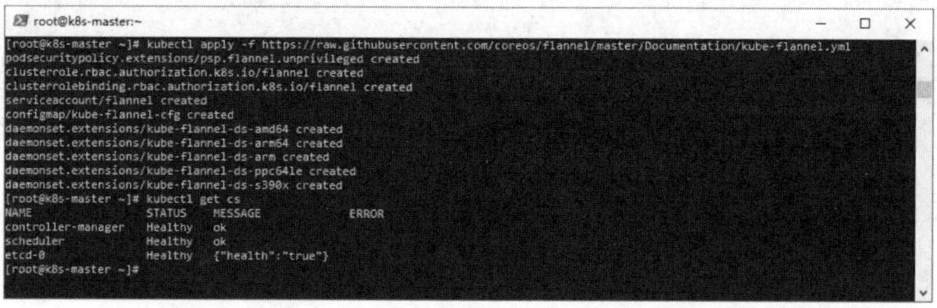

图 8-34

同时，我们需要确认相关 Pod 已经正常运行：

```
kubectl get Pods -n kube-system -o wide
```

运行结果如图 8-35 所示。

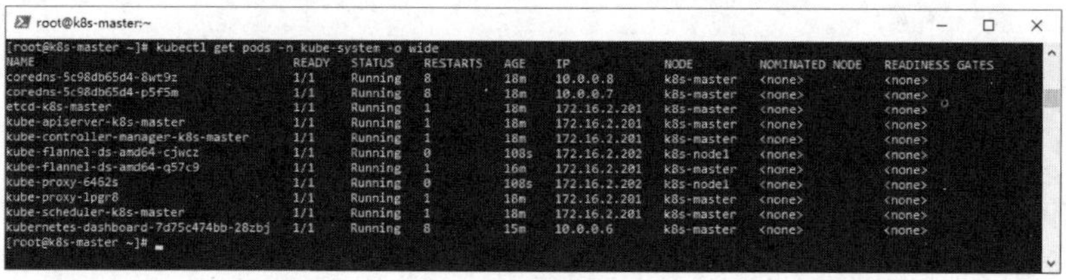

图 8-35

如果 coredns 崩溃或者其他 Pod 崩溃，可参考后续章节的常见问题进行解决。注意，确保这些 Pod 正常运行（Running 状态）后再添加工作节点。

如果命名空间"kube-system"下的 Pod 均正常运行，就说明主节点已经成功地启动。接下来将完成工作节点的部署。

8.5.6　工作节点部署

这里我们以 Node1 节点为例进行安装。开始安装之前，确认已经完成之前的步骤（设置主机、IP、系统、Docker 和防火墙等）。注意，主机名、IP 等配置不要出现重复和错误。

1. 安装 kubelet 和 kubeadm

kubelet 是节点代理，而 kubeadm 用于将当前节点加入集群。下面我们开始进行安装。安装命令如下：

```
#配置源
echo '#k8s
[kubernetes]
name=Kubernetes
baseurl=https://mirrors.aliyun.com/kubernetes/yum/repos/kubernetes-el7-x86_64
enabled=1
gpgcheck=0
'>/etc/yum.repos.d/kubernetes.repo
#kubeadm 和相关工具包
yum -y install kubelet kubeadm
```

运行结果如图 8-36 所示。

图 8-36

安装完成后，需要重启 kubelet：

```
#重启 kubelet
systemctl daemon-reload
systemctl enable kubelet
```

2. 拉取相关镜像

参考前面的"批量拉取 k8s 相关镜像"（见 8.5.5 节），此处略过。

3. 使用"kubeadm join"将当前节点加入集群

"kubeadm join"命令可以启动一个 Kubernetes 工作节点并将其加入集群，语法如下：

```
kubeadm join [api-server-endpoint] [flags]
```

使用"kubeadm join"就相对简单多了。回到前面，找到使用"kubeadm init"启动主节点时打印出来的"kubeadm join"脚本来执行：

```
kubeadm join 172.16.2.201:6443 --token jx82lw.8ephcufcot5j06v7 \
    --discovery-token-ca-cert-hash sha256:
180a8dfb45398cc6c3addd84a61c1bd4364297da1e91611c8c46a976dc12ff17
```

若未保存该命令或者 token 已过期，请参考后续章节的常见问题。正常情况下，加入成功后如图 8-37 所示。

图 8-37

加入集群成功之后，k8s 就会自动调度 Pod，这时我们仅需耐心等待即可。

4. 复制 admin.conf 并且设置配置

为了在工作节点上也能使用 kubectl（kubectl 命令需要使用 kubernetes-admin 来运行），因此我们需要将主节点中的"/etc/kubernetes/admin.conf"文件复制到工作节点相同目录下。这里推荐使用 scp 进行复制，语法如下：

```
#复制 admin.conf，请在主节点服务器上执行此命令
scp /etc/kubernetes/admin.conf {当前工作节点 IP}:/etc/kubernetes/admin.conf
```

具体执行内容如下：

```
scp /etc/kubernetes/admin.conf 172.16.2.202:/etc/kubernetes/admin.conf
scp /etc/kubernetes/admin.conf 172.16.2.203:/etc/kubernetes/admin.conf
```

复制时需要输入相关节点 root 账户的密码，如图 8-38 所示。

图 8-38

复制完成之后，我们就可以设置 kubectl 的配置文件了，以便在工作节点上使用 kubectl 来管理 k8s 集群：

```
#设置 kubeconfig 文件
export KUBECONFIG=/etc/kubernetes/admin.conf
echo "export KUBECONFIG=/etc/kubernetes/admin.conf" >> ~/.bash_profile
```

至此，k8s 工作节点的部署初步完成。接下来，我们需要以同样的方式将其他工作节点加入集群之中。

5. 查看集群节点状态

集群创建完成之后，我们可以输入以下命令来查看当前节点状态：

```
kubectl get nodes
```

运行结果如图 8-39 所示。

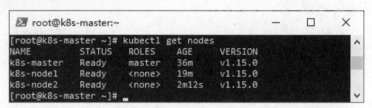

图 8-39

接下来，我们可以开始按需安装仪表盘以及部署应用了。

8.5.7　安装仪表盘

安装仪表盘的命令如下所示：

```
#如果使用代理或者国际网络，则可跳过此步骤
docker pull mirrorgooglecontainers/kubernetes-dashboard-amd64:v1.10.1
docker tag mirrorgooglecontainers/kubernetes-dashboard-amd64:v1.10.1
k8s.gcr.io/kubernetes-dashboard-amd64:v1.10.1
#安装仪表盘
kubectl apply -f
https://raw.githubusercontent.com/kubernetes/dashboard/v1.10.1/src/deploy/reco
mmended/kubernetes-dashboard.yaml
```

运行结果如图 8-40 所示。

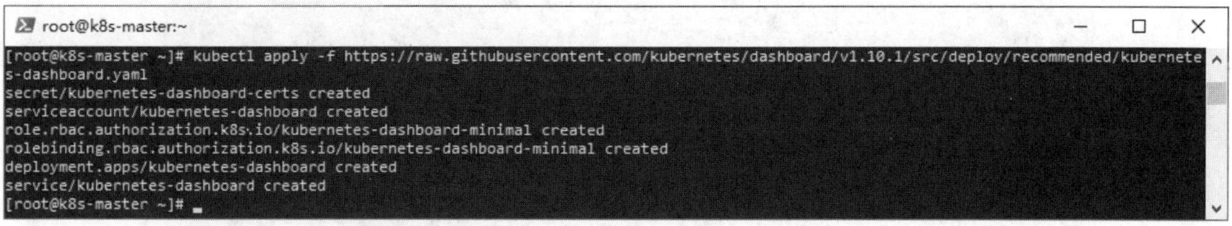

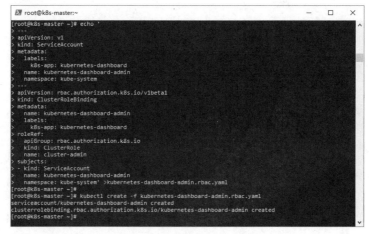

图 8-40

```
#创建 admin 权限
echo '
---
apiVersion: v1
kind: ServiceAccount
metadata:
  labels:
    k8s-app: kubernetes-dashboard
  name: kubernetes-dashboard-admin
  namespace: kube-system
---
apiVersion: rbac.authorization.k8s.io/v1beta1
kind: ClusterRoleBinding
metadata:
  name: kubernetes-dashboard-admin
  labels:
    k8s-app: kubernetes-dashboard
roleRef:
  apiGroup: rbac.authorization.k8s.io
  kind: ClusterRole
  name: cluster-admin
subjects:
- kind: ServiceAccount
  name: kubernetes-dashboard-admin
  namespace: kube-system' >kubernetes-dashboard-admin.rbac.yaml

kubectl create -f kubernetes-dashboard-admin.rbac.yaml
```

运行结果如图 8-41 所示。

图 8-41

使用命令得到 token：

```
#获取 token 名称
kubectl -n kube-system get secret | grep kubernetes-dashboard-admin
#根据名称获取 token
kubectl describe -n kube-system secret/kubernetes-dashboard-admin-token-1phq4
```

运行结果如图 8-42 所示。

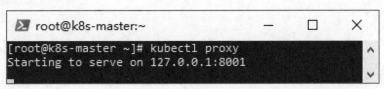

图 8-42

接下来可以使用以下命令访问面板：

```
kubectl proxy
```

运行结果如图 8-43 所示。

图 8-43

访问地址为 http://localhost:8001/api/v1/namespaces/kube-system/services/https:kubernetes-dashboard:/proxy/，主要界面如图 8-44 所示。

图 8-44

输入我们刚才得到的 token，登录之后如图 8-45 所示。

图 8-45

我们可以通过仪表盘来查看节点信息，如图 8-46 所示。

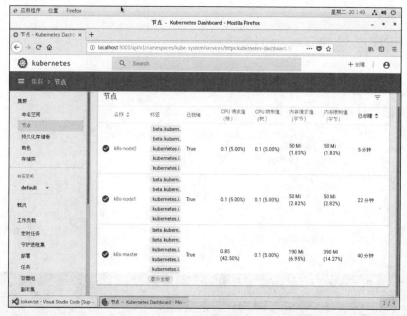

图 8-46

8.6　集群故障处理

至此，大家应该能够比较顺畅地完成 k8s 集群的部署了，不过由于环境、配置以及对 Linux、k8s 的不了解可能会导致很多问题。

出现问题时不要慌，先根据异常、故障症状初步推敲问题的所在，然后结合相关命令、工具、日志推敲出具体问题。其中，具体的日志内容是关键，请务必获得相关异常的详细日志进行诊断，而不是被表象所迷惑，或者根据表象问题（比如 "XX" Pod 崩溃了）去猜、搜索、请教他人。总体上，思路如图 8-47 所示。

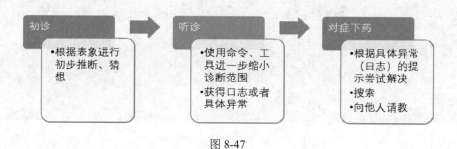

图 8-47

如果实在无法解决或者无法确定是哪里的配置以及操作不当引起的，可以试着重置节点以及集群。这里分享一些处理技巧和思路，以及部分常见的问题，以供大家参考和学习。

8.6.1 健康状态检查——初诊

首先，我们需要根据表象进行初步诊断，以便按图索骥。

1. 组件、插件健康状态检查

使用命令：

```
kubectl get componentstatus
```

或

```
kubectl get cs
```

健康情况下运行结果如图 8-48 所示。

图 8-48

Kubernetes 组件（插件）部分默认基于 systemd 运行，比如 kubelet、Docker 等，我们需要使用以下命令确保其处于活动（active）状态：

```
systemctl status kubelet docker
```

运行结果如图 8-49 所示。

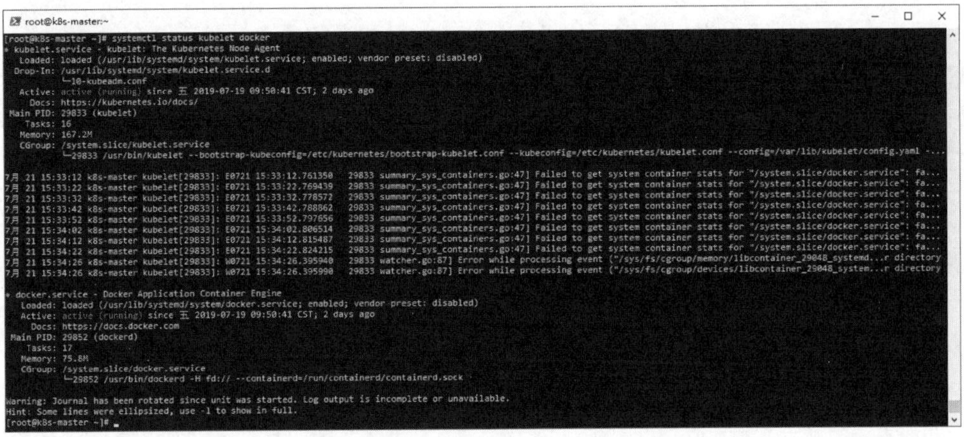

图 8-49

大部分 Kubernetes 组件运行在命名空间为"kube-system"的静态 Pod 之中（参见"kubeadm init"一节），我们可以使用以下命令来查看这些 Pod 的状态：

```
kubectl get Pods -o wide -n kube-system
```

运行结果如图 8-50 所示。

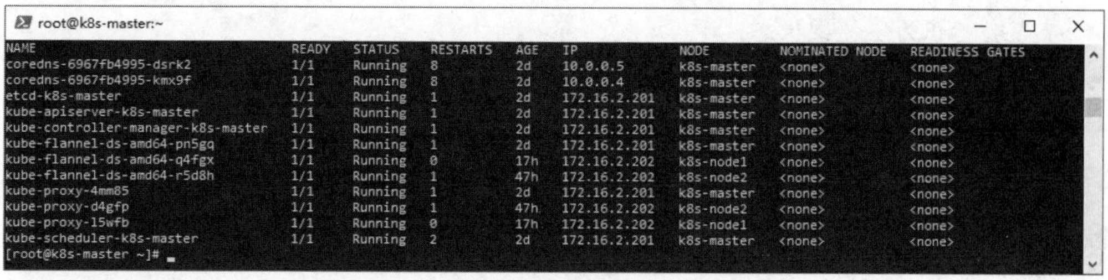

图 8-50

2. Kubernetes 组件异常分析

k8s 组件主要分为 Master 组件和节点组件。Master 组件对集群做出全局性决策（比如调度），以及检测和响应集群事件。如果 Master 组件出现问题，就可能会导致集群不可访问、Kubernetes API 访问出错、各种控制器无法工作等。节点组件在每个节点上运行，维护运行的 Pod 并提供 Kubernetes 运行时环境。如果节点组件出现问题，就可能会导致该节点异常并且该节点 Pod 无法正常运行和结束。因此，根据不同的组件，可能会出现不同的异常。

kube-apiserver 对外暴露了 Kubernetes API，如果 kube-apiserver 出现异常就可能会导致：

- 集群无法访问，无法注册新的节点。
- 资源（Deployment、Service 等）无法创建、更新和删除。
- 现有的不依赖 Kubernetes API 的 Pods 和 services 可以继续正常工作。

etcd 用于 Kubernetes 的后端存储，所有的集群数据都存在这里。保持稳定的 etcd 集群对于 Kubernetes 集群的稳定性至关重要。因此，我们需要在专用计算机或隔离环境上运行 etcd 集群以确保资源需求。当 etcd 出现异常时可能会导致：

- kube-apiserver 无法读写集群状态，apiserver 无法启动。
- Kubernetes API 访问出错。
- kubectl 操作异常。
- kubelet 无法访问 apiserver，仅能继续运行已有的 Pod。

kube-controller-manager 和 kube-scheduler 分别用于控制器管理和 Pod 的调度，如果出现问题就可能导致：

- 相关控制器无法工作。
- 资源（Deployment、Service 等）无法正常工作。
- 无法注册新的节点。
- Pod 无法调度，一直处于 Pending 状态。

kubelet 是主要的节点代理，如果节点宕机（VM 关机）或者 kubelet 出现异常（比如无法启动），那么可能会导致：

- 该节点上的 Pod 无法正常运行，如果节点关机，那么当前节点上所有 Pod 都将停止运行。
- 已运行的 Pod 无法伸缩，也无法正常终止。
- 无法启动新的 Pod。

- 节点会标识为不健康状态。
- 副本控制器会在其他节点上启动新的 Pod。
- kubelet 有可能会删掉当前运行的 Pod。

CoreDNS（在 1.11 以及以上版本的 Kubernetes 中，CoreDNS 是默认的 DNS 服务器）是 k8s 集群默认的 DNS 服务器，如果出现问题就可能导致：

- 无法注册新的节点。
- 集群网络出现问题。
- Pod 无法解析域名。

kube-proxy 是 Kubernetes 在每个节点上运行网络代理。如果出现了异常，就可能导致该节点 Pod 通信异常。

3. 节点健康状态检查

我们可以使用以下命令来检查节点状态：

```
kubectl get nodes
```

运行结果如图 8-51 所示。

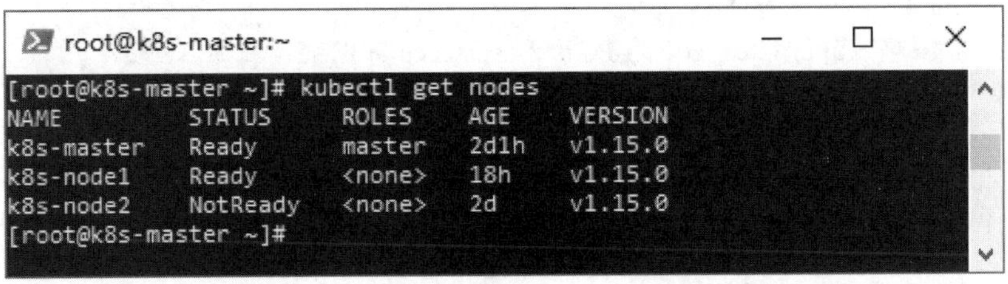

图 8-51

其中，"Ready"表示节点已就绪，为正常状态，反之则该节点出现异常。若节点出现问题，则 Pod 无法调度到该节点。

4. Pod 健康状态检查

如果是集群应用出现异常，那么我们可以使用以下命令检查相关 Pod 是否运行正常：

```
kubectl get Pods -o wide
```

运行结果如图 8-52 所示。

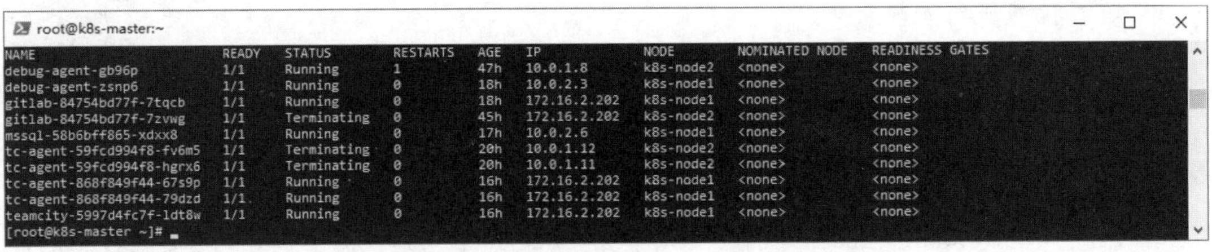

图 8-52

如果存在命名空间，就需要使用-n 参数指定命名空间。如图 8-52 所示，Pod 为"Running"状态才是正常。如果 Pod 运行正常，但是无法访问（集群内部、外部），我们就需要检查 Service 是否正常，此时可使用以下命令：

```
kubectl get svc -o wide
```

运行结果如图 8-53 所示。

图 8-53

8.6.2　进一步诊断分析——听诊三板斧

在初诊阶段，我们往往只能获得一些表面的信息，比如节点挂了、Pod 崩溃了、网络不通等，这时我们需要根据初诊的方向和范围使用一些工具并结合日志进行具体的诊断。

这里推荐使用听诊三板斧：查看日志、查看资源详情和事件、查看资源配置。

1. 查看日志

在大部分情况下，想要获得具体的病因，查看日志是最为直接的方式。因此，我们需要学会如何查看日志。

（1）使用 journalctl 查看服务日志

主流的 Linux 系统基本上都采用 Systemd 来集中管理和配置系统。如果使用的是 Systemd 机制，我们就可以使用 journalctl 命令来查看服务日志（比如 docker）：

```
journalctl -u docker
```

运行结果如图 8-54 所示。

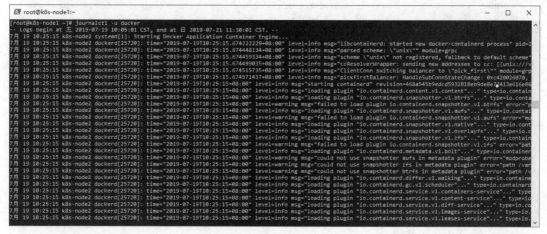

图 8-54

查看并追踪 kubelet 的日志：

```
journalctl -u kubelet -f
```

运行结果如图 8-55 所示。

图 8-55

（2）使用"kubectl logs"查看容器日志

我们的应用运行在 Pod 之中，k8s 的一些组件（例如，kube-apiserver、coredns、etcd、kube-controller-manager、kube-proxy、kube-scheduler 等）也运行在 Pod 之中（静态 Pod），那么如何查看这些组件以及应用的日志呢？使用前面提到的"kubectl logs"命令。

语法如下所示：

```
kubectl logs [-f] [-p] (POD | TYPE/NAME) [-c CONTAINER] [options]
```

主要的参数说明如表 8-9 所示。

表 8-9　主要的参数说明

参数	说明
-f, --follow	是否持续追踪日志，默认为false，指定之后会持续输出日志
-p, --previous	输出Pod中曾经运行过但目前已终止的容器的日志
-c, --container	容器名称
--since	仅返回相对时间范围（如5s、2m或3h）内的日志，默认返回所有日志
--since-time	仅返回指定时间之后的日志，默认返回所有，只能同时使用since和since-time中的一种
--tail	要显示的最新的日志条数，默认为-1，即显示所有
--timestamps	输出的日志中包含时间戳
-l, --selector	使用Label选择器过滤

了解了主要的参数和说明，下面查看几个示例：

①查看 Pod "mssql-58b6bff865-xdxx8" 的日志：

```
kubectl logs mssql-58b6bff865-xdxx8
```

②查看 24 小时内的日志：

```
kubectl logs mssql-58b6bff865-xdxx8 --since 24h
```

③根据 Pod 标签查看日志：

```
kubectl logs -lapp=mssql
```

④查看指定命名空间下的 Pod 日志（注意系统组件的命名空间为"kube-system"）：

```
kubectl logs kube-apiserver-k8s-master -f -n kube-system
```

2. 查看资源详情和事件

除了查看日志之外，有时还需要查看资源实例详情，以帮助我们解决问题。这时需要用到前面提到的 kubectl describe 命令。

kubectl describe 命令用于查看一个或多个资源的详细情况，包括相关资源和事件，语法如下：

```
kubectl describe (-f FILENAME | TYPE [NAME_PREFIX | -l label] | TYPE/NAME)
```

主要的参数说明如表 8-10 所示。

表 8-10　kubectl describe 命令的主要参数

参数	说明
-A,--all-namespaces	查看所有命名空间下的资源
-f, --filename	根据资源描述文件、目录、URL来查看
-R, --recursive	以递归方式查看-f指定的所有资源
-l, --selector	使用Label选择器过滤
--show-events	显示事件

了解了主要的参数和说明，下面我们通过示例来进行解说。

（1）查看节点

查看指定节点：

```
kubectl describe nodes k8s-node1
```

查看所有节点：

```
kubectl describe nodes
```

查看指定节点以及事件：

```
kubectl describe nodes k8s-node1--show-events
```

注　意

Node 状态为 NotReady 时，通过查看节点事件有助于我们排查问题。

（2）查看 Pod

查看指定 Pod：

```
kubectl describe Pods gitlab-84754bd77f-7tqcb
```

查看指定文件描述的所有资源：

```
kubectl describe -f teamcity.yaml
```

3. 查看资源配置

很多应用出错往往是由配置错误导致的，那么如何查看已部署资源的配置呢？这就需要用到强大的"kubectl get"命令了。

我们经常使用"kubectl get"命令查询资源，那么如何使用它来查看资源配置呢？语法如下：

```
kubectl get
[(-o|--output=)json|yaml|wide|custom-columns=...|custom-columns-file=...|go-te
mplate=...|go-template-file=...|jsonpath=...|jsonpath-file=...]
(TYPE[.VERSION][.GROUP] [NAME | -l label] | TYPE[.VERSION][.GROUP]/NAME ...) [flags]
[options]
```

如上述语法所示，"kubectl get"拥有强大的格式化输出能力，支持"json""yaml"等，在kubectl一节中我们已经讲解过。这里主要用"-o"来查看资源配置。

（1）查看指定 Pod 配置

yaml 版的命令如下：

```
kubectl get Pods mssql-58b6bff865-xdxx8 -o yaml
```

运行结果如图 8-56 所示。

图 8-56

JSON 版的如图 8-57 所示。

（2）查看所有的 Pod

命令如下：

```
kubectl get Pods -o json
```

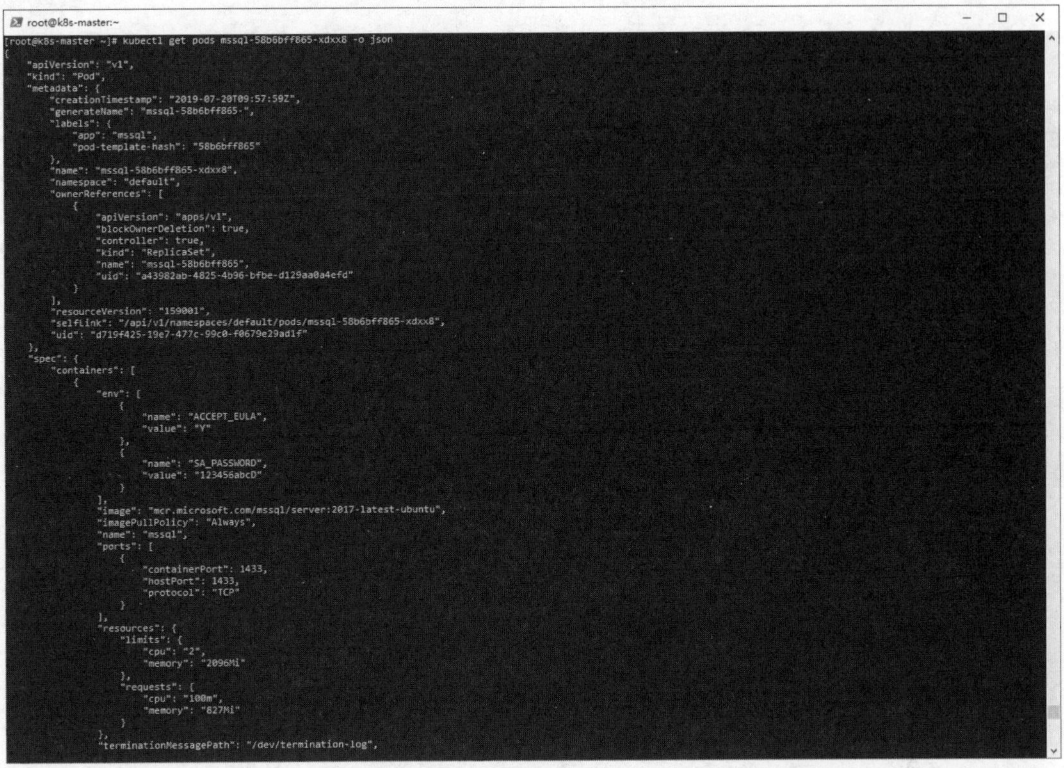

图 8-57

（3）查看服务配置

命令如下：

```
kubectl get svc mssql -o yaml
```

运行结果如图 8-58 所示。

图 8-58

（4）查看部署（deployment）配置

命令如下：

```
kubectl get deployments mssql -o yaml
```

运行结果如图 8-59 所示。

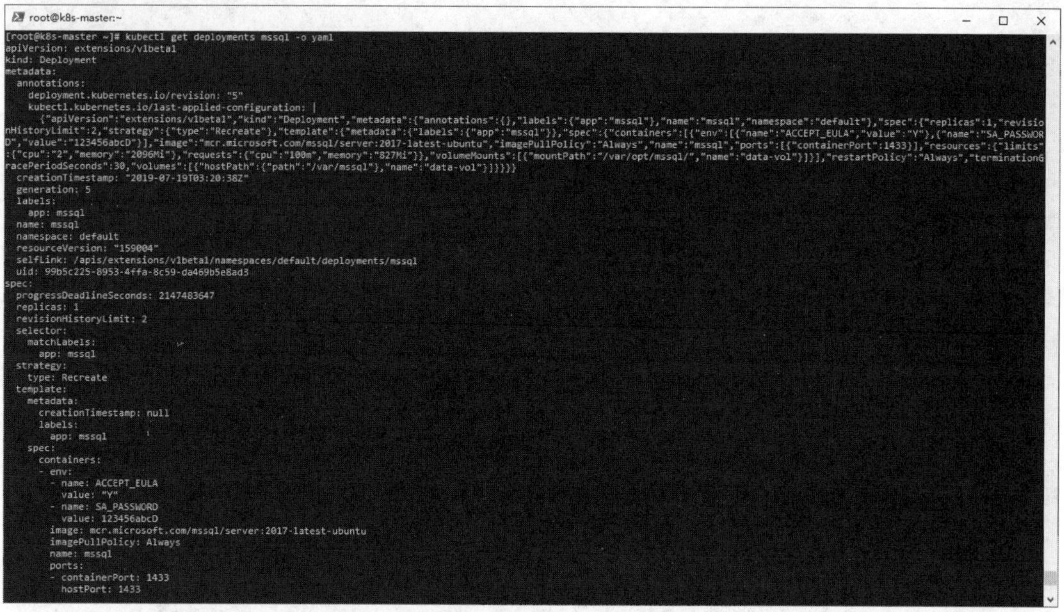

图 8-59

<table>
<tr><td colspan="2" align="center">注　意</td></tr>
<tr><td>只要 "-o" 用得好，就不用担心不会写 yaml 了。</td></tr>
</table>

8.6.3　容器调测

有时仅看日志还无法给出具体诊断，可能要进行进一步检查调测才能论证我们的猜想，推荐使用以下方案。

1. 使用 "kubectl exec" 进入运行中的容器进行调测

"kubectl exec" 命令和 "docker exec" 类似，具体语法如下：

```
kubectl exec (POD | TYPE/NAME) [-c CONTAINER] [flags] -- COMMAND [args...]
[options]
```

主要的参数说明如表 8-11 所示。

表 8-11　kubectl exec 命令的主要参数

参数	说明
-c, --container	指定容器名称
-i, --stdin	启用标准输入
--tty, -t	分配伪TTY（终端设备）

接下来我们结合示例进行说明。

（1）进入容器查看配置（见图 8-60），命令如下：

```
kubectl exec mssql-58b6bff865-xdxx8 -- cat /etc/resolv.conf
```

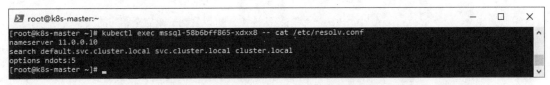

图 8-60

（2）进入容器分配终端并将标准输入流转到 bash，命令如下：

```
kubectl exec mssql-58b6bff865-xdxx8 -it bash
```

如图 8-61 所示，我们进入 MSSQL 数据库的容器之后使用 sqlcmd 工具执行了一个查询。这块操作如有疑问，请参阅数据库容器化部分的内容。

图 8-61

2. 使用 kubectl-debug 工具调测容器

kubectl-debug 是一个简单的开源 kubectl 插件，可以帮助我们便捷地进行 Kubernetes 上的 Pod 排障诊断，背后做的事情很简单：在运行中的 Pod 上额外起一个新容器，并将新容器加入目标容器的 pid、network、user 以及 ipc namespace 中。这时我们就可以在新容器中直接用 netstat、tcpdump 这些熟悉的工具来诊断和解决问题了，而旧容器可以保持最小化，不需要预装任何额外的排障工具。

GitHub 地址为 https://github.com/aylei/kubectl-debug，安装脚本如下（CentOS 7）：

```
export PLUGIN_VERSION=0.1.1
# Linux x86_64,下载文件
curl -Lo kubectl-debug.tar.gz https://github.com/aylei/kubectl-debug/
releases/download/v${PLUGIN_VERSION}/kubectl-debug_${PLUGIN_VERSION}_linux_amd
64.tar.gz
#解压
tar -zxvf kubectl-debug.tar.gz kubectl-debug
#移动到用户的可执行文件目录
sudo mv kubectl-debug /usr/local/bin/
```

为了调试更快、更方便，我们还需要安装 debug-agent DaemonSet，命令如下：

```
kubectl apply -f https://raw.githubusercontent.com/aylei/kubectl-debug/
master/scripts/agent_daemonset.yml
```

使用起来非常简单，常用示例如下：

```
# 输出帮助命令
kubectl debug -h
```

```
# 启动 Debug
kubectl debug (POD | NAME)

# 假如 Pod 处于 CrashLookBackoff 状态无法连接，可以复制一个完全相同的 Pod 来进行诊断
kubectl debug (POD | NAME) --fork

# 假如 Node 没有公网 IP 或无法直接访问(防火墙等原因)，请使用 port-forward 模式
kubectl debug (POD | NAME) --port-forward --daemonset-ns=kube-system
--daemonset-name=debug-agent
```

接下来，我们使用该工具调试一个已有 Pod：

```
kubectl debug teamcity-5997d4fc7f-ldt8w
```

执行该命令后，会自动拉取相关镜像，创建容器开启 TTY 并进入容器内部，还自带一些常用工具。这里我们使用 nslookup 命令来测试 Pod 内的外网域名（比如 xin-lai.com）解析，如图 8-62 所示。

图 8-62

这样就不用每次为了调测网络问题、应用问题而安装各种工具了。费时费力不说，有时网络还不通。

8.6.4　对症下药

根据"听诊"步骤，我们需要先获得具体的情报才能对症下药。比如 Pod 为什么没有调度，是资源（CPU、内存等）不足还是所有节点均不满足调度要求（比如指定了"nodeName"，要求 Pod 强制调度到某个节点，而该节点宕机）。只有知道了具体原因，我们才能针对具体情况进行调整和处理，直到解决问题。

一般来说，大家遇到的 Pod 问题比较多，这里做个经验总结。

（1）Pod 一直处于 Pending 状态

Pending 一般情况下表示这个 Pod 没有被调度到一个节点上，通常使用"kubectl describe"命令来查看 Pod 事件以得到具体原因。通常情况下，这是因为资源不足引起的。

如果是资源不足，那么解决方案有：

● 添加工作节点。

- 移除部分 Pod 以释放资源。
- 降低当前 Pod 的资源限制。

（2）Pod 一直处于 Waiting 状态，经诊断判为镜像拉取失败

如果一个 Pod 卡在 Waiting 状态，就表示这个 Pod 已经调试到节点上，但是没有运行起来。解决方案有：

- 检查网络问题。若是网络问题，则保障网络通畅，可以考虑使用代理或国际网络（部分域名在国内网络无法访问，比如"k8s.gcr.io"）。
- 如果是拉取超时，可以考虑使用镜像加速器（比如使用阿里云或腾讯云提供的镜像加速地址），也可以考虑适当调整超时时间。
- 尝试使用 docker pull <image> 来验证镜像是否可以正常拉取。

（3）Pod 一直处于 CrashLoopBackOff 状态，经检查判为健康检查启动超时而退出

CrashLoopBackOff 状态说明容器曾经启动但又异常退出了，通常此 Pod 的重启次数是大于 0 的。解决方案有：

- 重新设置合适的健康检查阈值。
- 优化容器性能，提高启动速度。
- 关闭健康检查。

（4）出现大量状态为"Evicted"的 Pod

Evicted 即驱赶的意思，当节点 NotReady（节点宕机或失联）或资源不足时就会将 Pod 驱逐到其他节点。

解决方案有：

- 排查节点异常。
- 排查资源问题，扩充资源或释放其他资源。
- 可使用以下命令批量删除已有的"Evicted"状态的 Pod：

```
kubectl get Pods | grep Evicted | awk '{print $1}' | xargs kubectl delete Pod
```

8.6.5　部分常见问题处理

结合上面的集群部署步骤以及本节的处理思路和手段，接下来我们结合几个示例来进行讲解。

1. 镜像源问题

从上面的部署步骤可以看出，网络一直是一个很大的问题，要么导致镜像拉取非常缓慢，要么直接拉取失败。这样就给我们在部署和使用 Kubernetes 时带来了极大的不便，因此有时候我们需要使用到一些国内的镜像源。

（1）Azure 中国镜像源

- Azure 中国镜像源地址：http://mirror.azure.cn/。
- Azure 中国镜像源 GitHub 地址：https://github.com/Azure/container-service-for-azure-china。

具体使用如表 8-12 所示。

表 8-12　Azure 中国镜像源使用格式

原始域名	Azure中国域名	格式	示例
docker.io	dockerhub.azk8s.cn	dockerhub.azk8s.cn/<repo-name>/<image-name>:<version>	dockerhub.azk8s.cn/microsoft/azure-cli:2.0.61 dockerhub.azk8s.cn/library/nginx:1.15
gcr.io	gcr.azk8s.cn	gcr.azk8s.cn/<repo-name>/<image-name>:<version>	gcr.azk8s.cn/google_containers/kube-apiserver:v1.15.1
quay.io	quay.azk8s.cn	quay.azk8s.cn/<repo-name>/<image-name>:<version>	quay.azk8s.cn/coreos/kube-state-metrics:v1.5.0

（2）中科大镜像源

- 中科大镜像源地址：http://mirrors.ustc.edu.cn/。
- 中科大镜像源 GitHub 地址：https://github.com/ustclug/mirrorrequest。

具体使用如表 8-13 所示。

表 8-13　中科大镜像源使用格式

原始域名	中科大域名	格式	示例
docker.io	docker.mirrors.ustc.edu.cn	docker.mirrors.ustc.edu.cn/<repo-name>/<image-name>:<version>	docker.mirrors.ustc.edu.cn/library/mysql:5.7
gcr.io	gcr.mirrors.ustc.edu.cn	gcr.mirrors.ustc.edu.cn/<repo-name>/<image-name>:<version>	gcr.mirrors.ustc.edu.cn/google_containers/kube-apiserver:v1.15.1
quay.io	quay.mirrors.ustc.edu.cn	quay.mirrors.ustc.edu.cn/<repo-name>/<image-name>:<version>	quay.mirrors.ustc.edu.cn/coreos/kube-state-metrics:v1.5.0

2. Coredns CrashLoopBackOff 导致无法成功添加工作节点的问题

k8s 集群安装完成之后，当我们添加工作节点时可能会在长久的等待之中（无任何进展），这时可以使用以下命令来查看 k8s 各个服务的状态：

```
kubectl get Pods -n kube-system -o wide
```

运行结果如图 8-63 所示。

图 8-63

初步诊断容器崩溃，我们需要进一步查看日志，使用"kubectl logs"：

```
kubectl log -f coredns-5c98db65d4-8wt9z -n kube-system
```

这次我们获得了以下具体错误：

```
github.com/coredns/coredns/plugin/kubernetes/controller.go:322: Failed to
list *v1.Namespace: Get
https://10.96.0.1:443/api/v1/namespaces?limit=500&resourceVersion=0: dial tcp
10.96.0.1:443: connect: no route to host
```

这种问题很有可能是防火墙（iptables）规则错乱或者缓存导致的，可以依次执行以下命令进行解决：

```
systemctl stop kubelet
systemctl stop docker
iptables --flush
iptables -tnat --flush
systemctl start kubelet
systemctl start docker
```

3．添加工作节点时提示 token 过期

集群注册 token 的有效时间为 24 小时，如果集群创建完成后没有及时添加工作节点，那么我们需要重新生成 token。相关命令如下：

```
#生成 token
kubeadm token generate
#根据 token 输出添加命令
kubeadm token create <token> --print-join-command --ttl=0
```

运行结果如图 8-64 所示。

```
[root@k8s-master ~]# kubeadm token generate
b5blrk.vz44m5js88z2ow2q
[root@k8s-master ~]# kubeadm token create b5blrk.vz44m5js88z2ow2q --print-join-command --ttl=0
kubeadm join 172.16.2.201:6443 --token b5blrk.vz44m5js88z2ow2q        --discovery-token-ca-cert-hash sha256:c
78ce723310a455a5d9fa7a11aee99f428d46d207bb20b648390325f2b56e34a
[root@k8s-master ~]#
```

图 8-64

然后仅需将打印出来的命令复制到工作节点执行即可。

4．kubectl 执行命令报错"The connection to the server localhost:8080 was refused"

作为集群管理的核心，工作节点上的 kubectl 可能会一上来就报错，如图 8-65 所示。

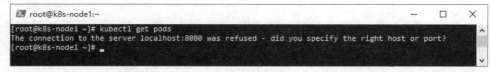

图 8-65

出现这个问题的原因是 kubectl 命令需要使用 kubernetes-admin 的身份来运行，在"kubeadm int"启动集群的步骤中就生成了"/etc/kubernetes/admin.conf"。可以将主节点中的"/etc/kubernetes/admin.conf"文件复制到工作节点相同目录下：

```
#复制 admin.conf，请在主节点服务器上执行此命令
scp /etc/kubernetes/admin.conf 172.16.2.202:/etc/kubernetes/admin.conf
scp /etc/kubernetes/admin.conf 172.16.2.203:/etc/kubernetes/admin.conf
```

运行结果如图 8-66 所示。

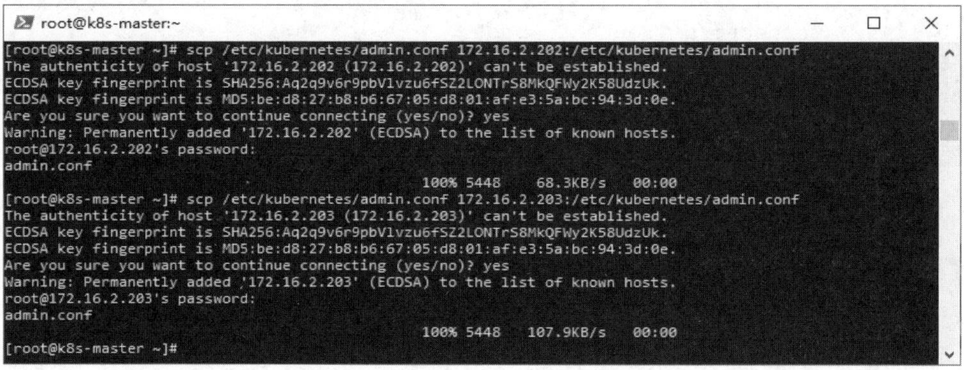

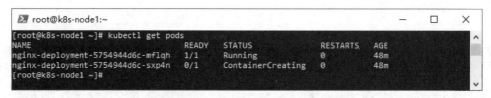

图 8-66

然后分别在工作节点上配置环境变量：

```
#设置 kubeconfig 文件
export KUBECONFIG=/etc/kubernetes/admin.conf
echo "export KUBECONFIG=/etc/kubernetes/admin.conf" >> ~/.bash_profile
```

之后，工作节点就正常了，如图 8-67 所示。

图 8-67

5. 网络组件 flannel 无法完成初始化

网络组件 flannel 安装完成后，通过命令查看时一直在初始化状态，并且通过日志输出的内容如下所示：

```
kubectl get Pods -n kube-system -o wide
kubectl logs -f kube-flannel-ds-amd64-hl89n -n kube-system
```

运行结果如图 8-68 所示。

图 8-68

具体错误日志为：

Error from server: Get
https://172.16.2.203:10250/containerLogs/kube-system/kube-flannel-ds-amd64-hl8
9n/kube-flannel?follow=true: dial tcp 172.16.2.203:10250: connect: no route to host

这时，我们可以登录节点所在的服务器，使用以下命令来查看目标节点上的 kubelet 日志：

```
journalctl -u kubelet -f
```

运行结果如图 8-69 所示。

图 8-69

注　意

journalctl 工具可以查看所有日志，包括内核日志和应用日志。

通过日志，我们发现是镜像拉取的问题。对此，大家可以参考前面镜像拉取的方式以及重命名镜像标签来解决此问题。当然，也可以通过设置代理来解决此问题。

6. 部分节点无法启动 Pod

有时候，我们部署了应用之后发现在部分工作节点上 Pod 无法启动（一直处于 ContainerCreating 的状态），如图 8-70 所示。

图 8-70

排查日志，最终我们可能得到如下重要信息：

```
NetworkPlugin cni failed to set up Pod
"demo-deployment-675b5f9477-hdcwg_default" network: failed to set bridge addr:
"cni0" already has an IP address different from 10.0.2.1/24
```

这是由于当前节点之前被反复注册，导致 flannel 网络出现了问题。可以依次执行以下脚本来重置节点并删除 flannel 网络来解决：

```
kubeadm reset        #重置节点
systemctl stop kubelet && systemctl stop docker && rm -rf /var/lib/cni/ && rm
-rf /var/lib/kubelet/* && rm -rf /var/lib/etcd && rm -rf /etc/cni/ && ifconfig cni0
down && ifconfig flannel.1 down && ifconfig docker0 down && ip link delete cni0
&& ip link delete flannel.1
systemctl start kubelet
systemctl start docker0
```

执行完成后，重新生成 token 并注册节点即可，具体可以参考前面的内容。

8.6.6 小结

在 k8s 集群的部署过程中或之后，大家一定会遇到很多问题，比如环境配置、网络配置、网络问题、k8s 版本问题等。这也是本地部署 k8s 集群遇到的最大的挑战质疑，因此在这里讲述了问题处理思路和常见错误，希望能够给予大家帮助。

如果通过详细异常和日志还是无法推断出具体错误，建议大家根据具体信息在"https://stackoverflow.com"网站上进行搜索，或者在相关社交网站（比如 GitHub）和群里请教。不过在请教之前，要给出诊断步骤和详细的错误日志。

Kubernetes 集群故障或者 Pod 问题的原因多而杂，大部分情况下无法照搬，希望大家遇到问题时能够冷静思考，建立处理问题的思路，逐步分析，直至找到根本原因并进行解决。

第9章

将应用部署到 Kubernetes 集群

集群部署好了，我们该如何将应用部署到 k8s 呢？如何通过 k8s 伸缩和回滚应用？如何访问 k8s 应用？接下来，进行相关的实践！

本章将从 k8s 应用部署开始，讲述其部署流程以及简单的部署示例，然后结合实践讲解应用伸缩（包括自动伸缩）和回滚的相关命令与语法；接着通过实例讲解如何通过 Service、Ingress 在集群内/外部访问 k8s 应用；最后讲述使用 Helm 简化 k8s 应用的部署。

本章主要包含以下内容：

- 使用 kubectl 部署应用以及其语法、部署流程和实践；
- k8s 应用的伸缩、自动伸缩和回滚；
- Service 的类型以及如何通过 Service 访问应用；
- 使用 Ingress 负载分发微服务；
- 结合实践讲解 Kubernetes 包管理工具——Helm。

9.1　使用 kubectl 部署应用

一旦运行了 Kubernetes 集群，就可以在其上部署容器化应用程序。因此，在开始之前，我们需要先确保集群已经准备就绪，无论是使用 Minikube 还是 kubeadm 创建的集群。

接下来，我们使用 Deployment 对象来部署一个简单网站。

9.1.1　kubectl 部署流程

使用 kubectl 的部署流程如图 9-1 所示。

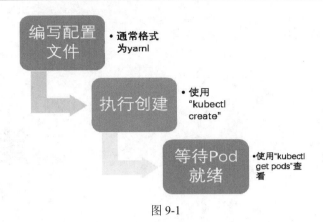

图 9-1

接下来我们根据这个流程部署一个简单的 Demo 网站。

9.1.2 部署一个简单的 Demo 网站

这里，我们可以通过创建 Kubernetes Deployment 对象来运行应用程序。我们需要编写一个
YAML 文件来定义 Deployment 对象。

1. 编写 Deployment 对象的配置文件

在开始之前，我们需要对 Deployment 对象的配置有初步的了解。官方介绍文档网址如下：

https://kubernetes.io/docs/reference/generated/kubernetes-api/v1.15/#deployment-v1-apps

根据官方标准，我们定义一个简单的 Deployment 配置：

```
apiVersion: apps/v1 #API 对象版本，可通过 "kubectl api-versions" 命令查看
#资源类型，区分大小写，可通过 "kubectl api-resources" 命令查看，这里使用 Deployment 对象
kind: Deployment
metadata: #标准的元数据
  name: demo-deployment  #当前 Deployment 对象名称，同一个命名空间下必须唯一
spec: #部署规范（目标），Deployment 控制器会根据此模板调整当前 Pod 到最终的期望状态
  replicas: 5  # Pod 数量，这里指运行 5 个 Pod
  selector: #选择器，其定义了 Deployment 控制器如何找到要管理的 Pod
    matchLabels:  #匹配标签
      app: demo     #待匹配的标签键值对
  template:  # Pod 模板定义
    metadata: #标准的元数据
      labels: #Pod 标签
        app: demo #定义 Pod 标签，由键值对组成
    spec: #Pod 规范
      containers: #容器列表，Pod 中至少有一个容器
      - name: demo   #容器名称
        image: microsoft/dotnet-samples:aspnetapp #镜像地址
        ports:  #端口列表
        - containerPort: 80 #设置容器端口
```

如上面的定义所示，我们定义了一个简单的部署示例。它将创建一个 ReplicaSet 对象，以利用
复制控制器创建 5 个 Pod 来运行 "dotnet-samples"。

2. 使用 "kubectl create" 执行资源创建

YAML 文件准备好了，接下来执行资源创建命令：

```
kubectl create -f deployment-demo.yaml
```

运行结果如图 9-2 所示。

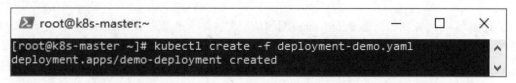

图 9-2

结合配置，说明几个重点：

- 如上面的配置所示，部署名称为 "demo-deployment"。
- 此部署对象将创建 5 个复制的 Pod，由 replicas 字段决定。如图 9-3 所示，该部署创建了 5 个 Pod。
- selector 字段定义了 Deployment 控制器如何找到要管理的 Pod，所以标签的键值对一定不能出错。
- template 字段定义了 Pod 模板，其子字段 labels 定义了 Pod 的标签，spec 字段定义了容器。
- 通常推荐使用 "kubectl apply" 命令替代 "kubectl create"，因为 "kubectl apply" 既能创建 Kubernetes 资源，也能对资源进行更新，属于声明式对象配置管理，比命令式对象配置管理更易于理解和使用。

执行创建部署之后，我们可以通过命令 "kubectl get Deployment demo-deployment" 来检查部署对象是否已经创建、部署是否已经完成。

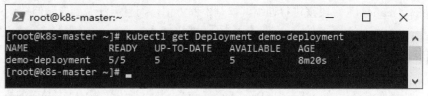

图 9-3

图 9-3 中的字段含义如下：

- READY：代表是否已就绪，左侧数字表示当前已运行的副本数，右侧表示所需的副本数。
- UP-TO-DATE：表示已更新实现预期状态的副本数。
- AVAILABLE：表示用户可以使用的应用程序副本数。
- AGE：表示应用已运行的时间。

通常可以运行以下命令来查看副本集（ReplicaSet）对象：

```
kubectl get ReplicaSets -lapp=demo
```

运行结果如图 9-4 所示。

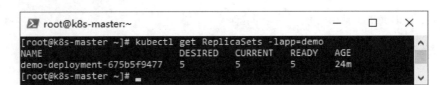

图 9-4

通过图 9-4 可知,我们创建 Deployment 对象的过程实际上就是生成对应的副本集对象(Replica Set)并完成 Pod 副本的创建过程。

值得注意的是,副本集的名称格式为[部署名称]-[随机字符串]。随机字符串是随机生成的,并使用 pod-template-hash 作为种子。如何查看 pod-template-hash 呢?使用如下命令即可:

```
kubectl get Pods -lapp=demo --show-labels
```

运行结果如图 9-5 所示,说明 5 个 Pod 部署完成。

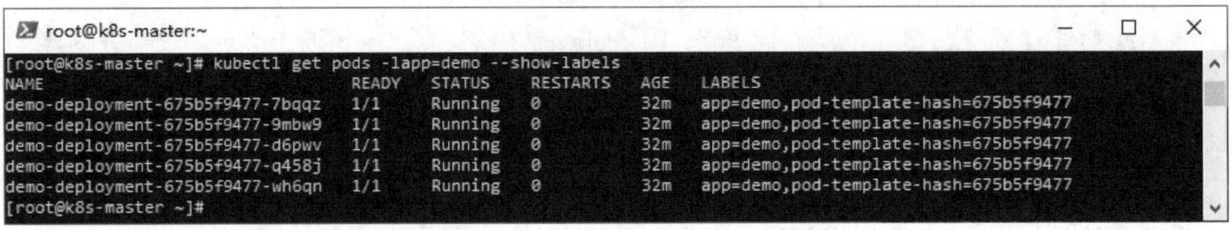

图 9-5

9.2　应用伸缩和回滚

所谓伸缩,是指在线实时增加或减少 Pod 的副本数量。虽然我们可以通过修改 Deployment 的 YAML 文件的"replicas"字段来进行伸缩,但是不够方便,而且无法做到自动伸缩。

9.2.1　使用"kubectl scale"命令来伸缩应用

在第 8 章,我们已经简单介绍过"kubectl scale"命令,其用于设置新的 Deployment、ReplicaSet、Replication Controller 或者 Job 副本数量,具体语法如下:

```
kubectl scale [--resource-version=version] [--current-replicas=count]
--replicas=COUNT (-f FILENAME | TYPE NAME)
```

在 9.1 节,我们通过 Deployment 部署了一个 Demo 网站,产生了 5 个副本集。现在基于此示例来进行讲解。

将副本集数量设置为 3(缩放):

```
kubectl scale --replicas=3 deployment/demo-deployment
```

如此简单,已完成缩放过程,结果如图 9-6 所示。

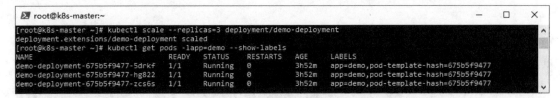

图 9-6

扩展和缩放一样，只需要设置好相应的副本集数量即可，这里就不举例了。除了以上方式，我们还可以通过以下方式进行伸缩：

```
#将 ReplicaSet 为"demo-deployment-675b5f9477"的副本数设置为3
kubectl scale --replicas=3 rs/demo-deployment-675b5f9477

#将由"demo.yaml"指定的资源缩放为3
kubectl scale --replicas=3 -f demo.yaml
```

每次都需要手动操作，太麻烦，如何自动伸缩呢？

9.2.2　使用"kubectl autoscale"命令来自动伸缩应用

"kubectl autoscale"命令可以创建一个自动调节器，用于自动设置 Deployment、ReplicaSet、StatefulSet 或 ReplicationController 的 Pod 数量，具体语法如下：

```
kubectl autoscale (-f FILENAME | TYPE NAME | TYPE/NAME) [--min=MINPODS]
--max=MAXPODS [--cpu-percent=CPU]
```

相关的使用也非常简单，比如使用自动的扩展策略来伸缩：

```
#自动扩展部署"demo-deployment"，其中 Pod 数在 2 到 10 之间
#由于未指定目标 CPU 利用率，因此将使用默认的自动扩展策略
kubectl autoscale deployment/demo-deployment --min=2 --max=10

#自动扩展部署"demo-deployment"，其中 Pod 数在 1 到 5 之间，目标 CPU 利用率为 70%
kubectl autoscale deployment/demo-deployment -max=5 --cpu-percent=70
```

9.2.3　使用"kubectl run"命令快速运行应用

对于一些简单的部署，使用 YAML 创建资源相对来说有点麻烦。有没有简单的方式呢？那就是直接使用"kubectl run"命令来快速运行容器应用，其会自动创建相关的部署（Deployment）对象，如以下示例所示：

```
kubectl run mssqldemo --image=mcr.microsoft.com/mssql/server:2017-latest
--env "ACCEPT_EULA=Y" --env "SA_PASSWORD=123456abcD"
```

执行完成后，我们可以看到相关容器已经运行起来，如图 9-7 所示。

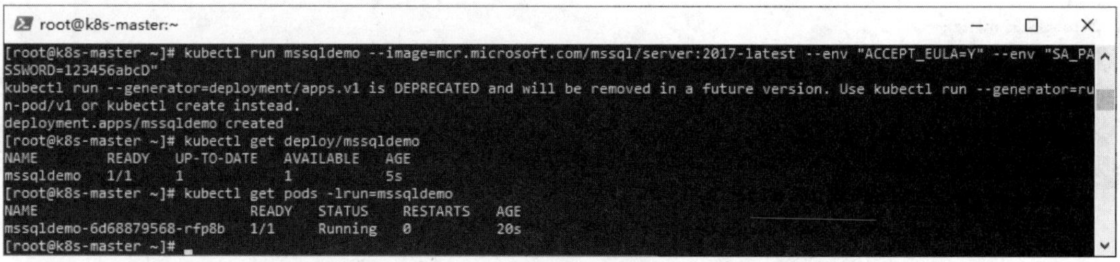

图 9-7

如上述命令所示，使用"kubectl run"命令之后，会自动创建一个名为"mssqldemo"的部署对象，可以通过命令"kubectl get deploy/mssqldemo"进行查看。值得注意的是，相关的 Pod 均会包含标签"run=mssqldemo"。其中，"deploy"为"deployment"的简写（相关简写可以通过命令"kubectl api-resources"进行查看）。对于一些简单的部署，使用"kubectl run"命令会方便许多。其语法如下：

```
kubectl run NAME --image=image [--env="key=value"] [--port=port]
[--replicas=replicas] [--dry-run=bool] [--overrides=inline-json] [--command] --
[COMMAND] [args...]
```

主要参数说明如下：

- --image: 设置镜像。
- --env: 设置一个或多个环境变量。
- --port: 设置端口。
- --replicas: 设置副本集数量。
- --dry-run: 若设置为 true，则仅打印相关操作，并不执行。
- --overrides: 通过 JSON 定义重写相关资源对象的设置，必须设置"apiVersion"字段。
- --command: 若设置为 true，则需提供额外参数，可作为容器的"command"字段。

9.2.4 使用"kubectl set"命令更新应用

"kubectl set"命令用于配置已经存在的资源对象。常用的子命令如下所示。

- env: 修改环境变量

语法：

```
kubectl set env RESOURCE/NAME KEY_1=VAL_1 ... KEY_N=VAL_N
```

示例：

```
#修改部署对象"mssqldemo"的环境变量
kubectl set env deployment/mssqldemo SA_PASSWORD=123456

#列出当前部署对象"mssqldemo"的环境变量
kubectl set env deployment/mssqldemo --list
```

执行结果如图 9-8 所示。

```
root@k8s-master:~                                                          —    □    ×
[root@k8s-master ~]# kubectl set env deployment/mssqldemo SA_PASSWORD=123456
deployment.extensions/mssqldemo env updated
[root@k8s-master ~]# kubectl set env deployment/mssqldemo --list
# Deployment mssqldemo, container mssqldemo
ACCEPT_EULA=Y
SA_PASSWORD=123456
```

图 9-8

- image: 设置镜像

语法:

```
kubectl set image (-f FILENAME | TYPE NAME)
CONTAINER_NAME_1=CONTAINER_IMAGE_1 ... CONTAINER_NAME_N=CONTAINER_IMAGE_N
```

示例:

```
# 将部署对象 "mssqldemo" 的镜像更新为
# "mcr.microsoft.com/mssql/server:2019-CTP3.2- ubuntu"
kubectl set image deployment/mssqldemo
mssqldemo=mcr.microsoft.com/mssql/server:2019-CTP3.2-ubuntu
```

- resources: 设置计算资源限制

语法:

```
kubectl set resources (-f FILENAME | TYPE NAME) ([--limits=LIMITS &
--requests=REQUESTS]
```

示例:

```
#设置容器 "mssqldemo" 初始资源分配和最大资源限制
kubectl set resources deployment/mssqldemo -c=mssqldemo
--limits=cpu=200m,memory=3Gi --requests=cpu=100m,memory=2048Mi
#将容器 "mssqldemo" 的资源限制移除（设置为 0 则不做任何限制）
kubectl set resources deployment/mssqldemo -c=mssqldemo
--limits=cpu=0,memory=0 --requests=cpu=0,memory=0
```

- serviceaccount: 设置服务账户

语法:

```
kubectl set serviceaccount (-f FILENAME | TYPE NAME) SERVICE_ACCOUNT
```

示例:

```
#将部署对象 "mssqldemo" 的服务账户设置为 "serviceaccount1"
kubectl set serviceaccount deployment/mssqldemo serviceaccount1
```

- subject: 设置 RoleBinding/ClusterRoleBinding 中的 User、Group 或 ServiceAccount

语法:

```
kubectl set subject (-f FILENAME | TYPE NAME) [--user=username]
[--group=groupname] [--serviceaccount=namespace:serviceaccountname] [--dry-run]
```

示例:

```
#更新 ClusterRoleBinding 的 ServiceAccount
kubectl set subject clusterrolebinding admin
```

```
--serviceaccount=namespace:serviceaccount1
```

```
#更新 RoleBinding 的 User 和 Group
kubectl set subject rolebinding admin --user=user1 --user=user2 --group=group1
```

9.2.5 使用"kubectl rollout"命令回滚应用

使用"kubectl set image"修改部署对象"mssqldemo"的镜像时，发现错误或者功能不符合预期，应该如何回滚呢？

结合 9.2.4 节内容，我们先后执行以下脚本：

```
#运行 mssqldemo
kubectl run mssqldemo --image=mcr.microsoft.com/mssql/server:2017-latest
--env=ACCEPT_EULA=Y --env=SA_PASSWORD=123456abcD --record=true
#将镜像修改为"mcr.microsoft.com/mssql/server:2019-CTP3.2-ubuntu"
kubectl set image deployment/mssqldemo
mssqldemo=mcr.microsoft.com/mssql/server:2019-CTP3.2-ubuntu --record=true
```

如上述脚本所示，我们运行了一个 mssqldemo 容器，并且之后修改了镜像版本。值得注意的是，"--record"参数用于记录当前执行的命令，以便于进行版本切换。

接下来，我们可以使用"kubectl rollout"命令来完成本节操作。

步骤 01 查看版本历史：

```
#查看部署对象"mssqldemo"的版本历史
kubectl rollout history deployment/mssqldemo
```

执行之后，可以看到当前存在两个版本，并且列出了当前执行的命令（与"--record"参数有关），如图 9-9 所示。

图 9-9

步骤 02 回滚到上一个版本：

```
#将部署对象"mssqldemo"回滚到上一个版本
kubectl rollout undo deployment/mssqldemo
```

```
#查看回滚状态
kubectl rollout status deployment/mssqldemo
```

```
#利用 Go 模板打印当前容器所使用的镜像名称，注意换行符的拼接
kubectl get Pods -lrun=mssqldemo -o go-template
--template='{{range .items}}{{range .spec.containers}}{{printf
"%s\n" .image}}{{end}}{{end}}'
```

回滚成功，如图 9-10 所示。

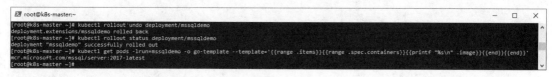

图 9-10

步骤 03　回滚到指定版本。除了回滚到上一个版本，还可以回滚到指定版本：

```
#回滚到第二个版本
kubectl rollout undo deployment/mssqldemo --to-revision=2
```

9.3　通过 Service 访问应用

通过上面的操作，我们基本上掌握了有关应用的操作，但是如何访问这些应用呢？

9.3.1　通过 Pod IP 访问应用

我们可以通过 Pod IP 来访问刚才部署的网站，但是前提是需要知道 Pod IP。我们可以通过 "kubectl get" 命令的参数 "-o wide" 来输出相关的信息，比如 Pod IP：

```
kubectl get Pods -lapp=demo -o wide
```

运行结果如图 9-11 所示。

```
[root@k8s-master ~]# kubectl get pods -lapp=demo -o wide
NAME                               READY   STATUS    RESTARTS   AGE    IP           NODE        NOMINATED NODE   READINESS GATES
demo-deployment-675b5f9477-7bqqz   1/1     Running   0          36m    10.0.2.12    k8s-node1   <none>           <none>
demo-deployment-675b5f9477-9mbw9   1/1     Running   0          36m    10.0.2.11    k8s-node1   <none>           <none>
demo-deployment-675b5f9477-d6pwv   1/1     Running   0          36m    10.0.2.10    k8s-node1   <none>           <none>
demo-deployment-675b5f9477-q458j   1/1     Running   0          36m    10.0.2.14    k8s-node1   <none>           <none>
demo-deployment-675b5f9477-wh6qn   1/1     Running   0          36m    10.0.2.13    k8s-node1   <none>           <none>
[root@k8s-master ~]#
```

图 9-11

如果网络是通畅的，就可以在任意节点上访问应用，如图 9-12 所示。

```
curl --head http://10.0.2.12
```

```
[root@k8s-master ~]# curl --head http://10.0.2.12
HTTP/1.1 200 OK
Date: Mon, 22 Jul 2019 12:57:33 GMT
Content-Type: text/html; charset=utf-8
Server: Kestrel
```

图 9-12

我们使用 curl 以 get 方式请求 demo 应用，返回请求头为 200，表示我们已经成功访问了 Demo。如果不太相信，可以通过安装了 UI 界面的 CentOS 节点服务器的浏览器访问这些 Pod IP，如图 9-13 所示。

图 9-13

虽然通过 Pod IP 成功地访问到了应用，但是 Pod 有"生老病死"，如果"死"了，那么该如何访问呢？Deployment 会重建么？我们来试一试：

```
kubectl delete Pods -lapp=demo
kubectl get Pods -lapp=demo -o wide
```

运行结果如图 9-14 所示。

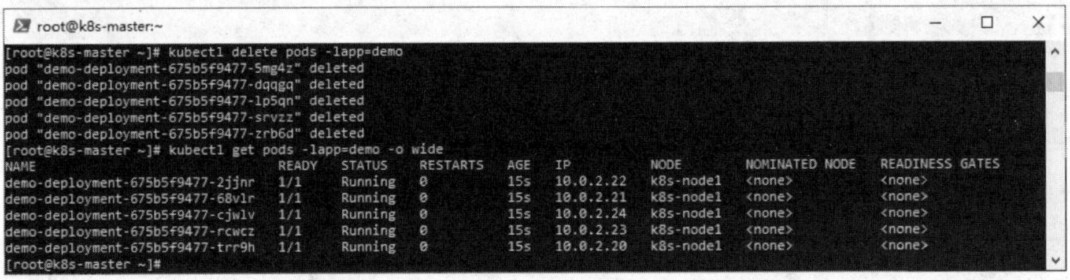

图 9-14

很不幸的是，Pod IP 变掉了，也就意味着 Pod IP 会随着 Pod 的"生老病死"而发生变化。而且，如果直接使用 Pod IP，那么多个 Pod 也会变得毫无意义。我们到底应该如何来访问应用呢？

9.3.2 通过 ClusterIP Service 在集群内部访问

为了让应用能够稳定地输出，Service 应运而生。

Service 在 Kubernetes 中是一个抽象的概念，定义了一组逻辑上的 Pod 和一个访问它们的策略（通常称之为微服务）。Service 通过标签选择器来绑定一组 Pod 的 EndPoints（端点）对象，当

Pod 的 IP 发生变化时，EndPoints 也随之变化。当 Service 接到请求时，就能通过 EndPoints 找到请求转发的目标 Pod 地址。也就是说，通常情况下，Service 定义了集群 IP 和端口，EndPoints 则维护了一组 Pod IP 和端口。

了解了这些，接下来我们使用 ClusterIP Service 来访问刚才的 Demo 应用。

ClusterIP Service 是默认的 Service 类型，其通过集群的内部 IP 暴露服务，因此仅能在集群内部访问，常用于数据库等应用。

这里，我们定义一个简单的 Service 集群 IP 配置：

```
apiVersion: v1
kind: Service #资源类型
metadata: #标准元数据
  name: demo-service #服务名称
spec: #规范定义
  type: ClusterIP #服务类型，不填写此字段则默认为 ClusterIP 类型，也就是集群 IP 类型
  selector: #标签选择器
    app: demo #标签
  ports: #端口
  - protocol: TCP #协议，能够支持 TCP 和 UDP
    port: 80  #当前端口
    targetPort: 80 #目标端口
```

接下来，我们执行 Service 的创建并分别查询 Service 和 EndPoints：

```
kubectl create -f clusterIPService.yaml
kubectl get services demo-service -o wide
kubectl get endpoints demo-service -o wide
```

运行结果如图 9-15 所示。

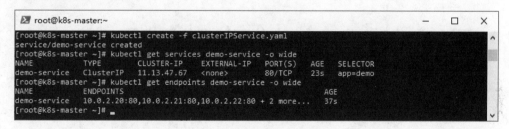

图 9-15

我们创建了集群 IP 为"11.13.47.67"的 Service，端口为 80（通常情况下，我们将 port 和 targetPort 设置为相同的值）。同时，我们可以通过 EndPoints 列表看到 EndPoints 自动绑定了 5 个 Pod IP。接下来我们试试在集群内（节点上）访问，如图 9-16 所示。

注　意
如果我们需要在创建时设置 Service 固定 IP，那么该如何操作呢？可以通过字段"spec.clusterIp"进行设置，其值需要符合 Service IP 段要求。

图 9-16

浏览器非常完美地呈现了 Demo。在集群内可以访问了，如果我们提供对外服务呢？比如我们希望 Demo 被其他电脑访问，以获得用户的赞赏、老板的好评，那么应该如何处理呢？

9.3.3　通过 NodePort Service 在外部访问集群应用

这时我们就可以使用 NodePort 类型的 Service 了。NodePort 服务类型允许在每个节点的 IP（任意节点 IP）上使用静态端口（NodePort）公开服务，我们可以在集群之外通过请求 <NodeIP>:<NodePort> 来访问服务。

YAML 定义如下：

```
kind: Service #资源类型
apiVersion: v1
metadata: #标准元数据
  name: nodeport-service #服务名称
spec: #规范定义
  type: NodePort #服务类型，这里是节点端口
  ports:  #端口列表
    - port: 80  #当前端口
      nodePort: 31001 #节点端口，注意默认的端口范围为"30000-32767"，不要冲突
  selector: #标签选择器
    app: demo
```

接下来，我们执行 Service 的创建并查询 Service：

```
kubectl create -f nodePortService.yaml
kubectl get services nodeport-service
```

运行结果如图 9-17 所示。

图 9-17

我们创建了名为"nodeport-service"的 Service。该 Service 映射"31001"节点端口，并且创建了"11.3.138.104"的集群 IP。也就是说，Service 可以通过"节点 IP:节点端口"或"集群 IP（spec.clusterIp）：端口"进行访问。

接下来，在集群外部的计算机中，我们通过节点 IP 和节点端口（172.16.2.201:31001）即可访问刚刚部署的 Demo 应用，如图 9-18 所示。

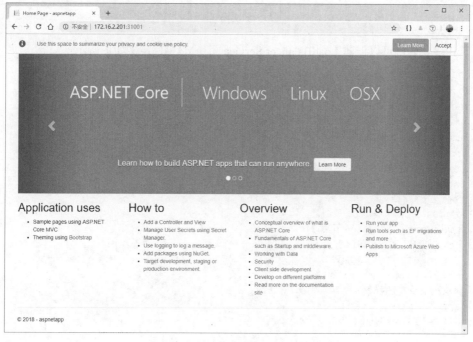

图 9-18

虽然我们可以在外部访问集群中的应用，但是也可以看到该方案有不少不足之处：

（1）每个端口仅能支持一个服务，不能冲突。

（2）端口范围必须为"30000-32767"，非常不友好。

（3）如果节点 IP 发生变化，服务也将无法访问。

因此，用于开发测试还说得过去，用于生产就不太妥了，我们得寻求更佳方案。

9.3.4 通过 LoadBalancer Service 在外部访问集群应用

LoadBalancer Service 是暴露服务到外部（Internet）的标准方式，可以完美地解决我们上面的问题，不过使用之前，我们得有一个 loadBalancerIP——负载均衡 IP。一般的云厂商都能够提供这个服务。这里我们以腾讯云为例进行讲解。

首先，我们需要在腾讯云的 k8s 集群创建一个 Demo Deployment，相关配置参考上文。

接下来，我们需要创建一个负载均衡服务，以便得到负载均衡 IP，如图 9-19 所示。

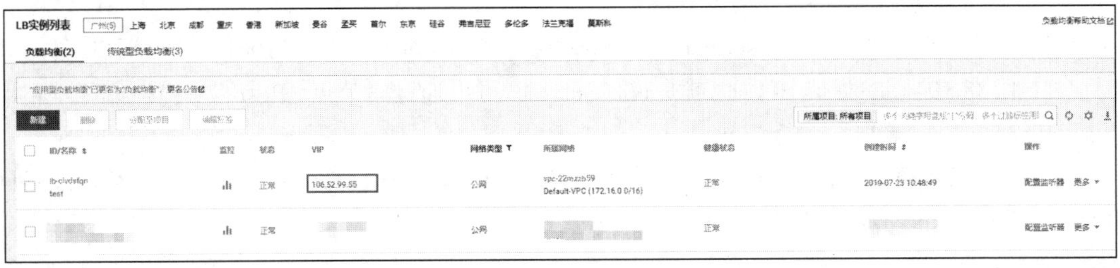

图 9-19

有了 IP，我们就可以创建 LoadBalancer Service 了。YAML 定义如下所示：

```
apiVersion: v1  #api 版本
kind: Service #Service
metadata: #标准元数据
  name: demo  #名称
  namespace: default #命名空间
spec: #规范
  clusterIP: 10.3.255.28 #集群 IP
  loadBalancerIP: 106.52.99.55 #负载均衡 IP
  ports:  #端口列表
  - name: tcp-80-80
    nodePort: 31504 #节点 IP
    port: 80 #Pod 端口
    protocol: TCP #协议
    targetPort: 80 #服务端口
  selector: #选择器
    app: demo
    k8s-app: demo
    qcloud-app: demo
  type: LoadBalancer #服务类型，这里为负载均衡服务类型
```

如上述定义所示，我们创建了 Service，设置集群 IP 为"10.3.255.28"、负载均衡 IP（loadBalancerIP）为"106.52.99.55"、节点端口为"31504"。Service 定义好了以后对负载均衡服务进行配置：配置一个 TCP 监听器，如图 9-20 所示。

图 9-20

接下来，我们就可以尽情访问了：通过节点 IP 和端口访问，如图 9-21 所示；通过负载均衡 IP 访问，如图 9-22 所示；通过绑定域名访问（设置域名解析为负载均衡 IP），如图 9-23 所示。

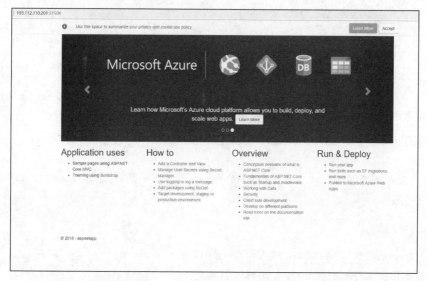

图 9-21

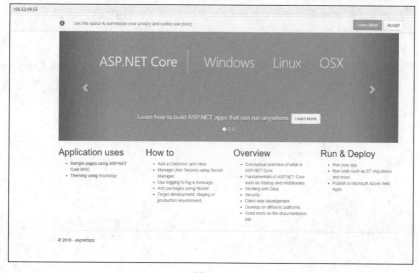

图 9-22

图 9-23

9.3.5　Microsoft SQL Server 数据库实战

为了让大家更好地使用上述对象进行部署，可以使用大家熟知的 Microsoft SQL Server 数据库来进行部署和实战。

（1）部署目标

- 完成 Linux 版本的 Microsoft SQL Server 2017 的部署。
- 使用节点目录 "/var/mssql" 来存储数据库文件。
- 设置初始密码为 "123456abcD"。
- 开放 1433 端口，并且允许外部应用通过节点端口 "30338" 访问数据库。

（2）YAML 定义

接下来，我们需要定义 YAML 文件。根据部署目标，我们确定可以使用 Deployment 对象和 Service 对象来完成本次部署。YAML 文件定义如下：

```
apiVersion: extensions/v1beta1
kind: Deployment
metadata:
  labels:
    app: mssql
  name: mssql #当前 Deployment 对象名称，同一个命名空间下必须唯一
spec:
  replicas: 1 #副本集数量
  revisionHistoryLimit:2#保留的历史记录数，设置为 0 将清理部署的所有历史记录，无法回滚
  strategy:
    type: Recreate
  template:
    metadata:
```

```
        labels:
          app: mssql
      spec:
        containers:
        - env:  #环境变量设置
          - name: ACCEPT_EULA
            value: "Y"
          - name: SA_PASSWORD #sa 密码设置
            value: 123456abcD
          image: mcr.microsoft.com/mssql/server:2017-latest-ubuntu #镜像
          imagePullPolicy: Always
          name: mssql
          ports:
            - containerPort: 1433 #容器端口，SQL Server 数据库默认端口为 1433
          resources:  #资源限制
            limits:
              cpu: "2"
              memory: 2096Mi
            requests:
              cpu: 100m
              memory: 827Mi
          volumeMounts:
          - mountPath: /var/opt/mssql/
            name: data-vol
        restartPolicy: Always
        terminationGracePeriodSeconds: 30 #Pod 结束时等待时长（单位为秒）
        volumes:
          - name: data-vol
            hostPath:   #使用主机目录
              path: /var/mssql
---
apiVersion: v1
kind: Service
metadata:
  labels:
    app: mssql
  name: mssql #服务名称
spec:
  ports:
  - name: tcp-1433-1433
    nodePort: 30338 #节点端口，注意默认的端口范围为 "30000-32767"，不要冲突
    port: 1433   #端口
    protocol: TCP
    targetPort: 1433 #目标端口
  selector: #Pod 标签选择器
    app: mssql
  sessionAffinity: None
  type: NodePort #服务类型，这里是负载均衡类型
```

（3）执行部署

接下来，我们使用命令执行部署：

```
kubectl apply -f mssqlserver.yaml
```

"kubectl apply" 命令既可以创建资源，也可以用于更新资源对象。接下来我们通过命令可以
查看部署状态：

```
kubectl get svc -o wide -lapp=mssql
kubectl get po -o wide -lapp=mssql
kubectl get deployment -o wide -lapp=mssql
```

运行结果如图 9-24 所示。

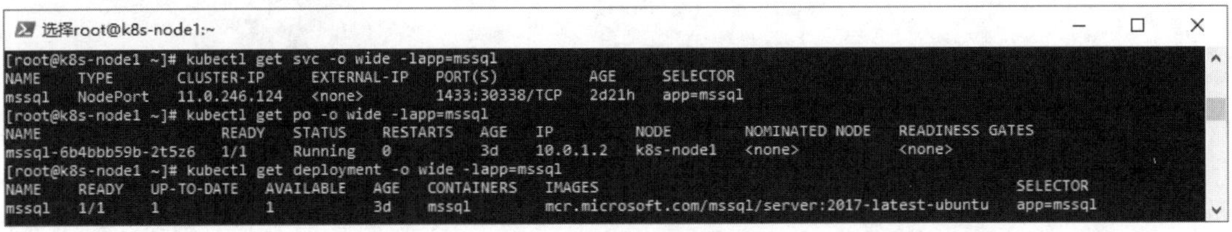

图 9-24

部署已经成功，接下来我们就可以使用管理工具进行连接访问了，如图 9-25 所示。

图 9-25

9.4 使用 Ingress 负载分发微服务

NodePort Service 存在太多缺陷，不适合生产环境。LoadBlancer Service 则不太灵活，比如针对微服务架构，那么不同服务是否需要多个负载均衡服务呢？我们还有其他选择么？有，那就是 Ingress。

Ingress 将集群外部的 HTTP 和 HTTPS 路由暴露给集群中的 Service，相当于集群的入口，而入口规则由 Ingress 定义的规则来控制，如图 9-26 所示。在使用 Ingress 之前，我们需要有一个 Ingress Controller（入口控制器），例如 ingress-nginx。Ingress 负责定义抽象的规则，而 Ingress Controller 负责具体实现。通常情况下，Ingress 搭配负载均衡一起使用。接下来，结合一个简单的微服务 Demo 来使用 Ingress 进行负载分发。由于需要使用负载均衡服务，因此本教程使用腾讯云容器服务进行讲解。

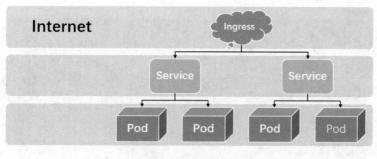

图 9-26

9.4.1　Demo 规划

为了便于大家理解，我们先做一个简单的规划。整体规划图如图 9-27 所示。

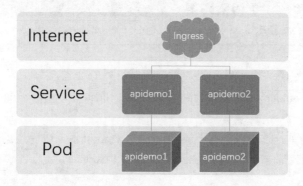

图 9-27

Demo 规划的整体步骤如下所示：

（1）开发两个应用，分别为 apidemo1 和 apidemo2，并提供不同的接口服务。

（2）将两个应用分别部署到 k8s 集群，并且分别创建不同的 Service。

（3）创建 Ingress，配置不同的转发规则。

（4）为了访问方便，我们需要配置域名映射。

9.4.2　准备 Demo 并完成部署

接下来我们进入开发环节。为了完成上述目标，我们需要提供以下两个 demo（不限编程语言）：

- apidemo1

如图 9-28 所示，apidemo1 的访问路径为 https://{hostname}:{port}/api/demo1，输出 JSON "["value1","value2"]"。

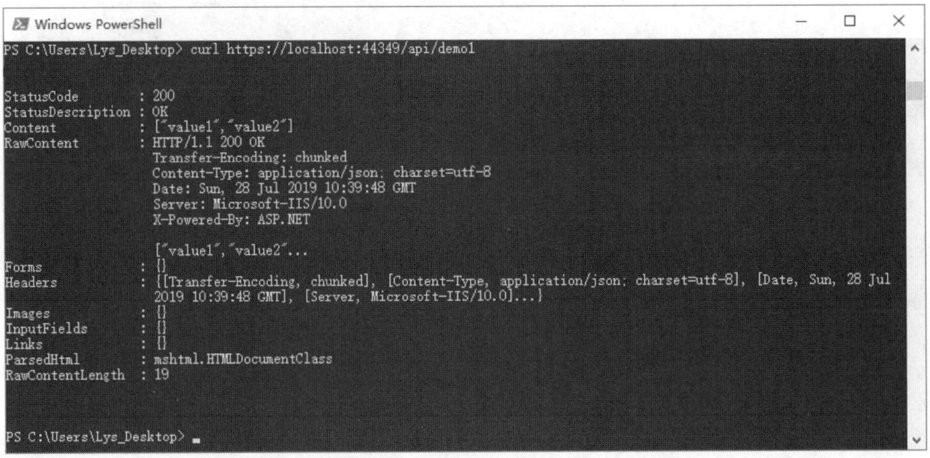

图 9-28

注　意

apidemo1 和 apidemo2 均需支持 80 端口和 443 端口访问。

- apidemo2

如图 9-29 所示，apidemo2 的访问路径为 https://{hostname}:{port}/api/demo2，输出 JSON "["value3","value4"]"。

由于 Demo 比较简单，这里我们就不放代码了。Demo 准备完成后，我们需要推送 Docker 镜像到目标仓储，然后创建部署（Deployment）以及服务（Service）。

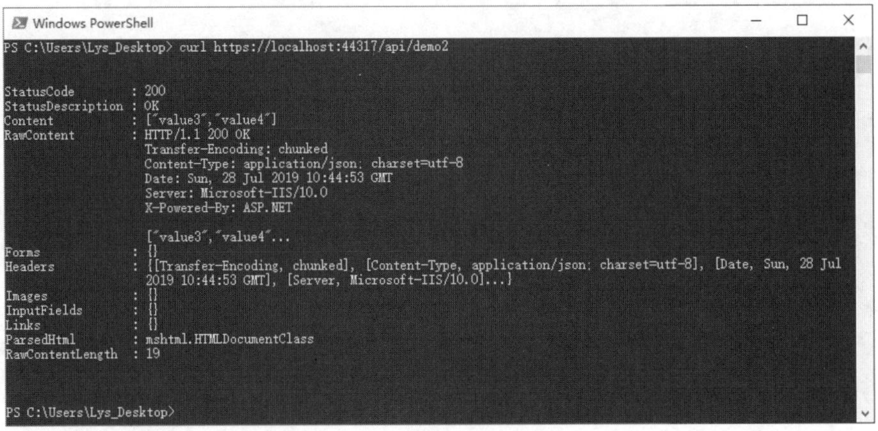

图 9-29

9.4.3　创建部署资源

整个过程在前面的章节均有详细讲述，因此就不赘述了，这里我们仅提供参考的 YAML 定义文件：

```
apiVersion: apps/v1beta2 #api 版本
```

```
kind: Deployment #使用部署对象
metadata:
  labels: #标签列表
    app: apidemo1
  name: apidemo1 #部署名称
  namespace: default #命名空间
spec:
  replicas: 1 #副本数
  selector: #选择器
    matchLabels:
      app: apidemo1
  template: #Pod 模板
    metadata:
      labels:
        app: apidemo1
    spec:
      containers: #容器列表
      - env: #环境变量设置
        - name: PATH
          value: /usr/local/sbin:/usr/local/bin:/usr/sbin:/usr/bin:/sbin:/bin
        - name: ASPNETCORE_URLS
          value: http://+:80
        - name: DOTNET_RUNNING_IN_CONTAINER
          value: "true"
        - name: ASPNETCORE_VERSION
          value: 2.2.6
        image: ccr.ccs.tencentyun.com/magicodes/apidemo1:latest #镜像地址
          #镜像拉取策略, Always 表示总是拉取最新镜像, IfNotPresent 表示若本地存在
          #则不拉取, Never 表示只使用本地镜像
        imagePullPolicy: Always
        name: apidemo1  #容器名称
        resources:  #资源限制
          limits: #最高限制
            cpu: 500m
            memory: 256Mi
          requests: #预分配
            cpu: 250m
            memory: 64Mi
        workingDir: /app  #工作目录
      dnsPolicy: ClusterFirst #DNS 策略
      restartPolicy: Always #重启策略
      terminationGracePeriodSeconds: 30 #删除需要时间
```

镜像是公开的，基于以上 YAML 定义，我们可以直接基于腾讯云容器服务的"YAML 创建资源"进行创建，步骤如下：

步骤 01　进入容器服务，选择已有集群进入。

步骤 02　进入工作负载面板，选择"Deployment"，单击右上角的"YAML 创建资源"按钮。

步骤 03　贴入刚刚定义的 YAML，如图 9-30 所示，然后单击"创建"按钮。

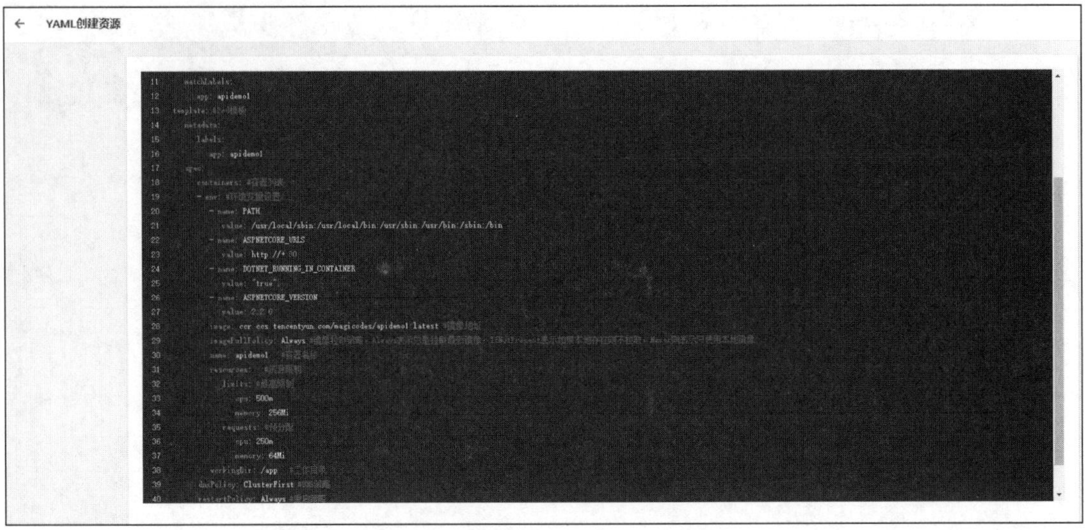

图 9-30

步骤 **04** 接下来，需要确保创建成功。我们使用上述参考的 YAML 分别创建 Deployment "apidemo1" 和 "apidemo2"，如图 9-31 所示。

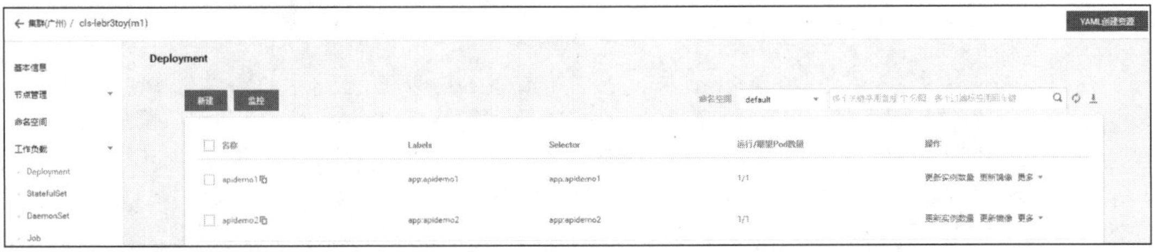

图 9-31

9.4.4　创建服务资源

接下来，我们分别创建 "apidemo1" 和 "apidemo2" Service 资源。参考 YAML 如下所示：

```
apiVersion: v1
kind: Service #资源类型
metadata:
  name: apidemo1 #服务名称
  namespace: default
spec:
  ports: #端口列表
  - name: tcp-80-80
    nodePort: 31010 #节点端口
    port: 80 #当前端口
    protocol: TCP #协议
    targetPort: 80 #目标端口
  selector: #标签选择器
    app: apidemo1
  type: NodePort #NodePort 类型的 Service
```

> **注　意**
>
> 因为 Ingress 不会暴露任意端口或协议，所以用于外部访问时 Service 类型必须为 NodePort
> 或者 LoadBalancer。

使用上述类似的"YAML 创建资源"的步骤创建 Service，如图 9-32 所示。

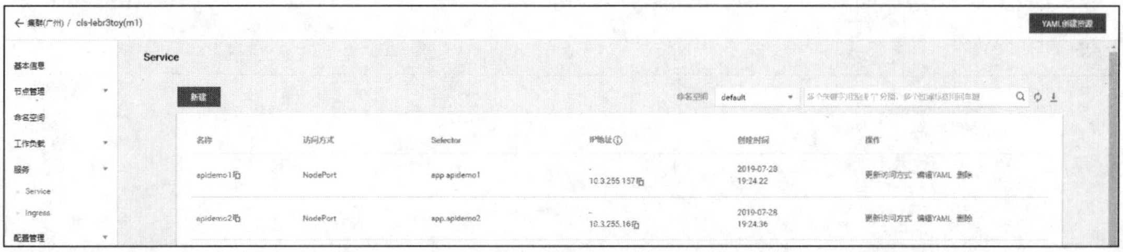

图 9-32

我们创建的 Service 类型为 NodePort，因此可以通过节点公网 IP 和上述定义的 NodePort 访问，
如图 9-33 所示。

图 9-33

9.4.5　创建 Ingress 资源并配置转发规则

接下来我们需要创建 Ingress 并配置好转发规则达成如下目标：

- 使用同一个 IP 访问多个 API 服务，这里对应的是"apidemo1"和"apidemo2"。
- 通过地址 http://demo.xin-lai.com/api/demo1 访问应用"apidemo1"。
- 通过地址 http://demo.xin-lai.com/api/demo2 访问应用"apidemo2"。

根据以上目标，我们定义 YAML：

```
apiVersion: extensions/v1beta1
kind: Ingress
metadata:
  annotations:
    kubernetes.io/ingress.class: qcloud #注释，不同的 Ingress 控制器支持不同的注释
  name: demo-ip
  namespace: default
spec:
  rules: #规则列表
  - http: #HTTP 规则
    paths: #路径列表
    - backend: #后端配置
        serviceName: apidemo1 #后端服务名称
        servicePort: 80 #服务端口
      path: /api/demo1 #路径，同一个域名路径需不同
```

```
    - http:
        paths:
        - backend:
            serviceName: apidemo2 #后端服务名称
            servicePort: 80 #服务端口
          path: /api/demo2 #路径,同一个域名路径需不同
```

使用以上 YAML 创建资源,腾讯云会自动创建负载均衡服务并且提供负载均衡 IP,如图 9-34 所示。

图 9-34

我们来验证下通过此 IP 访问是否能够达到预期结果,如图 9-35 所示。

图 9-35

虽然我们达成了目标,但是通过 IP 访问体验并不友好,如何通过域名访问呢?YAML 定义如下所示:

```
apiVersion: extensions/v1beta1
kind: Ingress
metadata:
  annotations:
    kubernetes.io/ingress.class: qcloud #注释,不同的 Ingress 控制器支持不同的注释
    kubernetes.io/ingress.http-rules:
'[{"host":"demo.xin-lai.com","path":"/api/demo1","backend":{"serviceName":"api
demo1","servicePort":80}},{"host":"demo.xin-lai.com","path":"/api/demo2","back
end":{"serviceName":"apidemo2","servicePort":80}}]' #HTTP 转发规则
    kubernetes.io/ingress.https-rules: "null"
    kubernetes.io/ingress.rule-mix: "true"
    random: "7778255514276773869"
  name: demo
  namespace: default
spec:
  rules: #规则列表
  - host: demo.xin-lai.com #主机名,可选。如不填写,则使用 IP 地址
    http: #HTTP 规则
      paths: #路径列表
      - backend: #后端配置
          serviceName: apidemo1 #后端服务名称
```

```
        servicePort: 80 #服务端口
        path: /api/demo1 #路径，同一个域名路径需不同
  - host: demo.xin-lai.com #主机名，可选。如不填写，则使用 IP 地址
    http:
      paths:
      - backend:
          serviceName: apidemo2 #后端服务名称
          servicePort: 80 #服务端口
        path: /api/demo2  #路径，同一个域名路径需不同
```

值得注意的是，不同的 Ingress 控制器支持不同的注释，因此注释的编写请参阅所使用的 Ingress 控制器的说明。在转发规则中，host 为空时使用 IP。

创建完成之后，腾讯云同样会自动创建负载均衡服务并且提供负载均衡 IP，如图 9-36 所示，接下来我们需要将域名 "demo.xin-lai.com" 解析到该负载均衡 IP "193.112.232.48"。

图 9-36

解析完成后，进行验证，如图 9-37 所示。

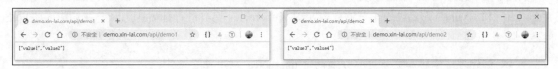

图 9-37

我们使用域名完成了以下目标：

● 使用同一个域名 "demo.xin-lai.com" 访问了 "apidemo1" 和 "apidemo2"。
● 通过地址 http://demo.xin-lai.com/api/demo1 访问了应用 "apidemo1"。
● 通过地址 http://demo.xin-lai.com/api/demo2 访问了应用 "apidemo2"。

至此，一个简单地使用 Ingress 来负载分发微服务的 Demo 完成。当然这仅仅是微服务架构万里长征的第一步，毕竟 Nginx Ingress 控制器仅仅解决了服务的分发，并不具备完整的接口网关功能。笔者推荐大家使用 Kong+Kong Ingress Controller，架构如图 9-38 所示。

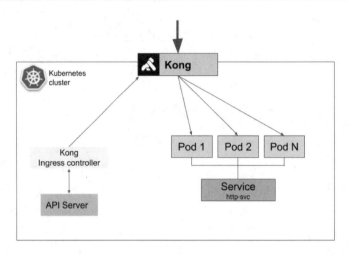

图 9-38

接下来，我们再谈谈微服务应用服务的管理问题。微服务往往有许多小服务，每个微服务都能够独立进行部署和扩展，必然提高了应用管理的复杂度，但是它们的配置、分发、版本管理等都是难题。在这方面有什么更好的解决方案吗？那就是 Helm。

9.5 利用 Helm 简化 Kubernetes 应用部署

Helm 是 Kubernetes 生态系统中的一个软件包管理工具，有点类似于 Linux 操作系统里面的"apt-get"和"yum"。结合 9.4 节的内容，对 Kubernetes 集群进行部署应用时，我们将面临以下问题：

- 如何管理、编辑和更新这些分散的 Kubernetes 应用配置文件。
- 如何把一套相关的配置文件作为一个应用进行管理。
- 如何分发和重用 Kubernetes 的应用配置。

Helm 的出现就是为了很好地解决上面这些问题。Helm Chart 是用来封装 Kubernetes 原生应用程序的一系列 YAML 文件。我们可以在部署应用的时候自定义应用程序的一些 Metadata，以便于应用程序的分发。对于应用发布者而言，可以通过 Helm 打包应用、管理应用依赖关系、管理应用版本并发布应用到软件仓库。对于使用者而言，使用 Helm 后不需要编写复杂的应用部署文件，可以以简单的方式在 Kubernetes 上查找、安装、升级、回滚、卸载应用程序。总之，Helm 大大简化了应用管理的难度，其主要有以下优点：

- 管理复杂应用。Charts 能定义很复杂的应用，并且可重复使用应用程序部署定义。
- 易于更新升级。
- 易于共享。Charts 无论是在私有服务器还是公共服务器上，都非常易于升级、共享和托管。
- 轻松回滚。

9.5.1　Helm 基础

- Helm

Helm 是一个命令行下的客户端工具，主要用于 Kubernetes 应用程序 Chart 的创建、打包、发布以及创建和管理本地和远程的 Chart 仓库。

- Tiller

Tiller 是 Helm 的服务端，部署在 Kubernetes 集群中。Tiller 用于接收 Helm 的请求，并根据 Chart 生成 Kubernetes 的部署文件（ Helm 称为 Release ），然后提交给 Kubernetes 创建应用。Tiller 还提供了 Release 的升级、删除、回滚等一系列功能。

- Chart

Helm 的软件包，采用 TAR 格式，类似于 APT 的 DEB 包或者 YUM 的 RPM 包，其包含了一组定义 Kubernetes 资源相关的 YAML 文件。

- Repository

Helm 的软件仓库，保存了一系列的 Chart 软件包，以供用户下载；并且提供了一个该 Repository 的 Chart 包清单文件，以供用户查询。Helm 可以同时管理多个不同的 Repository。

- Config

应用程序实例化部署运行时的配置信息。

- Release

使用 helm install 命令在 Kubernetes 集群中部署的 Chart 称为 Release。Helm 中提到的 Release 和我们通常概念中的版本有所不同，这里的 Release 可以理解为 Helm 使用 Chart 包部署的一个应用实例。在同一个集群中，一个 Chart 可以使用不同的配置（Config）安装多次，每次安装都会创建一个 Release。

9.5.2　安装 Helm

1. 安装 Helm 客户端

推荐使用官方脚本一键安装：

```
curl https://raw.githubusercontent.com/helm/helm/master/scripts/get >
get_helm.sh
chmod 700 get_helm.sh
./get_helm.sh
```

如果安装包无法下载，可以复制脚本输出的下载链接手动下载，然后解压复制到 bin 目录，如下所示：

```
tar -zxvf helm-v2.14.2-linux-amd64.tar.gz
```

```
cp linux-amd64/helm /usr/local/bin/
```

运行结果如图 9-39 所示。

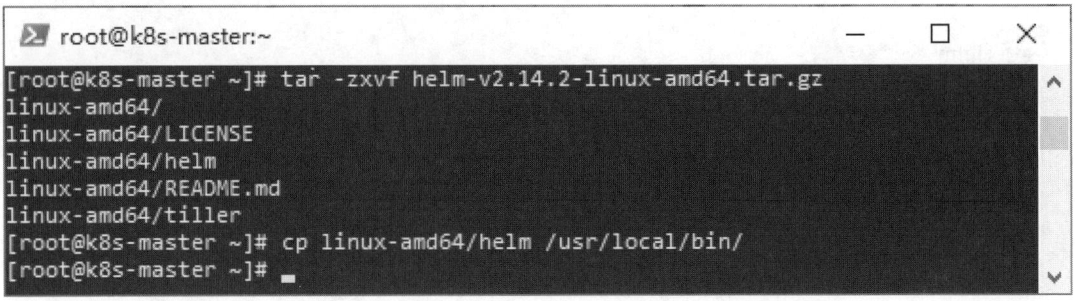

图 9-39

2. 安装服务端——Tiller

安装脚本如下所示：

```
#创建 Kubernetes 的服务账号和绑定角色
kubectl create serviceaccount --namespace kube-system tiller
kubectl create clusterrolebinding tiller-cluster-rule
--clusterrole=cluster-admin --serviceaccount=kube-system:tiller
#初始化安装 Tiller，并制定服务账户和镜像
helm init --service-account tiller --tiller-image
gcr.azk8s.cn/kubernetes-helm/tiller:v2.14.2 --skip-refresh
```

其中，Helm 初始化指定了第三方镜像。安装过程如图 9-40 所示。

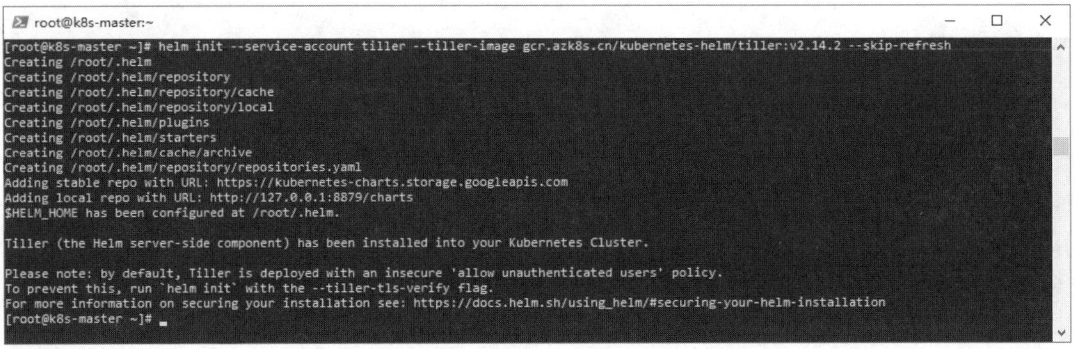

图 9-40

安装完成后，我们可以执行以下命令来查看安装的版本以及账户授权：

```
helm version
kubectl get deploy --namespace kube-system  tiller-deploy --output yaml|grep
serviceAccount
```

运行结果如图 9-41 所示。

图 9-41

值得注意的是，Tiller 安装完成后会运行在 Pod 之中。我们可以通过标签"app=helm"来查看
Tiller 是否安装成功：

```
kubectl get Pods -o wide -n kube-system -lapp=helm
```

运行结果如图 9-42 所示。

图 9-42

如果安装过程中出现问题就需要重新安装，可以执行以下命令完成：

```
kubectl delete deployment tiller-deploy --namespace=kube-system
kubectl delete service tiller-deploy --namespace=kube-system
rm -rf ~/.helm/
```

安装完成之后，编写一个简单的应用，使用 Helm 进行部署。

9.5.3　使用 Visual Studio 2019 为 Helm 编写一个简单的应用

Visual Studio 2019（简称 VS）提供了一个犀利的扩展工具（Visual Studio Kubernetes Tool）来
辅助我们编写 Helm 应用。如果还没有安装，那么可以在扩展中查找并安装此扩展。

VS 除了可以自动编写 Dockerfile、构建并推送 Docker 镜像之外，还能自动添加 Helm 的配置
模板。接下来我们按照以下步骤来创建第一个 Helm 应用工程。

步骤 01 创建项目，选择 Kubernetes 项目模板，如图 9-43 所示。

图 9-43

步骤 02 填写项目名称等信息，如图 9-44 所示。

图 9-44

步骤 03 选择项目模板类型，如图 9-45 所示。

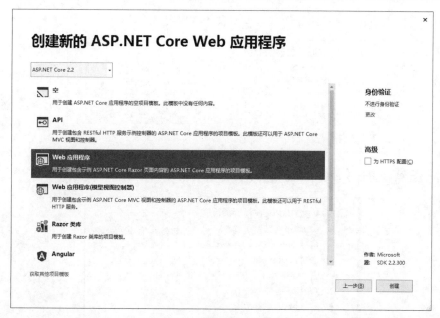

图 9-45

步骤 04　添加"容器业务流程协调程序支持",如图 9-46 所示。

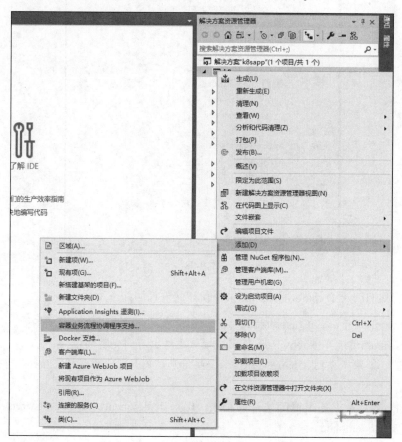

图 9-46

步骤 **05** 选择 "Kubernetes/Helm" 选项，如图 9-47 所示。

图 9-47

步骤 **06** 查看解决方案目录，确认 Chart，如图 9-48 所示。

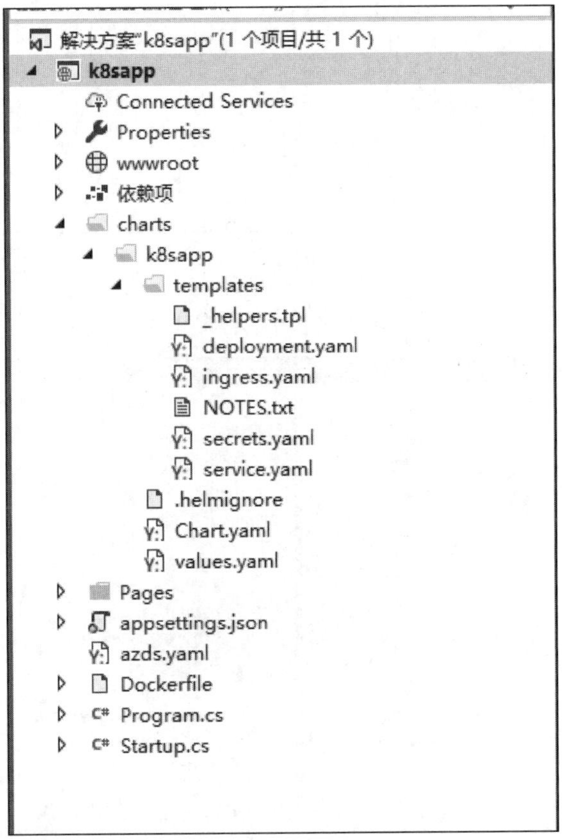

图 9-48

VS 自动为我们创建了 charts 目录，相关目录和文件说明如下所示。

- Chart.yaml 用于描述 Chart 的相关信息，包括应用名称、描述以及版本等。
- values.yaml 用于存储 templates 目录中模板文件中用到变量的值。
- NOTES.txt 用于介绍 Chart 部署后的一些信息。例如，如何使用 Chart、列出默认的设置等。
- Templates 目录下是 YAML 文件的模板，比如 deployment、service、secrets 等。该模板文件遵循 Go template 语法。

注 意
如图 9-48 所示的 charts 目录，也可以通过命令 "helm create mychart" 来创建。

至此，一个简单的 Helm 应用模板创建完成。接下来，我们将此应用通过 Helm 快速部署。

9.5.4 定义 charts

回到刚才的 charts 目录，我们依次解读并进行简单的修改。

- Chart.yaml

配置示例：

```
apiVersion: v1
appVersion: "1.1"
description: A demo Helm chart for Kubernetes
name: k8sapp
version: 0.1.1
```

如上述定义所示，Chart.yaml 用于提供 charts 相关的元数据定义，比如名称、版本，属于必备文件。主要字段如表 9-1 所示。

表 9-1　主要字段说明

字段	是否必填	说明
name	✔	当前Chart名称
version	✔	版本号
apiVersion	✔	Chart API 版本，一直为 "v1"
description		Chart描述
keywords		关键字列表
home		项目主页URL
kubeVersion		依赖的Kubernetes版本
sources		源码地址列表
maintainers		维护者列表，由name、email、url组成
engine		模板引擎名称，默认为gotpl，即Go模板
icon		图标地址
appVersion		应用程序版本
deprecated		是否已废弃
tillerVersion		依赖的Tiller版本，例如">2.0.0"

- values.yaml 和模板

values.yaml 配置示例：

```
# 定义 k8sapp 的默认配置
fullnameOverride: k8sapp
replicaCount: 1 #副本数
image: #镜像配置
  repository: ccr.ccs.tencentyun.com/magicodes/k8sapp
```

```
        tag: latest
        #镜像拉取策略，Always 表示总是拉取最新镜像，IfNotPresent 表示若本地存在则不拉取，
        #Never 表示只使用本地镜像
        pullPolicy: Always
      service:   #Service 配置
        type: NodePort #NodePort 服务类型，以便外部访问
        port: 80
      secrets: {}
      ingress:
        enabled: false     #不配置 Ingress
      #资源限制
      resources:
        limits:
          cpu: 1
          memory: 228Mi
        requests:
          cpu: 100m
          memory: 128Mi
```

如以上示例配置所示，我们在一个 values.yaml 中配置了 Deployment 和 Service，整个配置简单干净。当然，我们还能配置更多，比如 Ingress 和 Secrets 等。那么我们的配置是怎么起作用的呢？这里的配置又是如何转换为对应的 Deployment、Service 等配置的呢？打开"templates"目录下的 deployment.yaml 模板文件：

```
apiVersion: apps/v1beta2
kind: Deployment
metadata:
  name: {{ template "k8sapp.fullname" . }}
  labels:
    app: {{ template "k8sapp.name" . }}
    chart: {{ template "k8sapp.chart" . }}
    draft: {{ default "draft-app" .Values.draft }}
    release: {{ .Release.Name }}
    heritage: {{ .Release.Service }}
spec:
  replicas: {{ .Values.replicaCount }}
  selector:
    matchLabels:
      app: {{ template "k8sapp.name" . }}
      release: {{ .Release.Name }}
  template:
    metadata:
      labels:
        app: {{ template "k8sapp.name" . }}
        draft: {{ default "draft-app" .Values.draft }}
        release: {{ .Release.Name }}
      annotations:
        buildID: {{ .Values.buildID }}
    spec:
      containers:
        - name: {{ .Chart.Name }}
          image: "{{ .Values.image.repository }}:{{ .Values.image.tag }}"
          imagePullPolicy: {{ .Values.image.pullPolicy }}
          ports:
            - name: http
              containerPort: 80
              protocol: TCP
```

```
        env:
          {{- $root := . }}
          {{- range $ref, $values := .Values.secrets }}
          {{- range $key, $value := $values }}
          - name: {{ $ref }}_{{ $key }}
            valueFrom:
              secretKeyRef:
                name: {{ template "k8sapp.fullname" $root }}-{{ $ref | lower }}
                key: {{ $key }}
          {{- end }}
          {{- end }}
        resources:
{{ toYaml .Values.resources | indent 12 }}
      {{- with .Values.imagePullSecrets }}
        imagePullSecrets:
{{ toYaml . | indent 8 }}
      {{- end }}
```

如上所示，这是一个使用 Go 模板的 Deployment 模板文件，它通过读取"Chart.yaml"和"values.yaml"中的配置进行转换。同样的，service.yaml、ingress.yaml 也是如此，同时我们也可以基于其语法编写更多的模板。这些模板在执行"helm install"命令时进行转换。

值得注意的是，".Values"对象可以访问 values.yaml 中的任何配置，如果使用自定义的值则会覆盖此值。".Release"对象则为预定义的值，可用于任意模板，并且无法被覆盖。其中，常用的预定义值如表 9-2 所示。

表 9-2　常用的预定义值

名称	说明
Release.Name	发布的资源实例名称
Release.Time	Chart最后发布时间
Release.Namespace	命名空间
Release.Service	发布服务名称，通常是"Tiller"
Release.IsUpgrade	当前操作是否升级
Release.IsInstall	当前操作是否为安装
Release.Revision	修订号，从1开始递增
Chart	对应"Chart.yaml"
Files	可以访问所有的非模板文件和非特殊文件

- requirements.yaml

requirements.yaml 用于管理依赖关系，例如：

```
dependencies:
  - name: apache
    version: 1.2.3
    repository: http://example.com/charts
  - name: mysql
    version: 3.2.1
    repository: http://another.example.com/charts
```

如上所示，常用的字段含义如下：

- name 表示 Chart 名称。
- version 表示 Chart 版本。
- repository 表示 Chart 存储库地址。注意，我们还必须使用 "helm repo add" 命令在本地添加该存储库地址。
- alias 表示别名。
- tags 用于指定仅装载匹配的 Chart。
- condition 用于设置条件来装载匹配的 Chart。
- import-values 用于导入子 Chart 的多个值。

如果要对依赖关系进行更好的控制，我们可以手动将被依赖的 Charts 复制到应用的 Charts 目录下，以明确地表达这种依赖关系。例如，WordPress 依赖于 Apache 和 MySQL，则其依赖关系以目录的形式体现时如图 9-49 所示。

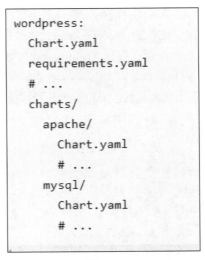

图 9-49

9.5.5　使用 Helm 部署 Demo

接下来我们基于以上认知和 Demo 配置来进行部署，流程如图 9-50 所示。

图 9-50

1. 准备 Chart

Chart 我们已经准备好了，具体看 9.5.4 节的 "values.yaml" 示例。

2. 推送到仓库（Repository）

为了简单，我们直接使用腾讯云 Tencent Hub 提供的免费 Helm 仓库。Tencent Hub 的操作比较简单，这里略过。接下来，我们将该仓库添加到本地：

```
helm repo add {mycharts} https://hub.tencentyun.com/charts/mycharts
--username {myname} --password {mypassword}
```

"helm repo add" 命令用于将仓库添加到本地仓库列表。以上命令中的变量说明如下：

- mycharts 替换为自己仓库的命名空间 (用户名或组织名)。
- myname 替换为 Tencent Hub 账号用户名。
- mypassword 替换为 Tencent Hub 账号密码。

添加完成后，我们可以使用命令 "helm repo list" 列出本地仓库列表，如图 9-51 所示。

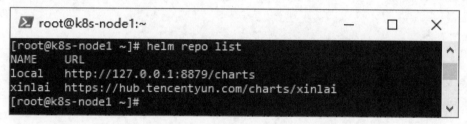

图 9-51

接下来，我们需要将 Chart 包推送到 Tencent Hub 的 Helm 仓库。在推送之前，还需要安装平台的推送插件：

```
yum install git #如果本地已经安装 git，可以忽略此步骤
helm plugin install https://github.com/imroc/helm-push #安装 Tencent Hub 推送插件
```

插件安装完毕之后，就可以开始我们的操作了。首先，确保 Chart 文件在 Helm 客户端所在的机器上已经准备就绪，如图 9-52 中所示的 "k8sapp" 目录。

/root/				
名字	大小	已改变	权限	拥有者
..		2019/6/27 23:51:36	r-xr-xr-x	root
桌面		2019/6/27 19:44:23	rwxr-xr-x	root
音乐		2019/6/27 19:44:23	rwxr-xr-x	root
下载		2019/6/27 19:44:23	rwxr-xr-x	root
文档		2019/6/27 19:44:23	rwxr-xr-x	root
图片		2019/6/27 19:44:23	rwxr-xr-x	root
视频		2019/6/27 19:44:23	rwxr-xr-x	root
模板		2019/6/27 19:44:23	rwxr-xr-x	root
公共		2019/6/27 19:44:23	rwxr-xr-x	root
linux-amd64		2019/7/11 23:33:46	rwxr-xr-x	root
k8sapp		2019/7/31 10:37:14	rwxr-xr-x	root
k8sapp-0.1.3.tgz	3 KB	2019/7/31 10:54:22	rw-r--r--	root
k8sapp-0.1.2.tgz	3 KB	2019/7/31 10:41:34	rw-r--r--	root
helm-v2.14.2-linux-amd64.tar.gz	25,913 ...	2019/7/24 14:26:08	rw-r--r--	root
anaconda-ks.cfg	2 KB	2019/6/27 23:52:16	rw-------	root

图 9-52

然后就可以执行推送命令了：

```
helm push ./k8sapp xinlai
```

其中，"helm push"用于推送 Chart，"./k8sapp"是目录位置，"xinlai"是存储库的名称。执行以上脚本会自动将目标目录打包并推送，如图 9-53 所示。

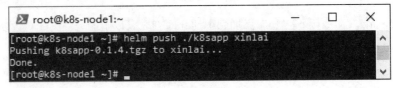

图 9-53

接下来，我们可以在 Tencent Hub 管理界面上看到包，如图 9-54 所示。

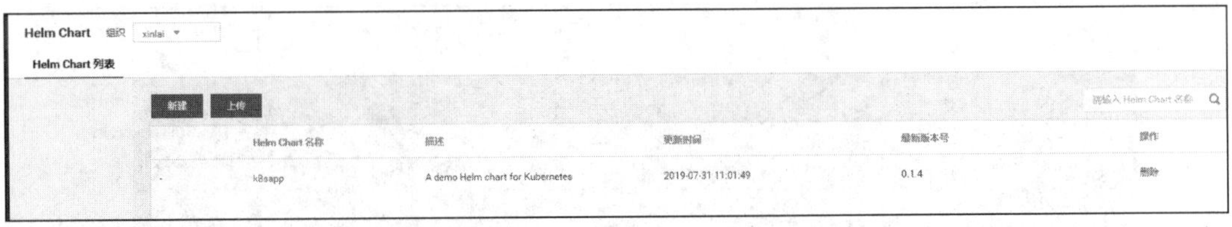

图 9-54

不仅如此，我们还能查看详情，如图 9-55 所示。

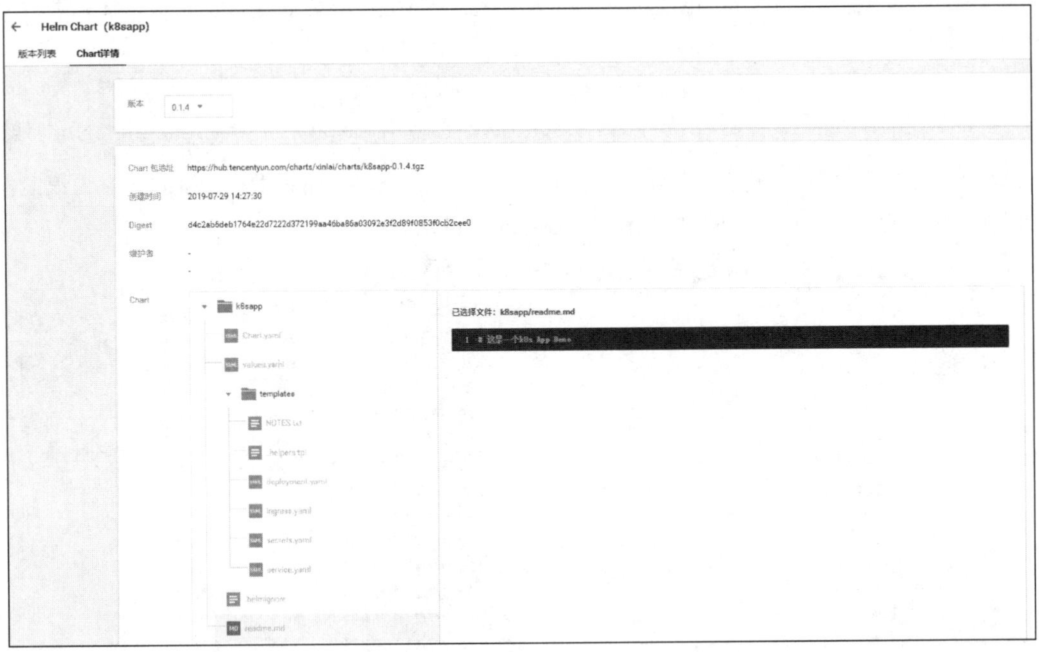

图 9-55

3. 拉取并执行部署

如果是在云端的 k8s 集群进行 Helm 应用部署，操作非常简单，云供应基本上都提供了封装，如图 9-56 所示。

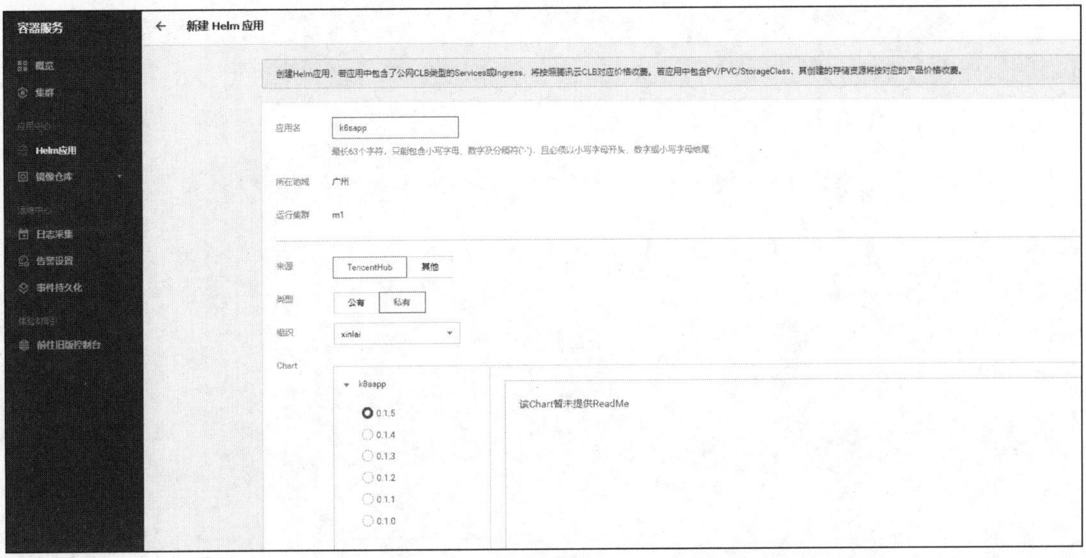

图 9-56

创建完成后如图 9-57 所示。

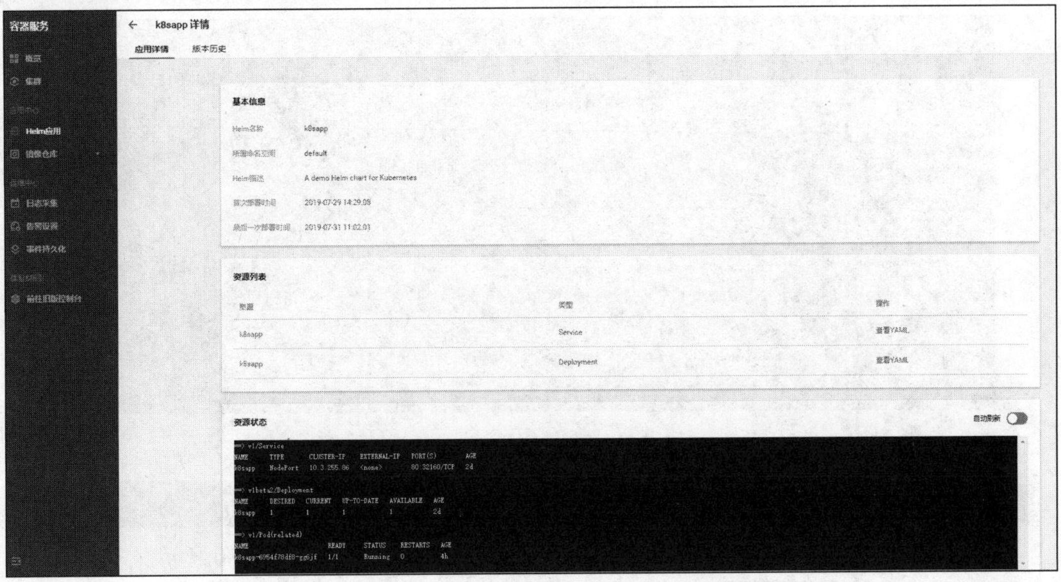

图 9-57

此 Helm 应用创建了 Deployment 资源和 Service 资源，其中 Service 的类型为 NodePort、端口为 "32160"。接下来，我们可以通过节点端口进行访问，如图 9-58 所示。

如果是本地集群呢？我们可以通过以下脚本拉取 Chart 并执行部署：

```
helm repo update && helm fetch xinlai/k8sapp
helm install xinlai/k8sapp
```

部署完成后如图 9-59 所示。

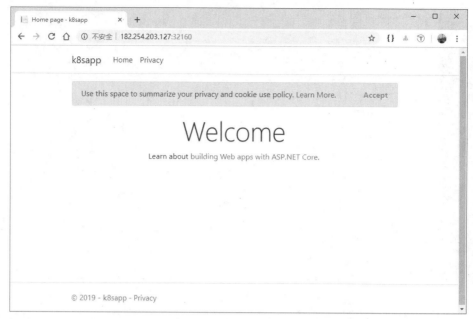

图 9-58

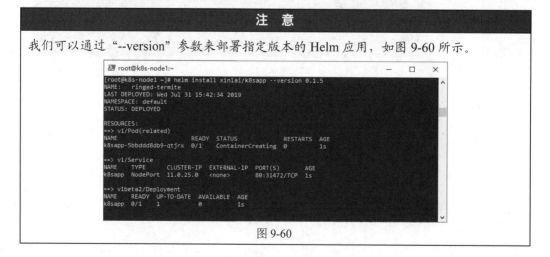

图 9-59

注 意

我们可以通过"--version"参数来部署指定版本的 Helm 应用，如图 9-60 所示。

图 9-60

从图 9-59 可知，Service 的端口为"32705"。我们也可以通过本地节点端口访问，如图 9-61 所示。

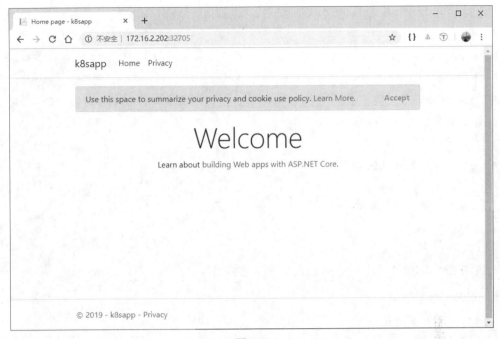

图 9-61

至此，我们通过 Helm 部署了一个简单的"k8sapp"Demo 应用。部署完成后，我们可以通过"helm list"命令来查看已部署的版本，如图 9-62 所示。

图 9-62

9.5.6　Helm 常用操作命令

除了上面提到的 Helm 命令之外，还有一些常用的操作 Demo，如下所示。

● 升级和更新

```
helm upgrade zeroed-rodent xinlai/k8sapp --version 0.1.6
# "zeroed-rodent"为 Release 名称，"xinlai/k8sapp"为 Chart 地址

helm upgrade --set imageTag=20190731075922 zeroed-rodent xinlai/k8sapp
#更新镜像
```

● 查看版本历史

```
helm history zeroed-rodent
#查看 Release 历史
```

- 回滚

```
helm rollback zeroed-rodent 1
#回滚到版本 1
```

- 删除

```
helm delete zeroed-rodent
#删除 Release
```

- 下载 Chart

```
helm fetch xinlai/k8sapp
#下载 Chart
```

- 基于本地 Chart 目录部署

```
helm install ./k8sapp
#基于目录"k8sapp"部署
```

- 打包

```
helm package ./k8sapp
#打包压缩生成类似于"/k8sapp-0.1.5.tgz"的文件
```

- 搜索

```
helm search k8sapp
#在所有仓库里搜索 Chart"k8sapp"
```

- 启动本地仓储服务

```
helm serve
#默认地址为"127.0.0.1:8879",可以使用"--address"参数绑定其他地址和端口
```

第10章

将应用托管到云端

通过前面的实践，我们可以清楚地知道，由于本地软硬件资源的限制，搭建本地 Kubernetes 集群颇为复杂，而且维护成本很高。那么，我们是否可以直接使用云端服务以降低使用和维护成本呢？答案是肯定的。

本章将从云计算的基础理念开始，讲述上云的问题，并说明为什么 Docker+k8s 的组合是上云的不二选择。接下来，笔者针对国内外主流的云计算提供的容器服务进行说明和讲解，并对比自建和托管的成本。之后，给出一个一般服务的部署流程。最后，讲解容器上云之后节约成本的一些技巧、方式以及问题处理。

本章主要包含以下内容：

- 云计算的初步讲解和说明，包含上云的优势、部署方式和类型；
- 上云的问题，尤其是传统应用的一些问题，在上云之后并没有得到改善；
- Docker+k8s 解决了在虚拟机时代那些无法解决或者很难解决的问题，以及那些积压已久的需求，搭配云原生理念，是上云的不二选择；
- 国内外主流云计算容器服务；
- 自建和托管的对比；
- 一般应用服务部署在云端 k8s 集群的流程；
- 云端容器服务如何节约成本，以及部分云端常见问题处理。

10.1　什么是云计算

简单地说，云计算就是提供计算服务（包括服务器、存储、数据库、网络、软件、分析和智能）——通过 Internet（云）提供快速更新、弹性资源和规模经济。对于云服务，通常我们只需使用多少支付多少，从而降低运营成本，使基础设施更有效地运行，并能根据业务需求的变化调整对服务的使用。

10.1.1 为什么要上云

云计算是企业摒弃传统思路下 IT 资源的使用和管理而进行的一个重大转移。以下为上云的几个主要理由。

1．费用

云计算让我们无须在购买硬件和软件以及设置和运维数据中心（包括服务器机架、用于供电和冷却的全天不间断电力、管理基础结构的 IT 专家）上进行资金投入，并且提高了速度。

2．速度

大多数云计算服务都提供按需自助的服务，因此通常只需点几下鼠标，即可在数分钟内调配海量计算资源，赋予企业非常大的灵活性，并消除容量规划的压力。

3．全局缩放

云计算服务的优点包括弹性扩展能力。对于云而言，这意味着能够在需要的时候从适当的地理位置提供适量的 IT 资源，例如更多或更少的计算能力、存储空间、带宽。

4．工作效率

现场数据中心通常需要大量"机架和堆栈"——硬件设置、软件补丁和其他费时的 IT 管理事务。云计算避免了这些任务中的大部分，让 IT 团队可以把时间用来实现更重要的业务目标。

5．性能

大型的云计算服务运行在基于全球网络的安全数据中心上，会定期升级到最新的快速、高效的相关计算硬件。与单个企业数据中心相比，它能提供多项益处，包括降低应用程序的网络延迟和提高缩放的经济性。

6．可靠性

云计算能够以较低费用简化数据备份、灾难恢复和实现业务连续性，因为可以在云提供商网络中的多个冗余站点上对数据镜像进行处理。

7．安全性

许多云提供商都提供了广泛地用于提高整体安全情况的策略、技术、控制和服务，这些有助于保护数据、应用和基础结构免受潜在威胁。

了解了以上优势之后，我们需要对云计算有进一步的了解，以便更轻松地实现业务目标。

10.1.2　云计算的三种部署方式

1. 公有云

公有云为第三方云服务提供商所拥有和运营，通过 Internet 提供计算资源（如服务器和存储空间）。在公有云中，所有硬件、软件和其他支持性基础结构均为云提供商所拥有和管理。可以使用 Web 浏览器访问这些服务和管理账户。

2. 私有云

私有云是指专供一个企业或组织使用的云计算资源。私有云可以实际位于公司的现场数据中心之上。某些公司还向第三方服务提供商付费托管私有云。在私有云中，利用专用网络维护服务和基础结构。

3. 混合云

混合云组合了公有云和私有云，通过允许在这二者之间共享数据和应用程序的技术将它们绑定到一起。混合云允许数据和应用程序在私有云和公共云之间移动，使用户能够更灵活地处理业务并提供更多部署选项，有助于优化现有基础结构、安全性和符合性。

10.1.3　云服务的类型

1. 基础结构即服务（IaaS）

云计算服务的最基本类别。使用 IaaS 时，我们能够以即用即付的方式从服务提供商处租用 IT 基础结构，如服务器和虚拟机（VM）、存储空间、网络和操作系统。

2. 平台即服务

平台即服务（PaaS）是指所提供的云计算服务，也就是云服务提供的开发、测试、交付和管理软件应用程序所需的环境。PaaS 旨在让开发人员能够更轻松地快速创建 Web 或移动应用，而无须考虑对开发所必需的服务器、存储空间、网络和数据库基础结构进行设置或管理。

3. 无服务器计算

和 PaaS 在理念上有些重叠，但是无服务器计算侧重于构建应用功能，而无须花费时间管理服务器以及基础结构。也就是说，由云提供商来处理设置、容量规划和服务器管理。无服务器体系结构具有高度可缩放和事件驱动特点，且仅在出现特定函数或事件时才使用资源。

4. 软件即服务

软件即服务（SaaS）是通过 Internet 交付软件应用程序的方法，通常以订阅为基础按需提供。使用 SaaS 时，云提供商托管并管理软件应用程序和基础结构，并负责软件升级和安全修补等维护工作。用户（通常使用电话、平板电脑或 PC 上的 Web 浏览器）通过 Internet 连接到应用程序。

10.2　Docker+k8s 是上云的不二选择

我们都清楚，上云有很多优势，但是传统应用上云还是会出现很多问题。

10.2.1　上云的问题

了解了云服务的一些理念和类型，大部分企业对是否上云的问题都初步达成了共识。大家都在各大云厂商尝试或完成了上云，按需按量配置计算资源，在一定程度上节约了开发和维护成本，但上云的过程还存在不少问题：

- 上云是有成本和门槛的。一方面，并不是所有的业务都适合上云；另一方面，工程师需要对云端产品有一定的了解，以及针对自身业务来部署云端架构。
- 上云之后，如果没有配套的云端基础设施、架构和理念，那么也并不意味着会更"快"。互联网企业都处在"快鱼法则"之中，如果应用没有针对云端基础设施进行架构适配，团队开发管理理念没有跟随云端架构以及主流理念改变，那么上云之后效率也并不会变得更高，问题和故障可能也没有变得更少——总之，软件的交付速度和稳定性并没有随之发生很大的改变。
- 云端的生态和体验还有太多不足之处。云端基础设施很多，但是用户体验上各有千秋，功能理念也互不相同，因此大部分用户在云端用得最多的基础设施还是以虚拟机为主。在各大云厂商提供的产品和服务之中，热门产品相对问题不大，支持也多；冷门产品文档滞后以及不全，体验可能还不太好。
- 各家的云计算服务是割裂的。这是特别重要的一点，在很多情况下更换云服务厂商会出现问题，不仅迁移成本非常高，甚至软件架构也有可能需要动"大手术"。就拿常用的虚拟机来说，各个云厂商的虚拟机镜像就无法顺畅地相互导入，更何谈其他产品。这一点其实是和云计算的发展理念相悖的。

随着云计算的发展以及大数据、人工智能、物联网等产业的兴起，企业越来越渴望云计算能够提供更高的计算能力（比如大规模的云计算）以及更快、更顺畅的软件交付体验。

在这种趋势下，云计算就更应该是共融共通的，多云也是必然的，用户可以根据自身的情况在各大云厂商来选择一家或多家的计算资源来配置使用，并且不被各云厂商所绑架。试想一下，如果云计算割裂的问题解决了，那么大家面对的就是一个浩瀚无边的强大的云资源池，应用可以在各类云服务和基础设施之间快速转换以及弹性伸缩，那么软件也可以瞬间获取大量的计算能力。

同时，上云也应该更为顺畅。抛开其他的不说，传统应用的一些问题应该要在上云之后得到改善，获得更佳的体验以及更快的软件交付能力。

10.2.2　利用 Docker+k8s 解决传统应用上云问题

针对如何解决上云的问题，在虚拟机时代，各大云厂商以及主流的一些互联网公司就一直在思考并不断地实践。无服务器（Serverless）计算服务一直在尝试和迭代之中，云原生应用平台也被不断地提上日程。这里，不得不提到 Docker 和 k8s！它们分别是容器技术、容器编排技术的王者，两者的组合引发了整个互联网技术的深刻变革，引发了全面容器化的浪潮，同时也反向促进了云计算往更加理想的方向演进，也代表着无服务器计算服务和云原生应用平台的未来。

Docker 和 k8s 并不算是全新的技术和理念，虽然横空出世，但是在短短时间内打败众多对手脱颖而出并获得大家的一致认同是有很多原因的，包括 Docker 的更轻、更快、开源、隔离应用以及 k8s 的便携性、可扩展性和自动修复等优势。其中很重要的一个原因是，在虚拟机时代那些无法解决或者说很难解决的问题以及那些积压已久的需求（比如分布式系统的部署和运维，物联网边缘计算的快速开发、测试、部署和运维，大规模的云计算，等等）在 Docker + k8s 的组合下找到了突破口，并且极大地促进了云计算的发展。尤其是 k8s，更是代表了云原生应用平台的未来——借助 Docker 和微服务架构的发展迅速崛起，高举云原生应用的设计法则，硬生生地打败了所有的对手，赢得了一片更广阔的天地和更璀璨的未来——在原有的云计算基础设施上抽象出云原生平台基础设施，形成一个高度自治的自动化系统平台。

Docker + k8s 的组合之所以广受欢迎，一方面是它们本身就代表了云计算服务的趋势，以及云原生应用平台和生态的方向；另一方面，主流的云厂商都提供了容器服务+k8s 的相关产品，并且为之打造了极其强大和丰富的生态。其中，许多云厂商还推出了无服务器计算容器实例产品，这意味着容器能够在无服务器计算的基础设施上运行。比如在某些机器学习的场合，用户就可以在无服务器计算的基础设施上几秒内启动成千上万个容器，然后挂载共享存储的数据或图像进行处理。当批量处理完成后，容器自动销毁，用户仅需按量付费。

总之，Docker + k8s 的组合促进了全面容器化浪潮的到来，也标志着云原生应用浪潮的到来，传统应用升级缓慢、架构臃肿、不能快速迭代、故障不能快速定位、问题无法快速解决、无法自愈等一系列问题都将得到更好的解决。

接下来，我们看看主流的云厂商提供的容器服务。

10.3　主流云计算容器服务介绍

10.3.1　亚马逊 AWS

Amazon Web Services（AWS）是亚马逊公司旗下云计算服务平台，为全世界范围内的客户提供云解决方案。AWS 面向用户提供包括弹性计算、存储、数据库、应用程序在内的一整套云计算服务，帮助企业降低 IT 投入成本和维护成本。

那么如何在 AWS 上运行 Docker 呢？AWS 同时为 Docker 开源解决方案和商业解决方案提供支持，并且可通过多种方式在 AWS 上运行容器：

- Amazon Elastic Container Service（ECS）是一种高度可扩展的高性能容器编排服务，支持 Docker 容器，让我们可以在 AWS 上轻松运行和扩展容器化应用程序，而不需要安装和操作自己的容器编排软件，不需要管理和扩展虚拟机集群，也不需要在这些虚拟机上调度容器。其工作原理如图 10-1 所示。

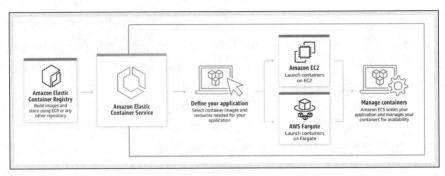

图 10-1

- AWS Fargate，适用于 Amazon ECS 的技术，可以让我们在生产环境中运行容器，而无须部署或管理基础设施。
- Amazon Elastic Container Service for Kubernetes（EKS），可以让我们在 AWS 上运行 Kubernetes，而无须安装和操作 Kubernetes 主节点。
- Amazon Elastic Container Registry（ECR），是一个高度可用且安全的私有容器存储库，可以让我们轻松地存储和管理 Docker 容器镜像，并对静态镜像进行加密和压缩，以便快速提取和保护这些镜像。
- AWS Batch，可以让 Docker 容器运行高度可扩展的批处理工作负载。

10.3.2　微软 Azure

Microsoft Azure 是一个开放而灵活的企业级云计算平台。通过 IaaS + PaaS 帮助用户加快发展步伐，提高工作效率并节省运营成本。

Azure 是一种灵活和支持互操作的平台，可以被用来创建云中运行的应用或者通过基于云的特性来加强现有应用。开放式的架构给开发者提供了 Web 应用、互联设备的应用、个人电脑、服务器或者最优在线复杂解决方案。

在容器方面，Azure 同样提供了众多解决方案，如图 10-2 所示。

图 10-2

下面侧重介绍以下服务:

- Azure 容器实例:提供了在 Azure 中运行容器的简捷方式,既无须预配任何虚拟机,也不必采用更高级的服务。

- Azure Service Fabric:一款分布式系统平台,方便用户轻松打包、部署、管理可缩放的可靠微服务和容器(见图 10-3)。开发人员和管理员不需要解决复杂的基础结构问题,只需专注于实现苛刻的任务关键型工作负荷,即那些可缩放、可靠且易于管理的工作负荷。总之,Azure Service Fabric 旨在解决构建和运行服务方面的难题,并有效地利用基础结构资源,使团队可以使用微服务方法来解决业务问题,并且与服务生成方式无关,可以使用任意技术。不过,它确实提供内置编程 API,以便用户可以更轻松地生成微服务。

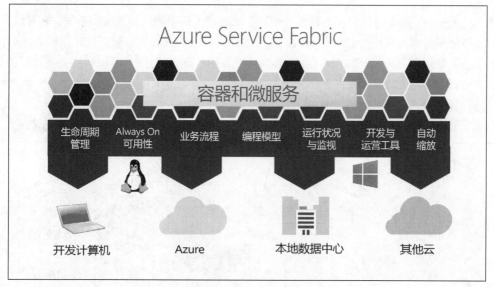

图 10-3

- Azure Kubernetes 服务(AKS):管理托管的 Kubernetes 环境,使用户无须具备容器业务流程专业知识即可快速、轻松地部署和管理容器化的应用程序。它还通过按需预配、升级和缩放资源,消除了正在进行的操作和维护的负担,而无须使应用程序脱机。

- Azure 应用服务:用于托管 Web 应用程序、REST API 和移动后端的服务。可以使用 .NET、NET Core、Java、Ruby、Node.js、PHP 或 Python 等偏好的语言进行开发。 在基于 Windows 和 Linux 的环境中,应用程序都可以轻松地运行和缩放。应用服务不仅可将 Microsoft Azure 的强大功能(例如安全性、负载均衡、自动缩放和自动管理)添加到应用程序,还能利用 DevOps 功能,例如来自 Azure DevOps、GitHub、Docker 中心和其他源的持续部署,以及包管理、过渡环境、自定义域和 SSL 证书。

- Azure Dev Spaces:使用 Azure Dev Spaces,可以测试并以迭代方式开发在 Azure Kubernetes 服务 (AKS) 中运行的整个微服务应用程序,而无须复制或模拟依赖项。Azure Dev Spaces 减少了在共享 Azure Kubernetes 服务(AKS)集群中与团队的协作以及直接在 AKS 中运行和调试容器的负担,并降低了这些工作的复杂度。

10.3.3 阿里云

阿里云（www.aliyun.com）创立于 2009 年，是全球领先的云计算及人工智能科技公司，为 200 多个国家和地区的企业、开发者和政府机构提供服务。2017 年 1 月阿里云成为奥运会全球指定云服务商。2017 年 8 月阿里巴巴财报数据显示，阿里云付费云计算用户超过 100 万。阿里云致力于以在线公共服务的方式提供安全、可靠的计算和数据处理能力，让计算和人工智能成为普惠科技。阿里云在全球 18 个地域开放了 49 个可用区，为全球数十亿用户提供可靠的计算支持。此外，阿里云为全球客户部署 200 多个飞天数据中心，通过底层统一的飞天操作系统为客户提供全球独有的混合云体验。

飞天（Apsara）是由阿里云自主研发、服务全球的超大规模通用计算操作系统。它可以将遍布全球的百万级服务器连成一台超级计算机，以在线公共服务的方式为社会提供计算能力。从 PC 互联网到移动互联网再到万物互联网，互联网成为世界新的基础设施。飞天希望解决人类计算的规模、效率和安全问题。飞天的革命性在于将云计算的三个方向整合起来：提供足够强大的计算能力，提供通用的计算能力，提供普惠的计算能力。

阿里云提供了许多云服务，包括容器服务，如图 10-4 中的弹性计算部分。

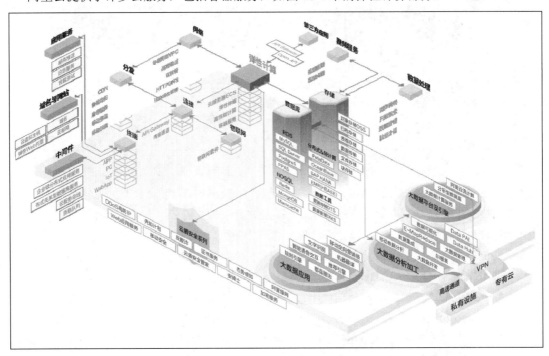

图 10-4

阿里云对容器的支持有：

● 容器服务 ACS

容器服务提供高性能、可伸缩的容器应用管理服务，支持用 Docker 和 Kubernetes 进行容器化应用的生命周期管理，提供多种应用发布方式和持续交付能力并支持微服务架构。容器服务简化了容器管理集群的搭建工作，整合了阿里云虚拟化、存储、网络和安全能力，打造云端最佳容器运行环境。

- 容器服务 ACK

容器服务 Kubernetes 版（简称 ACK）提供高性能可伸缩的容器应用管理能力，支持企业级 Kubernetes 容器化应用的全生命周期管理。容器服务 Kubernetes 版简化集群的搭建、扩容等工作整合阿里云虚拟化、存储、网络和安全能力，打造云端最佳的 Kubernetes 容器化应用运行环境。

- 弹性容器实例 ECI

阿里云弹性容器实例（Elastic Container Instance）是 Serverless 和容器化的弹性计算服务。用户无须管理底层 ECS 服务器，只需提供打包好的镜像即可运行容器，并仅为容器实际运行消耗的资源付费。

- 容器镜像服务 ACR

容器镜像服务（Container Registry）提供安全的镜像托管能力稳定的国内外镜像构建服务、便捷的镜像授权功能，方便用户进行镜像全生命周期管理。容器镜像服务简化了 Registry 的搭建运维工作，支持多地域的镜像托管，并联合容器服务等云产品为用户打造云上使用 Docker 的一体化体验。

10.3.4　腾讯云

腾讯云是腾讯倾力打造的云计算品牌，以卓越的科技能力助力各行各业数字化转型，为全球客户提供领先的云计算、大数据、人工智能服务以及定制化行业解决方案。腾讯云基于 QQ、微信、腾讯游戏等海量业务的技术锤炼，从基础架构到精细化运营，从平台实力到生态能力建设，为企业和创业者提供集云计算、云数据、云运营于一体的云端服务体验。

在容器方面，腾讯云提供了如下解决方案：

- 容器服务

腾讯云容器服务（Tencent Kubernetes Engine，TKE）基于原生 Kubernetes 提供以容器为核心的、高度可扩展的高性能容器管理服务，如图 10-5 所示。腾讯云容器服务完全兼容原生 Kubernetes API，扩展了腾讯云的 CBS、CLB 等 Kubernetes 插件，为容器化的应用提供高效部署、资源调度、服务发现和动态伸缩等一系列完整功能，解决用户开发、测试及运维过程的环境一致性问题，提高了大规模容器集群管理的便捷性，帮助用户降低成本、提高效率。容器服务免费使用，但是涉及的其他云产品单独计费。

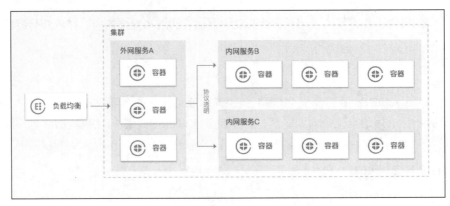

图 10-5

- 容器实例服务

容器实例服务（Container Instance Service，CIS）可以帮用户在云上快捷、灵活地部署容器，让用户专注于构建程序和使用容器而非管理设备上。无须预购 CVM（云服务器）就可以在几秒内启动一批容器来执行任务。同时，开发者也可以通过 Kubernetes API 把已有 Kubernetes 集群的 Pod 调度到 CIS 上以处理突增业务。CIS 根据实际使用的资源计费，可以帮用户节约计算成本。使用 CIS 可以极大地降低用户部署容器的门槛以及用户执行批量型任务或处理业务突增的成本。

10.4　自建还是托管

容器是现代软件交付的未来，而 Kubernetes 是编排容器的最佳方案（事实上的标准）。要管理好企业的工作负载，对大多数团队和企业都是一个极大的挑战。Kubernetes 控制组对 Pod（k8s 最小基本操作单元）进行调度、部署、伸缩以及如何利用网络和底层存储。部署 k8s 集群后，IT 运维团队必须确保 Pod 的运行情况、HA（高可用性集群）、零宕机、环境升级等。随着集群规模增加，需要投入资金构建、安装、运维、扩展自己的集群管理基础设施，而且需要投入大量技术人员和专家来维护和扩展 k8s 集群。

10.4.1　自建容器服务存在的问题

在前面的章节，我们搭建 k8s 集群的时候会遇到不少问题。由于集群和环境的复杂性，自建容器服务往往会存在以下问题：

- 自建容器管理基础设施通常涉及安装、操作、扩展自己的集群管理软件、配置管理系统和监控解决方案，管理和维护非常复杂，成本也高。
- 需要根据业务流量情况和健康情况人工确定容器服务的部署，可用性和可扩展性相对较差。
- 自建容器服务因其内核等问题，租户、设备、内核模块隔离性都相对比较差。
- 自建容器服务的网络无保证，因此无法保证使用镜像创建容器的效率。
- 需要投入资金构建、安装、运维、扩展自己的集群管理基础设施，成本开销大。

10.4.2　云端容器服务的优势

相比自建容器服务，云端容器服务有以下优势：

- 开箱即用。如果自建容器服务集群，抛开故障处理的时间不谈，一个 k8s 专家搭建一个高可用的 k8s 集群往往也需要一周左右的时间。
- 简化集群管理。各大云厂商往往都会提供超大规模容器集群管理、资源调度、容器编排、代码构建，屏蔽底层基础构架的差异，简化分布式应用的管理和运维，我们仅需启动容器集群、指定任务运行即可，而无须承担集群管理的工作。
- 扩展灵活，并可以快速集成云端资源，比如负载均衡服务、公网 IP 等。
- 资源高度隔离，服务高可用。
- 高效。镜像快速部署，业务持续集成。
- 监控统计指标完备。云端服务往往能够提供完整的集群、节点、服务、容器等指标的监控统计数据，以验证集群是否正常运行并且提供警告。

结合以上考虑，对于一些新手或者对 k8s 不太了解的用户，建议着重考虑云端容器服务。

10.5　一般应用服务部署流程

为了让大家更好地理解和使用云端产品，接下来我们将结合腾讯云容器服务，根据日常情况下应用服务部署的情况来讲解本流程。同时，在下一章，我们将结合 DevOps 来延伸讲解。

在开始之前，有很多额外的初始步骤，比如注册、充值等，这里先行略过，只围绕一般情况下服务部署到云端的配置和部署流程进行讲解。这里再强调一下前提条件：

- 腾讯云账号正常并且资金足够，或者无门槛代金券充足，能够满足此次使用。
- 本地服务镜像已经打包完毕（具体可以参阅之前的讲解）。
- 已经充分阅读了前面的教程，或者对容器服务已经比较了解。

满足了以上前提条件，对于一般情况下服务托管到腾讯云，主要流程如图 10-6 所示。

图 10-6

10.5.1　创建集群和节点

集群就是容器运行所需云资源的集合，包含了若干台云服务器、负载均衡器等腾讯云资源。节点就是一台已注册到集群内的云服务器。

如果大家对此不是很理解，可以做一个比喻——集群就好比某款手游软件，节点就如同该手游软件中的某个区，我们要玩游戏的话就必须登录到某个区才能玩，如同我们的服务实例最终也要分布在各个节点上。

> **注　意**
>
> 集群创建完毕之后，可以添加已有的节点，也就是已购买的服务器，不过操作系统必须一致！如果不一致，那么添加已有节点时可以自动重置该服务器的操作系统。

创建界面如图 10-7 所示。

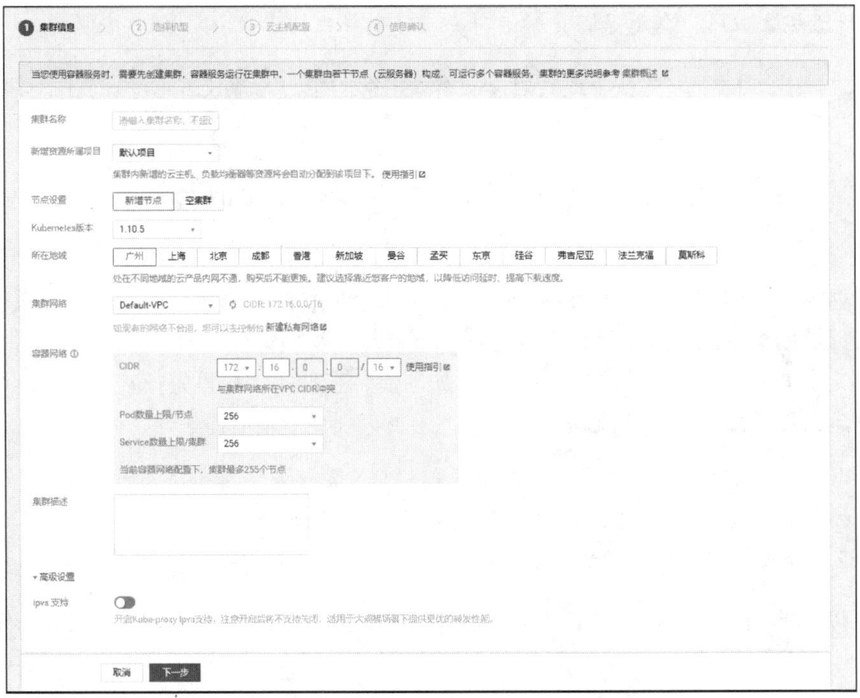

图 10-7

10.5.2　创建命名空间和镜像

除了 Docker 官方提供了 Docker Hub 官方镜像仓库之外，各大云厂商往往也提供了自己的镜像仓库，比如腾讯云的镜像仓库 TencentHub。如果我们要获得最佳体验，那么使用云端产品时建议将 Docker 镜像推送到该云产品的镜像仓库，这样镜像拉取的延迟更小，支持粒度以及可用性更高。

注　意

此步骤不是必需的，使用云端产品时，我们依然可以使用官方镜像和第三方公共镜像。

我们将使用 TencentHub，也就是腾讯云的镜像仓库。在容器服务的管理页就可以看到入口，如图 10-8 所示。

图 10-8

首先，我们需要创建命名空间和镜像。

（1）创建命名空间

进入"我的镜像"页面，创建命名空间，操作比较简单，如图 10-9 所示。

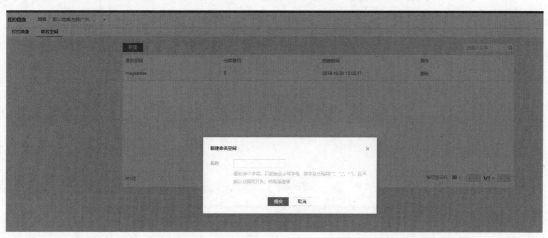

图 10-9

命名空间可以理解为目录或者前缀，能起到一定的分类和约束作用，可以使用公司的名称或者自己心中神往的词汇，只要易于理解就行。创建命名空间之后，我们就需要创建镜像了。

（2）创建镜像

创建镜像的操作比较简单，如图 10-10 所示。

图 10-10

新建页面如图 10-11 所示。

图 10-11

整个创建过程和在 GitHub 上创建一个代码库非常类似。我们在创建代码库的时候需要填写路径（命名空间）和项目名称（镜像名称），如图 10-12 所示。

图 10-12

通过代码库的类比，可以更好地理解镜像仓库。

10.5.3 创建服务

镜像有了，接下来就可以创建服务了，相当于是把我们的代码丢到 Web 服务器上跑起来。服务很易于理解，比如数据库服务、Web 服务等。腾讯云容器服务的创建过程如图 10-13、图 10-14 所示。

图 10-13

图 10-14

1. 基本设置

基本设置如图 10-15 所示。其中，服务名称建议和镜像名称保持一致。

图 10-15

2. 容器设置

（1）名称设置

容器名称支持最长 63 个字符，只能包含小写字母、数字及分隔符（"-"），且不能以分隔符开头或结尾。

（2）镜像设置

我们在此直接输入镜像地址，比如"mysql"，如图 10-16 所示。也可以选择在"我的镜像""我的收藏""公有镜像""DockerHub 镜像"和"其他镜像"中进行设置，如图 10-17 所示。

图 10-16

图 10-17

（3）资源限制

我们可以在此设置容器服务实例的资源限制，比如 CPU 和内存资源的最小值/最大值，如图 10-18 所示。

值得注意的是，只有当节点上可分配资源量大于等于容器限制资源最小值时才允许将容器调度到该节点。一般情况下，建议根据相关应用的实际负载进行配置，同时也可以结合腾讯云并根据服务的历史负载提供的推荐值进行配置。

图 10-18

（4）数据卷设置

腾讯云容器服务的数据卷基于 k8s 数据卷进行封装，具有明确的生命周期管理，支持多种类型的数据卷，同时 k8s 实例（Pod）可以使用任意数量的数据卷。目前支持以下类型的数据卷（见图 10-19）：

- **本地硬盘**：将容器所在宿主机的文件目录挂载到容器的指定路径中（对应 Kubernetes 的 HostPath），也可以不填写源路径（对应 Kubernetes 的 EmptyDir），不填写时将分配主机的临时目录挂载到容器的挂载点，指定源路径的本地硬盘数据卷适用于将数据持久化存储到容器所在宿主机，EmptyDir 适用于容器的临时存储。
- **云硬盘**：腾讯云基于 CBS 扩展的 Kubernetes 的块存储插件。可以指定一块腾讯云的 CBS 云硬盘挂载到容器的某一路径下，容器迁移，云硬盘也会跟随迁移。云硬盘数据卷适用于数据的持久化保存，可用于 MySQL 等有状态服务。设置云硬盘数据卷的服务，实例数量最大为 1。
- **NFS 盘**：可以使用腾讯云的文件存储 CFS，也可以使用自建的文件存储 NFS，只需要填写 NFS 路径即可。NFS 数据卷适用于多读多写的持久化存储，适用于大数据分析、媒体处理、内容管理等场景。
- **配置文件**：将配置项中指定的 key 映射到容器中（key 作为文件名）。配置项数据卷主要用于业务配置文件的挂载，可以用于挂载配置文件到指定容器目录。

图 10-19

使用数据卷时有以下注意事项：

- 创建数据卷后需要设置容器的挂载点。
- 同一个服务下数据卷的名称和容器设置的挂载点不能重复。
- 本地硬盘数据卷源路径为空时，系统分配临时目录在 /var/lib/kubelet/Pods/Pod_name/volumes/kubernetes.io~empty-dir。使用临时的数据卷的生命周期与实例的生命周期保持一致。
- 数据卷挂载需要设置权限，默认设置为读写权限。

在后续章节，我们会结合具体实践讲述相关的详细配置。

（5）健康检查

腾讯云容器集群内核基于 k8s，而 k8s 支持对容器进行周期性探测，根据探测结果来判断容器的健康状态，并执行额外的操作。目前，健康检查分为两大类别：容器存活检查和容器就绪检查。

- **容器存活检查**：该检查方式用于检测容器是否存活，类似于我们执行 ps 命令检查进程是否存在。如果容器的存活检查失败，集群会对该容器执行重启操作；若容器的存活检查成功，则不执行任何操作。

- **容器就绪检查**：该检查方式用于检测容器是否准备好开始处理用户请求。一些程序的启动时间可能很长，比如要加载磁盘数据或者要依赖外部的某个模块启动完成才能提供服务。这时程序进程在，但是并不能对外提供服务。在这种场景下，该检查方式就非常有用。如果容器的就绪检查失败，那么集群会屏蔽请求访问该容器；若检查成功，则会开放对该容器的访问。

健康检查方式目前支持以下三种：

- **TCP 端口检查**：对于提供 TCP 通信服务的容器，集群周期性地对该容器建立 TCP 连接，如果连接成功，就证明探测成功，否则探测失败。选择 TCP 端口探测方式，必须指定容器监听的端口。比如 redis 容器的服务端口是 6379，对该容器配置了 TCP 端口探测后，指定探测端口为 6379，集群就会周期性地对该容器的 6379 端口发起 TCP 连接，如果连接成功就证明检查成功，否则检查失败。相关配置如图 10-20 所示。

图 10-20

- **HTTP 请求检查：** 针对的是提供 HTTP/HTTPS 服务的容器，集群周期性地对该容器发起 HTTP/HTTPS GET 请求，如果 HTTP/HTTPS response 返回码属于 200~399，就证明探测成功，否则探测失败。使用 HTTP 请求探测必须指定容器监听的端口和 HTTP/HTTPS 的请求路径。例如，提供 HTTP 服务的容器，服务端口为 80，HTTP 检查路径为/health-check，那么集群会周期性地对容器发起请求：GET http://containerIP:80/health-check。
- **执行命令检查：** 一种强大的检查方式，要求用户指定一个容器内的可执行命令，集群周期性地在容器内执行该命令，如果命令的返回结果是 0，那么检查成功，否则检查失败。

相关具体的配置，可以结合服务实际情况来进行。

（1）访问设置（见图 10-21）

如果服务需要提供对外访问（比如 WordPress 等 Web 服务），就需要设置为"提供公网访问"，并且设置好相关端口（80、443）；如果仅需提供内部服务，如数据库服务等，那么仅需按实际情况提供内网访问即可。

在这几种访问方式中，"提供公网访问""仅在集群内访问""VPC 内网访问"基于 k8s Ingress 完成，支持负载均衡，支持绑定多个域名。在本章的最后，笔者分享了一些小技巧，这里就不多介绍了。

图 10-21

（2）自动伸缩配置

腾讯云容器服务支持服务实例的自动调节，可以根据 CPU、内存、出入带宽来自动触发实例的调节，如图 10-22 所示。

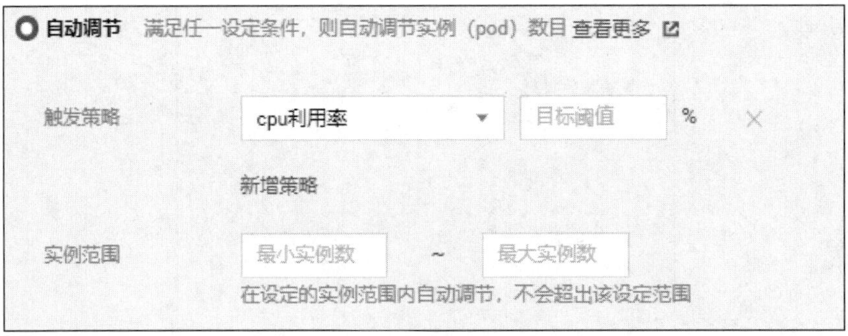

图 10-22

服务创建完成之后，我们希望镜像在推送之后能够自动触发服务更新。因此，我们还需要配置镜像触发器。

10.5.4　配置镜像触发器

镜像触发器可以在每次生成新的 Tag（镜像版本）时自行执行动作，如自动更新使用该镜像仓库的服务。

在"我的镜像"页面中，单击刚添加的镜像名称，进入详情页，然后单击"触发器"标签来打开触发器管理页面，如图 10-23 所示。

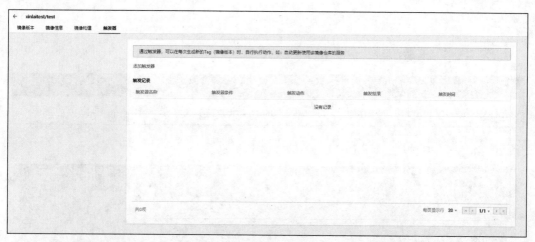

图 10-23

单击"添加触发器"按钮可以创建触发器，相关配置如图 10-24 所示。

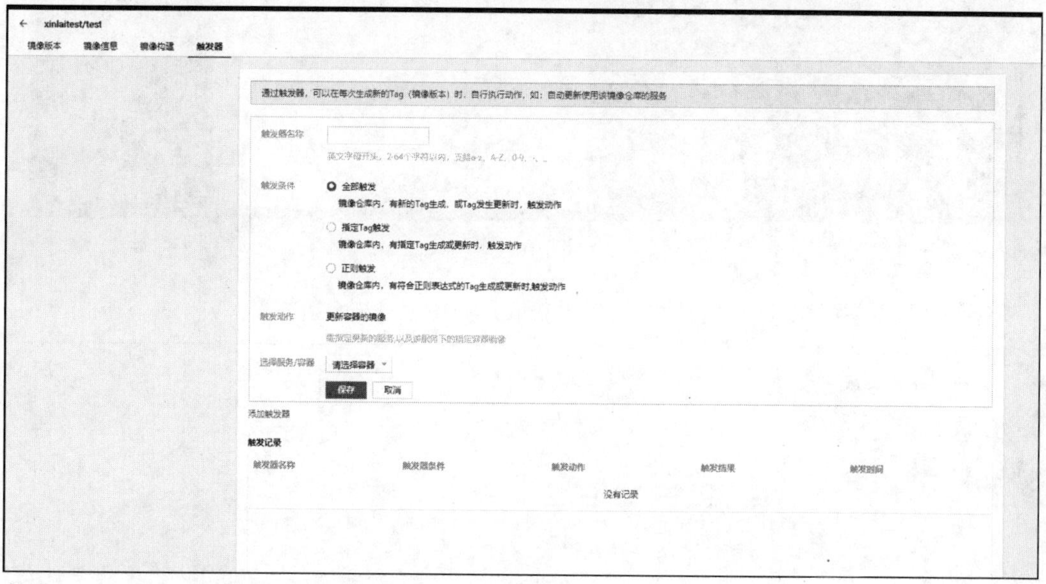

图 10-24

我们需要选择对应的容器服务，推荐使用"全部触发"，也可以根据自己的需求设置"指定Tag 触发"，比如针对生产、测试和开发环境。

10.5.5　推送镜像

触发器设置好了，类似整个水管都铺设好了，只要打开水龙头就可以开闸放水了，这里的"水"指的就是镜像。我们只需将镜像推送到腾讯云镜像仓库，即可自动完成整个服务部署流程。

镜像推送的方式有很多，比如通过 CI 工具构建和推送，也可以通过脚本来推送已有的镜像。这里将通过脚本来推送镜像。

核心脚本代码为：

```
docker login --username {用户名} --password {密码} ccr.ccs.tencentyun.com
docker push {镜像名称}:{镜像版本}
```

注　意

ccr.ccs.tencentyun.com 为腾讯仓库的地址。username 为腾讯云账号 Id，密码为仓库密码。

如果忘记密码，可以在如图 10-25 所示的界面中重置。

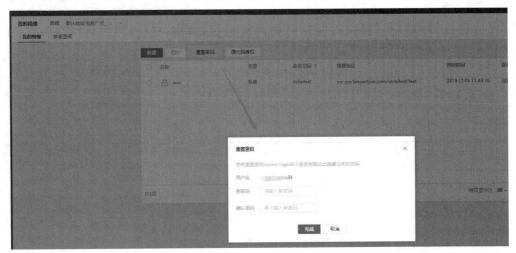

图 10-25

镜像地址可以从腾讯云的"我的镜像"中获取，如图 10-26 所示。

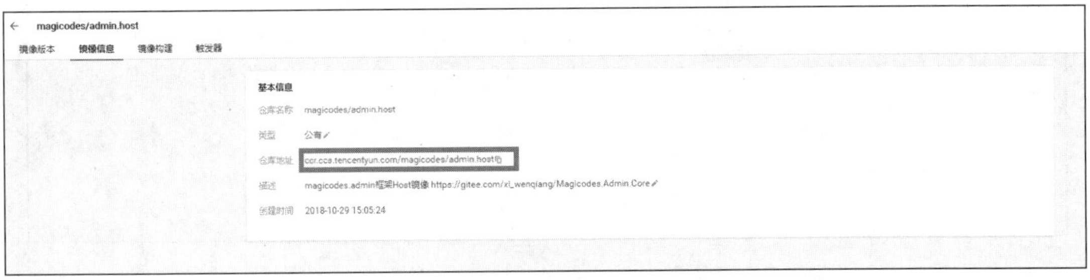

图 10-26

10.6　如何节约云端成本

上云在大部分情况下就是为了降低成本。主流的容器服务基本上都能够有效地降低成本——不但能够高效自动化地管理和控制容器,极大地降低 DevOps 的维护成本,而且不需支付 Kubernetes Master 节点的管理费用。不过,我们还可以在此基础上进一步节约成本,下面介绍几个技巧。

10.6.1　无须过度购买配置,尽量使用自动扩展

传统 IT 往往会过度购买配置,甚至上一年就计划了下一年需要购买的虚拟机和存储资源,甚至会超买,造成很多不必要的消费(云资源一经购买,无论是否使用均会按时收费)。在云端,k8s 拥有极高的扩展性、自动化和可伸缩性,因此我们完全可以对云资源按量付费并且设置自动伸缩。比如对于云端的 k8s 集群,我们可以配置集群节点的伸缩组,以按需使用云端资源,如图 10-27 所示。

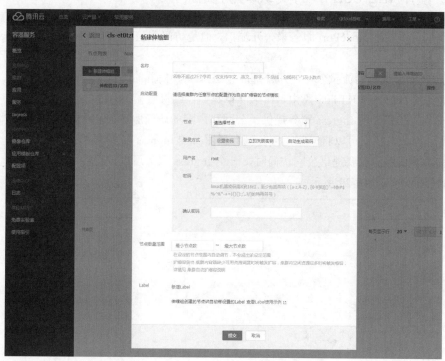

图 10-27

10.6.2　最大化地利用服务器资源

当创建好 k8s 集群后,我们就可以创建容器服务了。不过,容器服务的创建是有限制的,比如图 10-28 所示的这个集群。

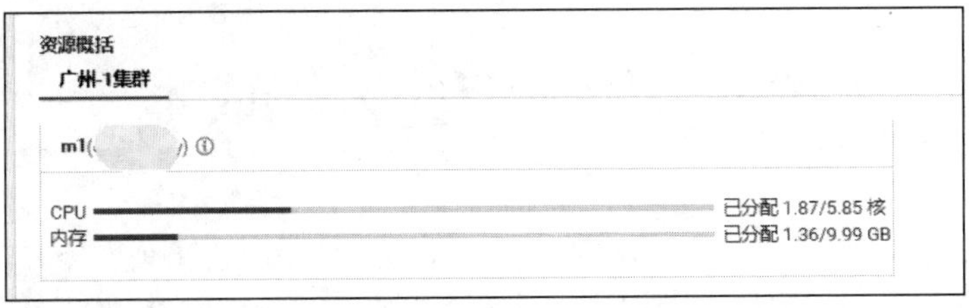

图 10-28

如果我们在创建服务时设置了各个服务的 CPU 限制和内存限制，那么哪怕当前容器实际的资源消耗低得可怜，我们也有可能无法继续创建容器服务，因为只有当当前节点上可分配资源量大于等于容器限制资源最小值时才允许将容器调度到该节点。这时，如果我们对程序有信心，或者希望更大限度地利用云端资源，可以将 CPU 限制和内存限制留空，也就是不做任何限制，以便更大程度地利用好云资源。不过此项设置有风险，比如有的服务特别费资源或者代码编写不当，那么势必会影响其他容器服务的稳定，因此仅推荐开发测试环境使用。

10.6.3　使用 Ingress 节约负载均衡资源

虽然我们可以通过 NodePort 服务来公开端口，但是访问体验确实不太友好，因此 Ingress 是我们的首选。

Ingress 是 k8s 集群的流量入口，即外部流量进入 k8s 集群的必经之路，其公开了从集群外部到集群内服务的 HTTP 和 HTTPS 路由。在第 9 章我们已经讲解了 Ingress，这里侧重谈一下腾讯云的 Ingress 服务。腾讯云的 Ingress 服务提供了公网和内网的访问服务，仅当提供公网访问时 Ingress 才按时收费。因此，我们可以将一些无须公网容器服务的 Ingress 配置为内网访问。

当我们的容器服务需要提供公网访问时，一个 Ingress 服务可以设置多个转发配置，从而达到节省成本的目的，如图 10-29 所示。

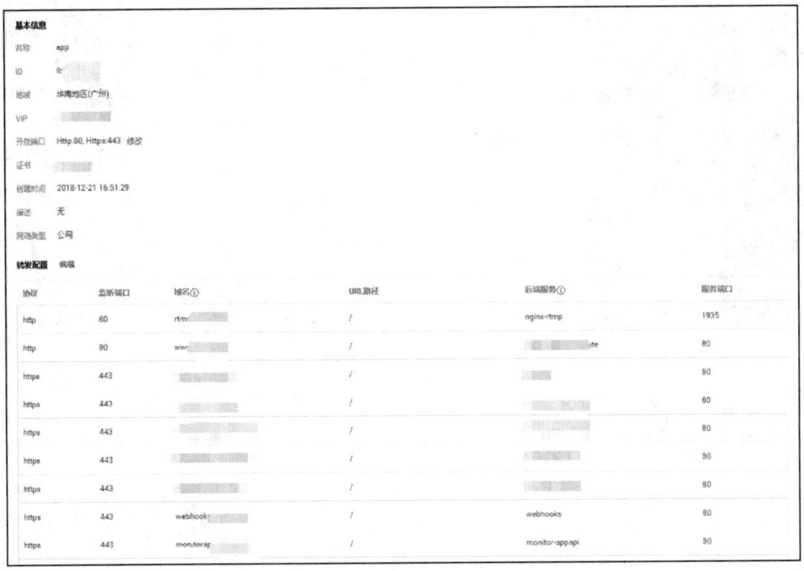

图 10-29

如上所示，我们通过一个 Ingress 服务配置了多个转发，也就是说我们可以通过一个 Ingress 和一个负载均衡服务完成多个应用的域名服务转发，也可以完成一个应用的多个域名多个微服务的域名转发。

10.6.4　使用 NFS 盘节约存储成本

容器服务的数据卷支持本地硬盘（主机目录）、云硬盘、NFS 盘和配置项。通常情况下，我们会使用云硬盘，但是一个云硬盘仅能挂载到一个容器服务实例，既不利于存储数据的共享，也不利于存储资源的最大化利用。

在对 I/O 性能要求不高的情况下，推荐使用 NFS 盘（见图 10-30）。NFS 数据卷适用于多读多写的持久化存储，适用于大数据分析、媒体处理、内容管理等场景，可以使用腾讯云的文件存储 CFS，也可以使用自建的文件存储 NFS。

图 10-30

10.7　问题处理

将服务托管到云端时，可能会碰到一些问题。各大厂商的云端 k8s 集群往往做过封装：一方面，部分厂商会提供一些工具和服务，有助于我们排查问题；另一方面，功能不一定齐全，并且包含各个细节的输出。在很多情况下，出现问题时我们可以结合前面章节的思路来处理，也可以利用云厂商提供的一些功能和工具。这里结合几个例子进行讲解。

10.7.1　镜像拉取问题

问题表象：腾讯云容器服务镜像拉取问题，如图 10-31 所示，容器出现异常，但是无日志输出。

图 10-31

> **提 示**
>
> 消息提示 "容器拉取镜像失败"，无具体详情，如图 10-32 所示。
>
>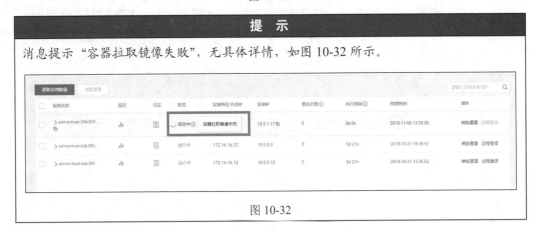
>
> 图 10-32

可以尝试在相关节点上拉取镜像来查看具体日志错误，比如执行以下命令：

```
sudo su
docker login --username {用户名} --password {密码} ccr.ccs.tencentyun.com
docker pull {镜像名称}
```

运行结果如图 10-33 所示。

```
Error response from daemon: Get https://ccr.ccs.tencentyun.com/v2/magicodes/admin.host/manifests/latest: una
root@VM-16-12-ubuntu:/home/ubuntu# docker login --username 100005857841 --password 123456abcD. ccr.ccs.tencen
WARNING! Using --password via the CLI is insecure. Use --password-stdin.
Login Succeeded
root@VM-16-12-ubuntu:/home/ubuntu# docker pull ccr.ccs.tencentyun.com/magicodes/admin.host:latest
latest: Pulling from magicodes/admin.host
e46172273a4e: Pulling fs layer
32a31079c447: Pulling fs layer
8a8736f6f59c: Pulling fs layer
160a19d49e83: Waiting
f9961e26464a: Waiting
e0c0af69ed63: Waiting
b50747f5aa06: Waiting
042f16ab03cc: Waiting
306fc2eb4408: Waiting
83acc571c7f9: Waiting
image operating system "windows" cannot be used on this platform
root@VM-16-12-ubuntu:/home/ubuntu#
```

图 10-33

如图 10-33 所示，目标镜像仅支持 Windows 操作系统，并不支持 Ubuntu，因此我们需要在构建时设置目标平台（基于 Windows 10，也可以构建 Linux 平台的镜像），尤其是相关 CI 工具的配置。

10.7.2　绑定云硬盘之后 Pod 的调度问题

在云端，我们往往会使用云硬盘来存储应用数据，但是由于云硬盘仅能同时绑定一个 Pod，因此在某些情况下，比如当前节点资源不足驱逐 Pod 时，旧有的 Pod 杀不掉，新的 Pod 起不来，这时该怎么办呢？

解决方案有以下两种：

（1）这种情况往往是默认的更新策略导致的，比如滚动更新（rolling-update，一个接一个地以滚动更新方式发布新版本）策略，由于旧有的 Pod 没有停止，因此导致硬盘无法解绑以重新绑定新的 Pod。这时，我们仅需将更新策略修改为重建（recreate，停止旧版本，部署新版本）即可。

（2）使用 NFS 盘。NFS 盘在前面介绍过，这里不再赘述。

10.7.3　远程登录

在某些情况下，我们需要登录具体的容器实例来排查问题。针对这一点，腾讯云的支持相对友好，如图 10-34 所示。

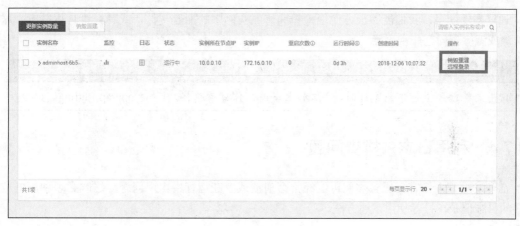

图 10-34

登录之后，我们可以直接执行命令，比如执行 dir 命令列出所有的文件和目录，如图 10-35 所示；也可以上传下载容器实例中的文件，如图 10-36 所示。

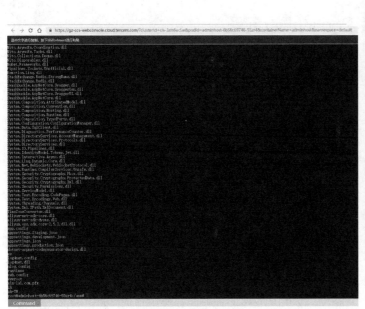
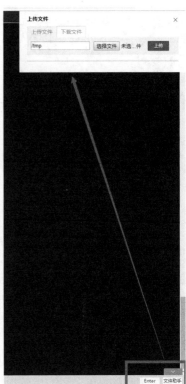

图 10-35   图 10-36

通过文件助手，我们能够很方便地检查和修改实例中的配置文件，或者查看具体日志。这对于调测或者检查问题非常重要。

注　意
使用文件助手上传下载文件时，注意加上当前工作目录路径，比如 "/app/appsettings.json"。

10.7.4　利用日志来排查问题

在开发过程中，容器服务实例可能经常会崩溃或者在运行中出现问题，这时必须利用好应用程序的日志记录，推荐使用下述方法。

● 如果日志量不大，推荐使用容器服务日志（支持即时查看，建议程序根据调测情况按需关闭低等级日志信息），如图 10-37 所示。

图 10-37

- 将日志写入数据卷，然后使用相关工具或服务查看，如图 10-38、图 10-39 所示。

图 10-38

图 10-39

- 对接日志服务，例如腾讯云日志服务 CLS。
- 部署 ELK 来自动收集日志。

第 11 章

容器化后 DevOps 之旅

容器化之后，对 DevOps（Development 和 Operations 的组合词）实践有哪些挑战？如何结合 Docker 和 k8s 来定制 DevOps 流程呢？

先要说明的是，以 Docker 为代表的容器技术的出现，将复杂的环境依赖、配置信息、环境变量等打包进镜像，统一了交付和部署标准，终结了 DevOps 中交付和部署环节因环境、配置、程序本身的不同而造成的各种部署配置不同的困境，大大降低了部署的复杂性。在本章中，我们将结合相关实践进行讲解。

本章主要包含以下内容：

- 什么是 DevOps，为什么需要 DevOps，以及如何实施；
- Docker 与持续集成和持续部署，以及参考流程，包括 Git 代码分支流；
- 使用 Azure DevOps、Tencent Hub 以及 TeamCity 来完成 CI/CD。

11.1　DevOps 基础知识

要想知道为什么需要 DevOps，我们先得了解 DevOps 到底是什么。

11.1.1　什么是 DevOps

DevOps 是一组过程、方法与系统的统称，用于促进开发（应用程序/软件工程）、技术运营和质量保障（QA）部门之间的沟通、协作与整合。它是一种重视"软件开发人员（Dev）"和"IT 运维技术人员（Ops）"之间沟通合作的文化、运动或惯例。通过自动化"软件交付"和"架构变更"的流程来使得构建、测试、发布软件能够更加快捷、频繁和可靠。它的出现是由于软件行业日益清晰地认识到了按时交付软件产品和服务，开发和运维工作必须紧密合作。

11.1.2　为什么需要 DevOps

我们先得结合历史来了解 DevOps 的由来。

技术日新月异，软件需求复杂多变，因此软件工程的过程和方法论也一直在随着变化、进步和升级，如图 11-1 所示。

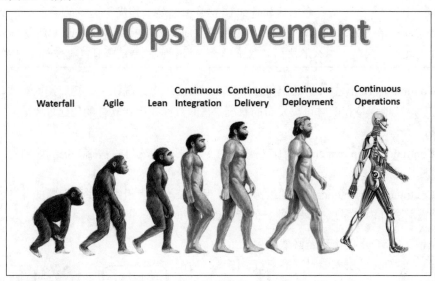

图 11-1

部分名词的含义如下所示。

（1）Waterfall Development，瀑布开发模式，最典型的预见性的方法，严格遵循预先计划的需求、分析、设计、编码、测试的步骤顺序进行。

（2）Agile Development，敏捷开发模式，敏捷开发以用户的需求进化为核心，采用迭代、循序渐进的方法进行软件开发。

（3）Lean Software Development，精益软件开发，侧重于最大限度地提高客户价值，并精简一切无用、多余的内容。

（4）Continuous Integration（CI，持续集成）是一种软件开发实践，即团队开发成员经常集成他们的工作，通常每个成员每天至少集成一次，也就意味着每天可能会发生多次集成。每次集成都通过自动化的构建（包括编译、发布、自动化测试）来验证，以便尽早地发现集成错误。持续集成是 DevOps 实践中非常重要的一部分，这里特地用一个段子来帮助大家理解：

> 徒弟一脸崇拜道："师父，为什么我做出来的飞剑一念咒语不是碎了就是爆了呢？"。
>
> 师父摸了摸胡子道："徒儿莫急，冰冻三尺非一日之寒！为师刻了 3 年的阵法，练习了 3 年的咒语，然后又花了 3 年一起练习，才让第一把飞剑飞上了太空。我看你天资聪慧，顶多 20 年就够了"。
>
> 两年后，徒弟边刻阵法边念咒，突然飞剑的剑身嗖的一下不见了，只余剑柄。
>
> 师父："徒儿，你的飞剑怎么飞了一截出去？"
>
> 徒弟握着剑柄行礼道："师父勿怪，这段时间我对飞剑的制作过程进行了改良，一边

刻阵法一边念咒,现在我对阵法和咒语的掌控都达到了 70%,所以只有前半截飞出去了!"

注　意

集成软件的过程不是新问题,如果项目开发的规模比较小,比如一个人的项目,如果它对外部系统的依赖很小,那么软件集成不是问题,但是随着软件项目复杂度的增加(即使增加一个人),会对集成和确保软件组件能够在一起工作提出更多的要求——要早集成,常集成。早集成、频繁地集成可帮助项目在早期发现项目风险和质量问题,如果到后期才发现这些问题,那么解决问题代价很大,很有可能导致项目延期或者项目失败。

---

(5)Continuous Delivery(持续交付)让软件产品的产出过程在一个短周期内完成,以保证软件可以稳定、持续地保持在随时可以发布的状况。它的目标在于让软件的构建、测试与发布变得更快、更频繁。

(6)Continuous Deployment(CD,持续部署)是在持续交付的基础上把部署到生产环境的过程自动化。

(7)Continuous Operations(持续运营)用于保障公司或者组织提供不间断的业务服务,通过不间断的关键服务和内部系统来保障业务的持续性和不间断。

也就是说,DevOps 的出现是必然结果。

一方面,DevOps 的引入能对产品交付、测试、功能开发和维护(包括曾经罕见但如今已屡见不鲜的——"热补丁")起到意义深远的影响。在缺乏 DevOps 能力的团队中,开发与运营之间存在着信息"鸿沟"——例如运维人员要求更好的可靠性和安全性,开发人员希望基础设施响应更快,而业务用户的需求则是更快地将更多的特性发布给最终用户使用。这种信息鸿沟就是经常出问题的地方。如图 11-2 所示的"参不透的隔阂墙"会瞬间将敏捷开发打回瀑布式开发时代。因此,DevOps 经常被描述为"开发团队与运营团队之间更具协作性、更高效的关系"。由于团队间协作关系的改善,整个组织的效率因此得到提升,伴随频繁变化而来的生产环境的风险也能得到降低。

另一方面,通过 DevOps,各专业团队之间的协调和协作得到改善,缩短了将更改提交到系统与将更改投入到生产之间的时间,但是它还可确保此过程符合安全性和可靠性标准。总的来说,借助 DevOps,团队可以更快、更可靠地交付软件,可以提高客户的满意度。

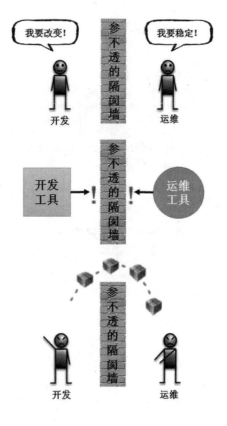

图 11-2

11.1.3　DevOps 对应用程序发布的影响

在很多企业中，应用程序发布是一项涉及多个团队、压力很大、风险很高的活动。然而在具备 DevOps 能力的组织中，应用程序发布的风险很低，原因如下：

（1）减少变更范围

与传统的瀑布式开发模型相比，采用敏捷或迭代式开发意味着更频繁的发布、每次发布包含的变化更少。由于经常进行部署，因此每次部署都不会对生产系统造成巨大影响，应用程序会以平滑的速率逐渐生长。

（2）加强发布协调

靠强有力的发布协调人来弥合开发与运营之间的技能鸿沟和沟通鸿沟；采用电子数据表、电话会议、即时消息、企业门户（Wiki、SharePoint）等协作工具来确保所有相关人员理解变更的内容并全力合作。

（3）自动化

强大的部署自动化手段确保部署任务的可重复性、减少部署出错的可能性。

11.1.4　如何实施 DevOps

DevOps 是一种理念、一种思维和一种工作方式，更是一种团队文化。一方面，我们要加强整个开发生命周期的自动化过程，涉及整个开发生命周期中的持续开发、持续测试、持续集成、持续部署、持续监控、持续反馈和持续改进，以便保障快速、安全和高质量的软件开发和发布。另一方面，我们需要保障所有利益相关者在一个循环中，加强团队协作和沟通，促进团队学习和成长。

很多人认为使用 Docker、k8s、Jenkins、Azure DevOps 等工具就是走 DevOps，其实如果仅仅是使用工具本身，那并不是什么 DevOps。同样的，团队如果使用了敏捷、有自动化代码流水线、有看板等，也并不能说是实现了 DevOps。

在此特别说明的是，要成功地转换为 DevOps，团队文化才是关键，技术和工具仅仅是辅助和手段而已。每个团队都是独一无二的，因此没有一刀切的能够提高软件质量和效率的方法。

彼得·德鲁克说过：“效率是用正确的方式做事，有效性是指做正确的事。”有效性被定义为做正确的事情并实现预期的结果，而要做正确的事情，就必须了解目标、具体的短期目标以及如何实现这些目标。如果目标错了，再努力也只是南辕北辙而已。

综上所述，团队如果要持续地实施 DevOps，那么以下因素需要重点考虑：

- 实施有效的 DevOps。
- 持续地促进团队协作、交流和沟通，建立良好的协作、沟通机制。
- 确保整个团队了解软件生命周期，并持续改进过程和目标。
- 选择合适的工具和工作流程来支持和增强团队的 DevOps，并保证足够的自动化。
- 从故障和问题中吸取经验和教训。
- 持续学习，为团队提供一些时间来培养技能、开展试验，以及学习和分享新的工具和技术。

DevOps 是如此引人入胜，文化建设、组织架构调整是重点，但是流程的自动化也是重中之重。在容器化之后，我们该如何基于容器完成持续集成、持续交付、持续部署的 DevOps 阶段目标呢？

11.2　Docker 与持续集成和持续部署

如上面所述，持续集成和持续部署是 DevOps 实践的重要部分，做好持续集成和持续部署可以让软件开发一日千里，参看下面的段子：

> 师父："徒儿，你真的在短短 3 年就让飞剑飞起来了？"
>
> 徒弟："弟子愚钝，在刻剑的过程中备觉无聊，又不喜欢哼歌，于是索性边练咒边刻剑。后面徒儿发现，如果刻错了或者念错了，飞剑就会提前直接爆炸，虽然每次炸的什么都没了，但是能够尽早发现错误，所以徒儿才能一日千里！"
>
> 师父摸了摸胡须道："原来如此！"

11.2.1　Docker 与持续集成和持续部署

相比其他技术，Docker 在持续集成（CI）、持续部署（CD）方面有着先天的优势。一般情况下，实现持续集成、持续部署往往会遇到以下问题：

（1）复杂的依赖关系

不同的项目环境，不同的语言，不同的程序包依赖，甚至是操作系统的依赖等，都会影响持续集成的自动化脚本执行。而且依赖包之间的兼容性、版本的兼容性、间接依赖或者多重依赖等问题对于开发和运维来说都是噩梦，就如以下对话：

> 徒弟："师父，我按照您教的方式念咒，为什么飞剑飞起来之后就收不回来了？"
>
> 师父直接一巴掌，说："兔崽子，上次就和你说了，咒语现在最低的兼容级别是——普通话二级乙等！谁叫你说长沙话的？！"

（2）不一致的环境

在通常的环境中，我们需要准备好开发、测试和生产环境，往往开发环境随便开发人员折腾，有时操作系统或者依赖软件的版本不同、组件不同、配置不一样，都足够让开发环境正常运行的程序在测试环境上跑不起来，造成测试人员和开发人员的故意伤害事件，导致"行凶人员"后悔万分，感悟到"冲动就是魔鬼"的箴言。我们还是以对话来阐述这个问题：

> 徒弟拿出普通话二级乙等证书道："师父，我苦学普通话，终于达到普通话二级乙等。然后按照您教的方式念咒了，之后为什么飞剑飞起来之后还是没法收回来？"
>
> 师父又是一巴掌，说："兔崽子，你没看到下雨了么？"
>
> 徒弟弱弱地问："这个和下雨有关系么？是不是雨天法术受雨滴干扰，咒语的效果受到影响呢？"
>
> 师父指着外面道："不赶紧把被子收回来烘干，你的飞剑就甭想要了！"

（3）应用架构的复杂性和配置的多样性

现在的系统架构越来越复杂，甚至由多种开发语言组成，而且包含前后端等多方面内容。这些可能会导致其部署方式的不同以及配置的复杂性，并且一个系统维护到后面往往有很多历史遗留问题，比如各种配置文件和配置方式、各种补丁、各种脚本等，这些因素会导致自动化流程非常麻烦。继续看一段对话：

徒弟："师父，被子收好了，但是飞剑越飞越远了，是不是可以教我如何收回我的飞剑啦？"

师父睁开一只眼："普通话念完后，用长沙话再念一遍收剑咒！前几天，为师对收剑咒又进行了改造。"

徒弟用长沙话念完，飞剑还是在天空中乱窜，并没有降下来的意思。徒弟赶紧问道："师父，为啥还是不行呢？"

师父弹了弹手指，远处一根若隐若现的细线展现出来，师父指着那根线说："看到那边那根线没？还不赶紧去追！"

（4）部署流程不标准，难以持续部署

传统的部署模式随着应用不同、编程语言不同、环境不同而变得复杂多变，不但是部署工具、部署方式多样，很难统一，很难做好差异化部署，而且往往无法很好地管理部署的版本，从而导致无法回退等。因此，部署流程很难标准化，大大增加了自动化部署的难度、部署的风险以及持续部署的压力。

相比这些问题，使用 Docker 就简单方便多了（见图 11-3）。

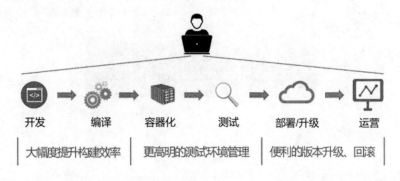

图 11-3

首先，Docker 可以让我们非常容易和方便地以"容器化"的方式去构建和部署应用，大幅度提升了构建效率。它就像集装箱一样，打包了所有依赖，再在其他服务器上部署时就很容易，不至于换服务器后发现各种配置文件散落一地。这样就解决了编译时依赖和运行时依赖的问题。

其次，Docker 的隔离性使得应用在运行时就像处于沙箱中，每个应用都认为自己是在系统中唯一运行的程序，这样就可以很方便地在一个系统中部署多种不同环境来解决依赖复杂度的问题，相关环境的管理也变得尤为简单。

最后，Docker+k8s 完全可以标准化我们的部署流程，自动部署完全没有压力，配合高可用的k8s 集群，基于应用的滚动更新策略，持续运营也变得非常简单而高效，应用的升级和回滚也变得毫无压力。

使用 Docker 实现持续集成和持续部署（见图 11-4）时，可以非常方便地使用一些工具来完成，比如 Azure DevOps、Tencent Hub、Jenkins 和 TeamCity，也可以自己搭建集成环境或者编写通用脚本实现。接下来我们会逐步进行介绍，但在开始之前需要继续了解一下相关的 CI、CD 流程。

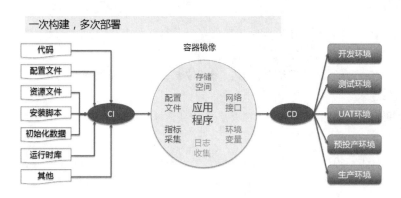

图 11-4

11.2.2　参考流程

一般情况下，Docker 的 CI、CD 流程如图 11-5 所示。

图 11-5

相关步骤说明如下：

- 开发者提交代码

开发者提交代码时作为流程的开始，这里代码的版本管理推荐使用 Git。关于 Git 版本库的使用，这里就不详述了，只是建议产品团队可以选择合适的 Git 代码分支流来应用于开发，如图 11-6 所示。

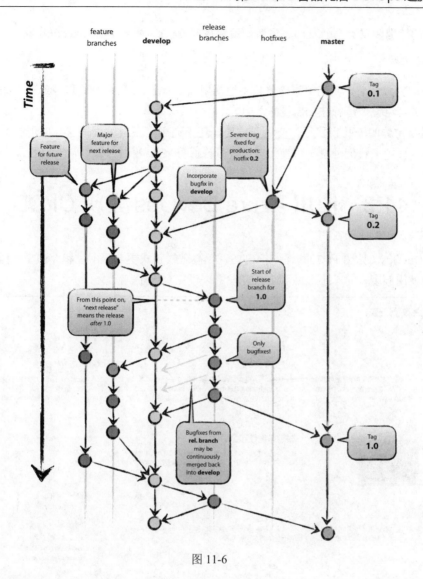

图 11-6

● 触发镜像构建

可以使用 Git 仓库的 WebHook 来触发，也可以利用相关工具进行代码监控。当发现存在变更时，自动拉取目标分支代码镜像构建（构建核心命令为"docker build"）。

● 构建镜像上传至私有仓库

镜像构建完成后，我们需要将镜像推送到相关私有的镜像仓库，建议在构建时根据代码分支来写入相应的标签前缀，这样就可以根据标签前缀来选择对应环境执行自动部署了，比如开发环境、测试环境和生产环境的自动部署，这样只要控制好分支权限就可以了。这一步，需要用"docker login"命令来登录私有仓库，使用"docker push"命令来推送镜像。

● 镜像下载至执行机器

镜像推送到私有仓库之后，我们可以使用 CD 工具来自动拉取镜像以执行部署，也可以利用云端 k8s 集群的镜像触发器来触发部署更新。镜像拉取的核心命令为"docker pull"。

- 镜像运行

镜像拉取完成之后，我们可以简单粗暴地使用"docker run"命令让镜像运行起来，但是一般情况下我们推荐将镜像运行在 k8s 集群之中。

以上就是主体的一些步骤了，简单又方便，还很通用，不限编程语言、应用类型和平台。根据这个思路，接下来我们分享一下使用相关工具或服务来实施 CI、CD 等的流程。

11.3 使用 Azure DevOps 完成 CI/CD

Azure DevOps（见图 11-7）以前叫 VSTS，后被微软正式更名。不过和 VSTS 一样，微软都提供了免费的使用额度，对于小团队和个人开发者来说完全够了。

图 11-7

Azure DevOps 是一个很强大的免费在线服务，不仅适用于容器化应用，也适配主流的传统应用。这里，我们主要来了解一下适用于容器的 CI/CD 流程。

11.3.1　适用于容器的 CI/CD 流程

使用容器可轻松地持续生成和部署应用程序。Azure DevOps 可以通过设置持续版本以生成容器映像和业务流程，让我们能更快、更可靠地进行部署。图 11-8 所示是一个适用于容器和 Azure 的 CI/CD 流程。

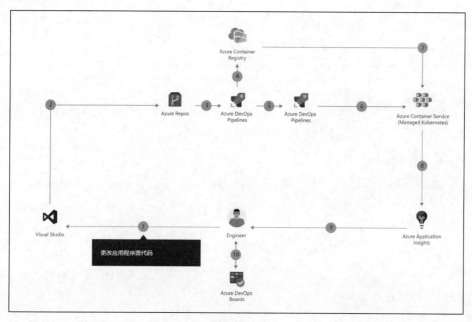

图 11-8

步骤说明如图 11-9 所示。

图 11-9

11.3.2　使用 Azure DevOps 配置一个简单的 CI/CD 流程

Azure DevOps 服务涵盖了整个开发生命周期，可帮助开发人员更快地高质量交付软件，提供了 Azure Pipelines、Azure Boards、Azure Artifacts、Azure Repos 和 Azure Test Plans。关于 Azure DevOps，我们就介绍到这里。

现在，我们需要侧重介绍的是 Pipelines，也就是代码流水线，如图 11-10 所示。

图 11-10

首先，我们需要定义一个流水线。为了便于演示，这里定义一些针对 Docker 的简单步骤（见图 11-11）。大家可以按需添加步骤，比如单元测试步骤等。

图 11-11

如图 11-12 所示，步骤很简单，首先设置代码源，这里直接对接 Magicodes.Admin 框架的 Git 库地址（https://gitee.com/xl_wenqiang/Magicodes.Admin.Core）。

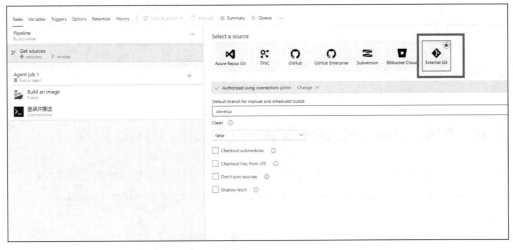

图 11-12

　　因为代码是托管再码云，所以我们选择如图 11-12 所示的最后一种方式，并且选择对应的分支。接下来，我们需要添加 job 和 task。先添加一个默认的 job 即可，无须设置什么条件和参数，再添加 task，实际上就是步骤。

　　步骤 01 构建镜像。我们需要添加一个 Docker task，如图 11-13 所示。然后设置 command 命令为 build，也就是构建，如图 11-14、图 11-15 所示。构建配置可以根据自己的需求（比如根据分支设置镜像版本等）来设置。

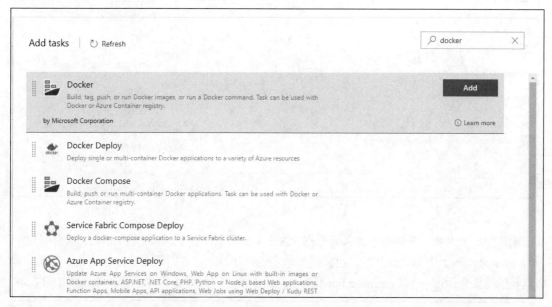

图 11-13

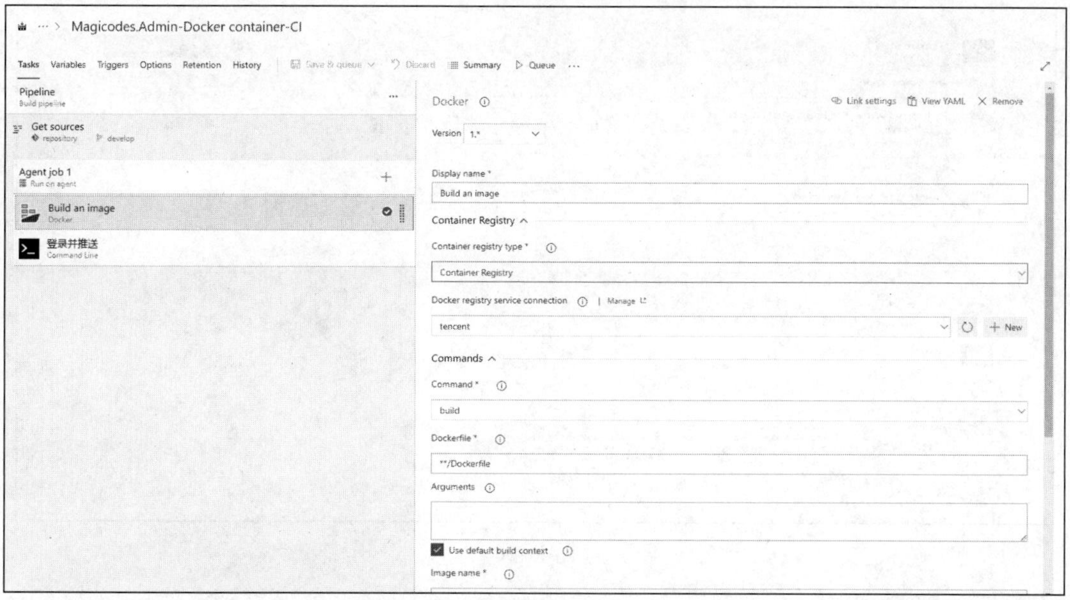

图 11-14

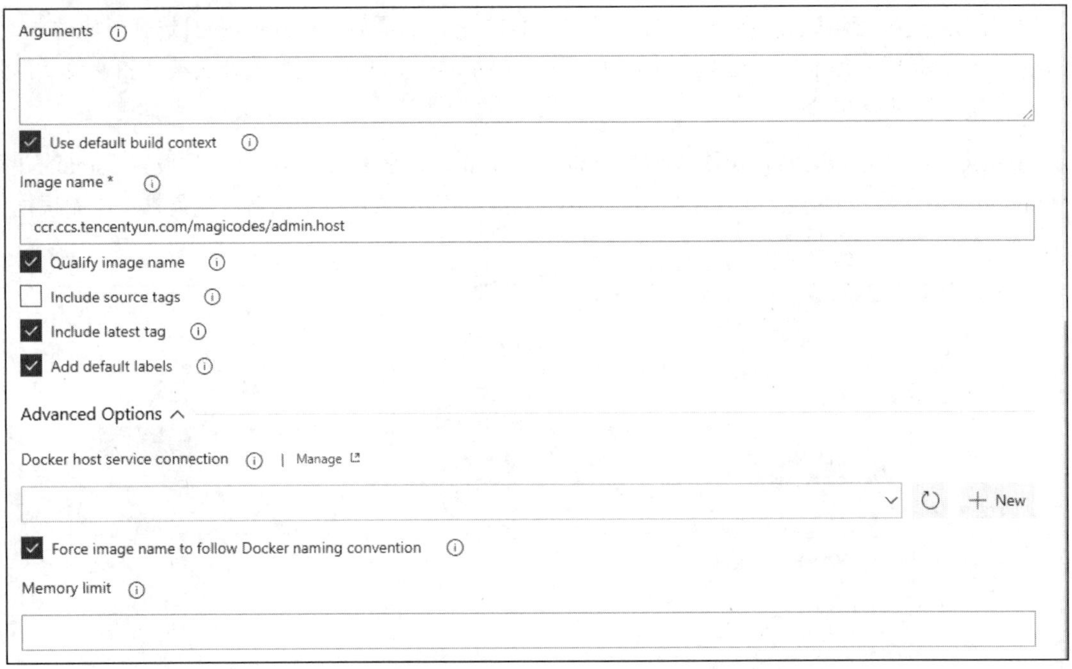

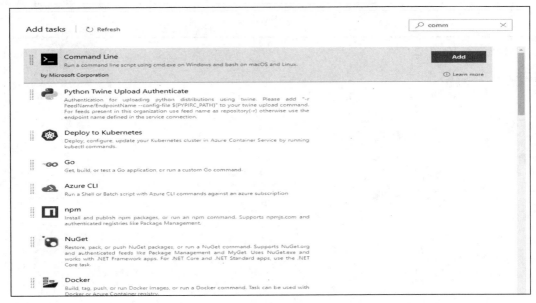

图 11-15

步骤 02 登录腾讯云镜像仓库并且推送。这一步就有点门槛了，原生的 Docker 命令并不好使，因为 task 之间的上下文是断开的，也就是登录了也无法推送。这时还是命令行靠谱，简单粗暴，所以我们需要先添加一个 Command line task（见图 11-16），然后编写命令脚本（见图 11-17）。

图 11-16

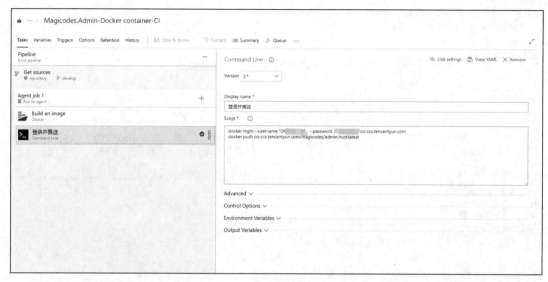

图 11-17

简单粗暴的两个步骤就搞定了，大家可以根据自己的持续集成流程来定制，毕竟微软在开发者服务方面时间较长，还是相当给力的。我们可以初步看看支持的 task（如图 11-18 所示），非常多，足够用了，而且用坏了也不用赔钱。

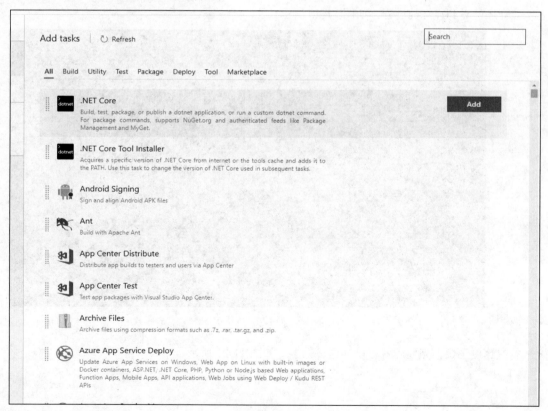

图 11-18

接下来，运行起来（见图 11-19）。

图 11-19

点开还能看到详细的过程，如图 11-20 所示。

图 11-20

构建速度飞快，完成后就可以推送镜像了，如图 11-21 所示。

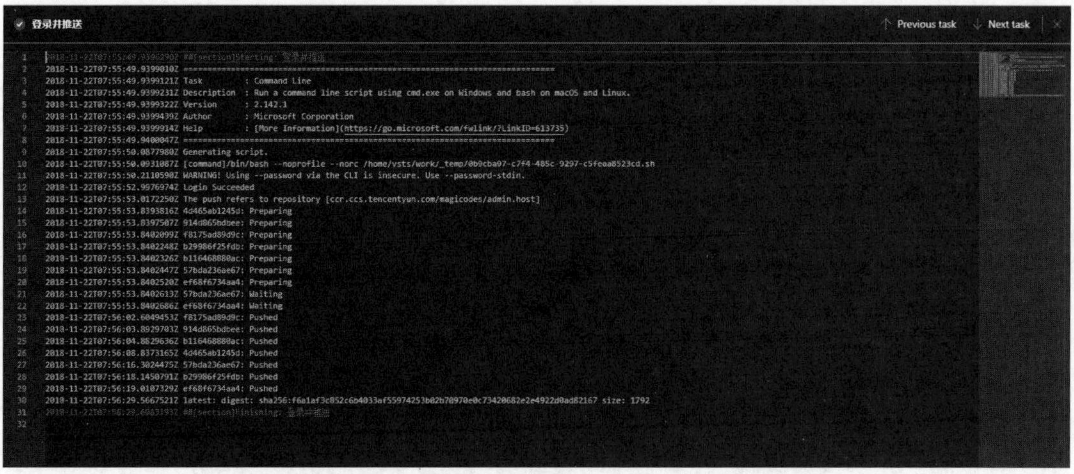

图 11-21

由于 Azure DevOps 的服务器都在美国,拉取国内代码非常慢,因此不是很推荐使用 Azure DevOps 来完成 CI,网络的延迟足够拖垮我们焦虑的神经。如果将代码托管在 GitHub,那么使用 Azure DevOps 是不错的选择。

11.4　使用 Tencent Hub 完成 CI/CD

11.4.1　关于 Tencent Hub

Tencent Hub(见图 11-22)是腾讯出品的 DevOps 服务,主要提供多存储格式的版本管理,支持 Docker Image、Binary、Helm Charts 等多种类型文件,同时提供 DevOps 工作流的编排引擎,并且支持编排 DevOps 工作流,以打造更强的持续集成与持续交付力,加快软件迭代发布速度。相比 Azure DevOps,Tencent Hub 主要面对国内开发者,因此在 CI 方面更合适。

图 11-22

11.4.2 使用 Tencent Hub 配置一个简单的 CI 流程

在开始之前，我们先开通 Tencent Hub 服务。这些前置条件就不再赘述了。下面使用 Tencent Hub 工作流来自动拉取代码并且构建、推送镜像到容器服务镜像仓库，并且通过镜像触发器来自动触发服务更新。

使用 Tencent Hub 的话，整个配置过程比较简单，主要配置流程如图 11-23 所示。

图 11-23

1．创建 Tencent Hub 项目仓库

在开始之前，我们需要在 Tencent Hub 上创建一个项目仓库，如图 11-24 所示。

图 11-24

创建完成后如图 11-25 所示。至此，项目仓库创建完成。

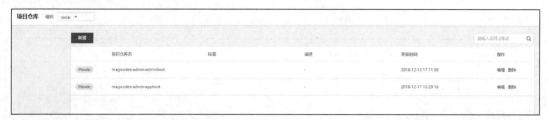

图 11-25

> **注　意**
>
> Tencent Hub 项目仓库实质上是一个镜像仓库，可以存放我们构建的 Docker 镜像。

2．代码库授权

仓库创建完毕，接下来我们需要进行代码库授权，以便工作流能够获取代码以及自动触发构建。首先，进入设置界面，如图 11-26 所示。代码库授权支持 GitHub、GitLab、码云和工蜂，这里选择"码云"。

图 11-26

3．创建容器服务镜像仓库

虽然我们已经创建 Tencent Hub 的镜像仓库，但是为了方便，建议大家创建腾讯云容器服务的镜像仓库，以便使用默认的触发器来触发服务更新。相比使用工作流来实现更加稳定、更易于维护。腾讯云容器服务镜像仓库界面如图 11-27 所示。

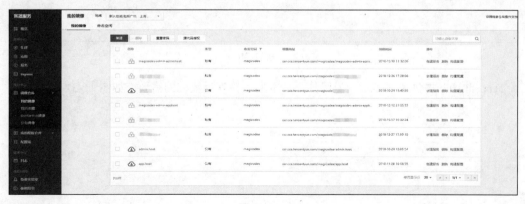

图 11-27

创建之后，我们就可以获得完整的镜像仓库地址了，如图 11-28 所示。

图 11-28

4. 创建 Tencent Hub 工作流

刚才已经创建了 Tencent Hub 项目仓库，现在需要单击项目名称进入详细界面，如图 11-29 所示。然后单击"工作流"标签来打开工作流界面，如图 11-30 所示。接着单击"新建"按钮，我们就可以创建自己的工作流了。

图 11-29

图 11-30

Tencent Hub 提供了很多工作流组件，基本上能够满足我们的需要，如图 11-31 所示。

图 11-31

5．创建一个简单的工作流

接下来，我们一起创建一个简单的工作流，主要包括如图 11-32 所示的步骤。

图 11-32

在 Tencent Hub 上，工作流设计界面如图 11-33 所示。

图 11-33

6. 代码推送时触发工作流

创建工作流时，我们需要进行如图 11-34 所示的设置。这里，勾选 develop 和 master 分支推送时触发工作流。

图 11-34

7. 拉取代码构建镜像

我们需要借助工作流组件 hub.tencentyun.com/tencenthub/thub_docker_builder 来完成构建，如图 11-35 所示。可以通过 YAML 文件来查看具体的配置参考，如图 11-36 所示。

图 11-35

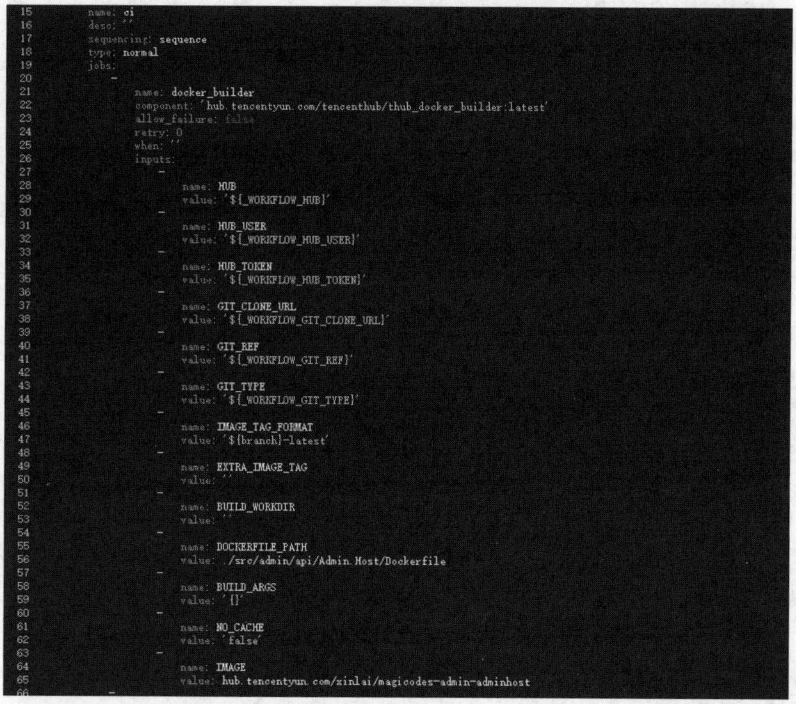

图 11-36

组件参数说明如图 11-37 所示。

图 11-37

Tencent Hub 的工作流组件均已开源，我们也可以直接查看源代码（有时如果开发文档没有及时更新，按照文档进行配置可能会入"坑"），如图 11-38 所示。

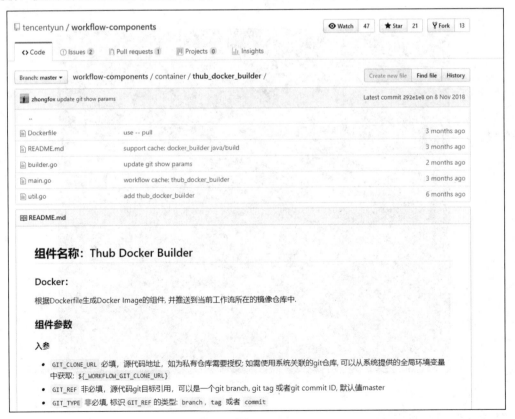

图 11-38

> **注　意**
>
> 这里追加了标签，使用到分支名称。也就是说，develop 分支的代码构建的镜像会打上 develop-latest 的标签，master 类似，以便于服务部署时能够区别开来。

8. 复制镜像到容器服务镜像仓库

镜像构建成功之后，我们需要将镜像复制到容器服务镜像仓库。特别说明一下，之所以添加此步骤，是因为通过容器服务的镜像仓库的触发器触发服务更新更稳定、更易于维护。事实上，也可以通过工作流来完成服务的更新，但是相关参数的配置颇为麻烦，而且很容易配错。

这里用到的组件为 hub.tencentyun.com/tencenthub/copy_image，具体说明如图 11-39 所示。

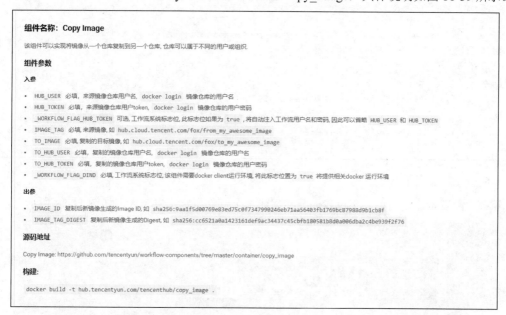

图 11-39

配置参考如图 11-40 所示。

图 11-40

9. 完成后推送钉钉消息

镜像复制完成，我们希望能够在相关的开发组、运维组接收到消息。Tencent Hub 这边也有成熟的轮子（hub.tencentyun.com/tencenthub/notice_dingding），具体如图 11-41 所示。

图 11-41

相关的配置也比较简单，不过我们需要创建一个钉钉自定义机器人，如图 11-42 所示。

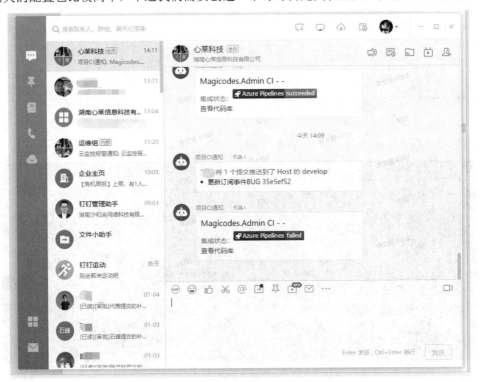

图 11-42

接下来，我们就可以使用此工作流组件进行配置了，如图 11-43、图 11-44 所示。

图 11-43

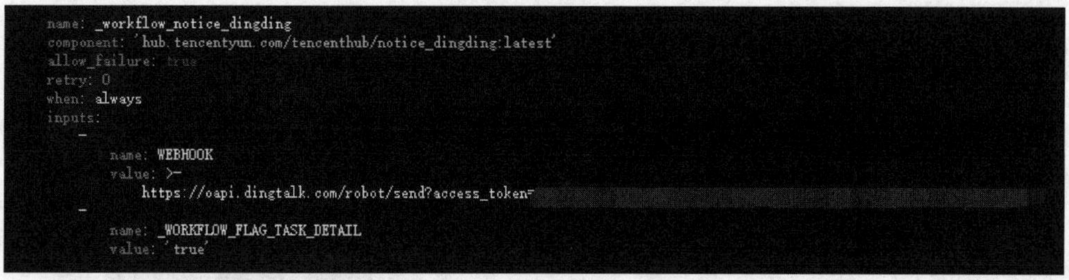

图 11-44

整个工作流配置完成。当然，我们也可以在工作流的结束节点添加 webhook 通知，只是无法设置消息模板，如图 11-45 所示。

图 11-45

至此，整个工作流介绍完毕。大家可以根据需要来设计符合自己要求的工作流。当代码提交时就会自动触发构建，我们在工作流界面可以看到当前状态以及执行历史，如图 11-46 所示。同时，还可以查看日志历史，如图 11-47 所示。

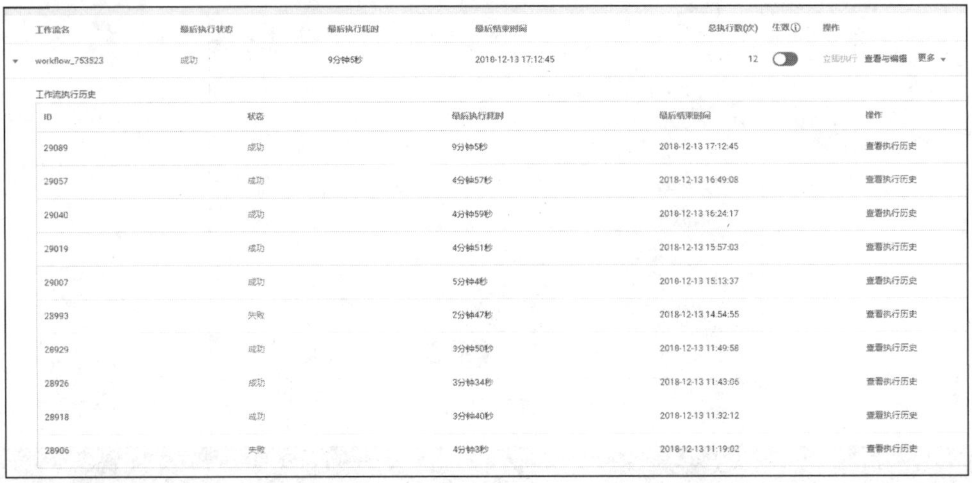

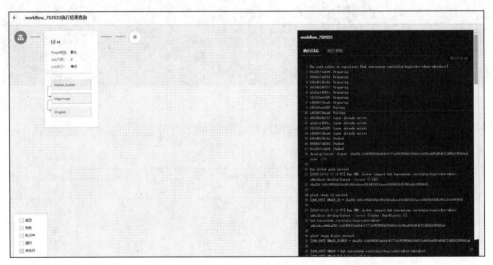

图 11-46

图 11-47

有关 Tencent Hub 工作流，我们就先介绍到这里。

10. 其他配置

切到腾讯云的容器服务管理面板。

首先创建集群并添加节点，如图 11-48 所示。

图 11-48

然后创建服务（既可以基于镜像构建服务，也可以直接创建服务），如图 11-49 所示。

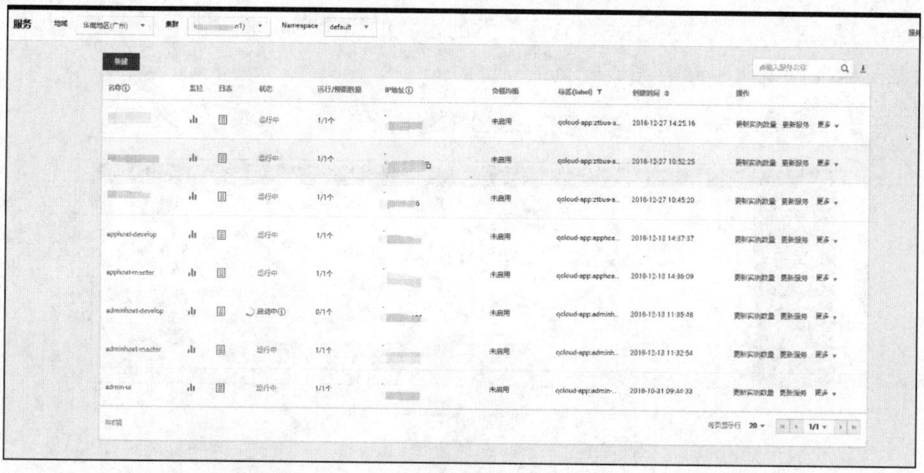

图 11-49

接下来，我们需要设置镜像触发器，如图 11-50 所示。

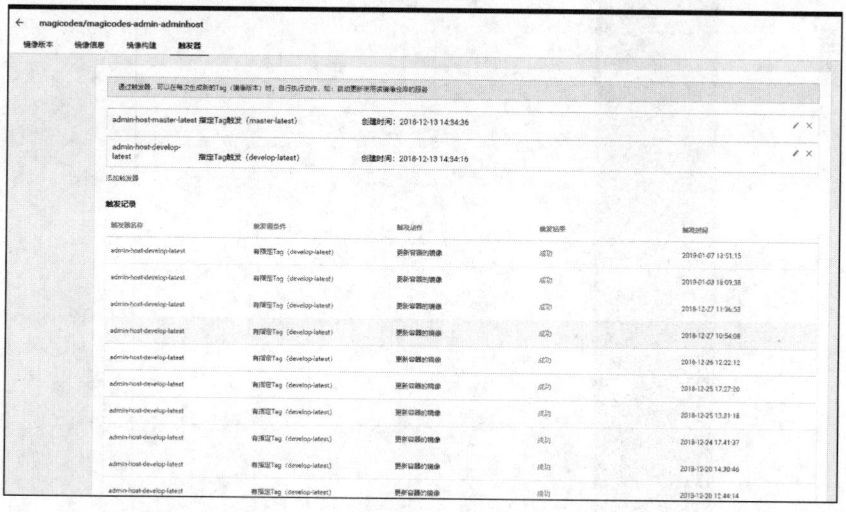

图 11-50

> **注 意**
>
> 我们可以通过不同的标签触发不同的服务更新，比如 develop 代表开发环境、master 代表正式环境。

此节内容我们在前面的教程已经讲述，这里就不赘述了。在整个构建过程中，可以添加一些 webhook 来进行消息集成，以便于开发团队知晓相关情况以及测试人员进行测试。

11.4.3 直接使用容器服务的镜像构建功能

如上一节所述，整个流程还是颇为复杂的，虽然自定义和灵活性很高，那么有没有更简单的流程呢？答案肯定是有的。

腾讯云"容器服务"模块的"镜像仓库"下的"我的镜像"页面提供了简单的镜像构建配置，搭配镜像触发器，仅需两步即可完成配置：

- 选择目标镜像右侧的"构建设置"，如图 11-51 所示。

图 11-51

- 配置代码源和相关参数，如图 11-52 所示。

图 11-52

代码源仅支持 GitHub 和 GitLab，我们可以搭建自己的 GitLab 私有仓库来对接这个构建服务。配置好了之后，和之前一样，仅需配置镜像触发器即可。

11.5 使用内部管理工具完成 CI/CD 流程

线上服务免费额度往往有限制，或者不够定制化，那么我们能否自行搭建 CI/CD 工具以供团队内部使用呢？这里推荐 TeamCity 和 Jenkins。本节主要讲解基于容器服务搭建 TeamCity 服务，并且完成内部项目的 CI/CD 流程配置。

11.5.1 一个简单的 CI/CD 流程

下面分享一个简单的 CI/CD 流程（见图 11-53，仅供参考）。

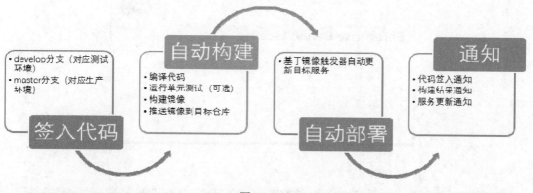

图 11-53

> **注 意**
>
> 本流程需要使用 Git 进行代码版本管理，推荐使用 TFS、GitLab 搭建自己的代码版本库。自动部署推荐使用腾讯云镜像触发器实现，此步骤也可以使用脚本实现，如果是普通的 .NET 代码，推荐编写 webdeploy 命令脚本来完成自动部署。并且，推荐使用钉钉机器人部署通知。**值得注意的是，通常情况下，基于 "master" 分支来手动创建标签用于生产环境的部署，在本节中我们先简化此步骤。**

11.5.2 关于 TeamCity

TeamCity 是一款成熟的 CI 服务器，来自 JetBrains 公司。JetBrains 已经在软件开发界中建立了权威，其工具（如 WebStorm 和 ReSharper）正被全球的开发者所使用。

TeamCity 在免费版本中提供了所有功能，但仅限于 20 个配置和 3 个构建代理，额外的构建代理和构建配置需要购买。

TeamCity 安装后即可使用。TeamCity 可以在多种不同的平台上工作，并支持各种各样的工具和框架，能够支持 JetBrains 和第三方公司开发的公开插件。虽然是基于 Java 的解决方案，但是 TeamCity 在众多的持续集成工具中提供了最好的.NET 支持。TeamCity 也有多种企业软件包，可以按所需代理的数量进行扩展。

TeamCity 分为专业版和企业版（见图 11-54）。其中，专业版免费，支持 100 个构建配置，允许完全访问产品的所有功能，足够小团队、小公司来完成自己的 CI 流程构建。

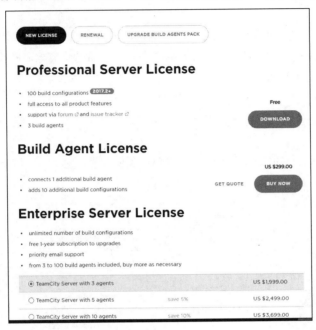

图 11-54

TeamCity（下载地址为 https://www.jetbrains.com/teamcity/download/#section=section-get）可以通过执行文件安装，也可以在 Docker 容器中运行。这里主要通过腾讯云容器服务（TKE）来搭建和托管 TeamCity 环境，如图 11-55 所示。

图 11-55

11.5.3　运行 TeamCity Server

TeamCity Server 的官方镜像地址为 https://hub.docker.com/r/jetbrains/teamcity-server。
如果需要在本地测试，也可以使用以下命令在本地运行：

```
docker run -it --name teamcity-server-instance \
    -v <path to data directory>:/data/teamcity_server/datadir \
    -v <path to logs directory>:/opt/teamcity/logs  \
    -p <port on host>:8111 \
jetbrains/teamcity-server
```

此命令需要映射对应的数据目录、日志目录以及端口，镜像名称为 jetbrains/teamcity-server。
如果是需要部署到 k8s 集群之中呢？ YAML 参考如下：

```
apiVersion: apps/v1beta1
kind: Deployment
metadata:
  labels:
    app: teamcity
  name: teamcity
spec:
  replicas: 1 #实例数量
  revisionHistoryLimit: 2 #保留的历史记录数，设为 0 将清理部署的所有历史记录，无法回滚
  strategy:
    type: Recreate    #更新策略为快速更新，即关闭所有实例重新创建
  template: #Pod 模板
    metadata:
      labels:
        app: teamcity
    spec:
      containers:
      - image: jetbrains/teamcity-server   #镜像
        imagePullPolicy: Always   #拉取策略
        name: teamcity
        ports:   #端口列表
          - containerPort: 8111   #端口
        resources:
          limits:
            cpu: 1000m #最大 CPU，这里为 1 核
            memory: 4184Mi  #最大内存
          requests:
            cpu: 97m   #预分配 CPU，这里为 0.097 核
            memory: 2092Mi #预分配内存
        volumeMounts:
        - mountPath: /data/teamcity_server/datadir
          name: data-vol
        - mountPath: /opt/teamcity/logs
          name: log-vol
      nodeName: k8s-node1 #强制约束将 Pod 调度到指定的 Node 节点上
      restartPolicy: Always #重启策略
      terminationGracePeriodSeconds: 30 #删除需要时间
      volumes:
      - name: data-vol
        hostPath:    #使用主机目录
```

```
                path: /var/teamcity
        - name: log-vol
          emptyDir: {} #临时目录
      hostNetwork: true
---
kind: Service
apiVersion: v1
metadata:
  name: teamcity-service
spec:
  type: NodePort #通过节点端口提供对外访问
  ports:
    - port: 8111
      nodePort: 30001
  selector:
    app: teamcity
```

如上所示，通过该 YAML 定义了一个 Deployment 和一个 Service，通过节点端口 30001 即可访问该 TeamCity 服务。由于 TeamCity 会用于团队内部项目的构建，因此需要做好数据的持久化。在上面的 YAML 定义中，我们使用了主机目录，如果托管在云端容器服务之中，那么可以使用云端数据卷，比如云硬盘或 NFS 盘等。为了访问方便，也可以参考第 10 章使用负载均衡 IP 或者 Ingress 来绑定域名进行访问。

11.5.4　运行 TeamCity Agent

TeamCity Server 仅提供管理等核心功能，无法负载代码流水线的构建工作，因此我们需要添加 TeamCity Agent 来承担构建的工作负载。

TeamCity Build Agent 官方镜像的地址为 https://hub.docker.com/r/jetbrains/teamcity-agent/。我们可以通过以下命令在本地运行起来：

```
docker run -it -e SERVER_URL="<url to TeamCity server>" \
    -v <path to agent config folder>:/data/teamcity_agent/conf \
    -v docker_volumes:/var/lib/docker \
    --privileged -e DOCKER_IN_DOCKER=start \
    jetbrains/teamcity-agent
```

值得注意的是，如果我们使用 TeamCity 的代理来构建 Docker 容器，那么势必需要使用主机的 Docker 守护进程，因此需要使用特权级容器来解决这个问题，如上述命令所示的 privileged 参数，容器内的 root 才拥有真正的 root 权限，并且 Docker 将允许访问主机上的所有设备，甚至允许在容器中启动 Docker 容器。

如果我们将其托管在 k8s 集群，则 YAML 定义如下：

```
apiVersion: extensions/v1beta1
kind: Deployment
metadata:
  labels:
    app: tc-agent
  name: tc-agent
spec:
  replicas: 3
  revisionHistoryLimit: 2 #保留的历史记录数，设为 0 将清理部署的所有历史记录，无法回滚
```

```
      strategy:
        rollingUpdate: #滚动更新配置
          maxSurge: 1
          maxUnavailable: 0
        type: RollingUpdate #使用滚动更新策略
      template:
        metadata:
          labels:
            app: tc-agent
        spec:
          containers:
          - env:
            - name: AGENT_NAME #代理名称
              value: Agent1
            - name: SERVER_URL #服务端访问地址
              value: http://172.16.2.202:30001
            - name: DOCKER_IN_DOCKER
              value: start
            image: jetbrains/teamcity-agent
            imagePullPolicy: Always
            name: tc-agent
            resources: #资源限制
              limits:
                cpu: 4
                memory: 10024Mi
              requests: #代理构建时消耗比较大，尽量分配多点资源
                cpu: 1
                memory: 4096Mi
            securityContext:
              privileged: true #特级权限
            volumeMounts:
            - mountPath: /data/teamcity_agent/conf
              name: vol
            - mountPath: /var/lib/docker
              name: vol
          dnsPolicy: ClusterFirst
          restartPolicy: Always
          terminationGracePeriodSeconds: 30
          volumes:
          - name: vol
            emptyDir: {} #临时目录
          hostNetwork: true
---
apiVersion: v1
kind: Service
metadata:
  labels:
    app: tc-agent
  name: tc-agent
spec:
  ports:
  - name: tcp-9090-9090
    nodePort: 0
    port: 9090
    protocol: TCP
    targetPort: 9090
  selector:
    app: tc-agent
```

```
sessionAffinity: None
type: ClusterIP
```

在上述 YAML 定义中，定义了一个 Deployment 和一个 Service，由于无须外部访问，因此仅需集群服务即可。另外，上面定义了 3 个副本集，并且使用了滚动更新策略，以提供更高效的不间断构建服务。其中，Agent 还需要定义环境变量，相关说明如表 11-1 所示。

表 11-1　Agent 定义的环境变量及相关说明

环境变量	说明
AGENT_NAME	代理实例名称（授权时会显示）
SERVER_URL	服务端URL访问地址
DOCKER_IN_DOCKER	Docker内部启动Docker

由于在接下来的步骤中需要使用 Agent 来构建代码，因此我们需要知道其包含的内容：

- ubuntu：bionic（Linux）。
- microsoft / windowsservercore 或 microsoft / nanoserver（Windows）。
- AdoptOpenJDK 8，JDK 64 位。
- git。
- mercurial（除了 nanoserver 镜像）。
- .NET Core SDK（可以构建.NET Core）。
- MSBuild 工具（基于 windowsservercore 的镜像）。
- docker-engine（Linux）。

11.5.5　连接和配置 Agent

Server 和 Agent 配置完成后，我们可以访问 Server 站点，完成初始化工作。然后，我们需要配置好 Agent。

打开 Agents 界面，可以看到刚创建的 Agent，如图 11-56 所示。

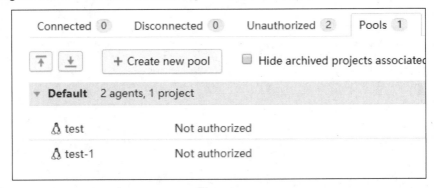

图 11-56

这时，我们需要进行授权，也就是打开"Unauthorized"面板，单击"Authorize"按钮，如图 11-57 所示。授权成功后，就可以看见已连接的代理了，如图 11-58 所示。

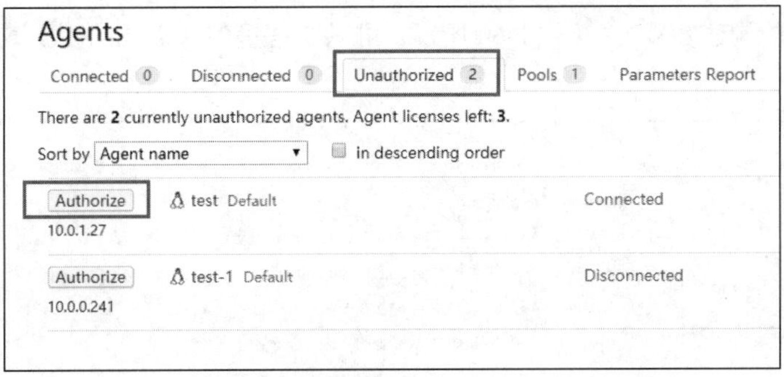

图 11-57

图 11-58

接下来，可以开始创建项目并进行配置了。

11.5.6　创建项目以及配置 CI

项目创建界面如图 11-59 所示。

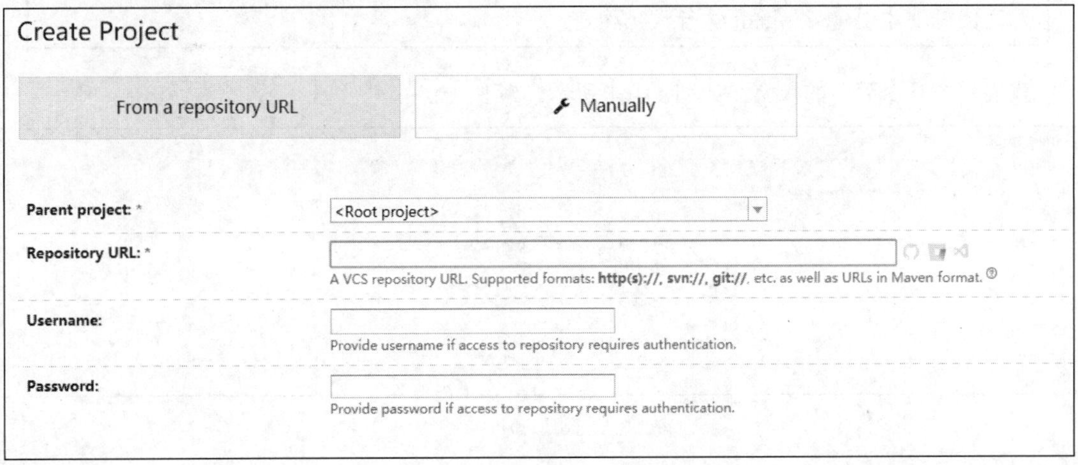

图 11-59

我们可以在这里添加代码仓库地址，如果是私有库，还需要配置账号密码。TeamCity 会扫描源代码，提供推荐的构建步骤，如图 11-60 所示。可以在这里勾选需要的步骤或者创建符合自己需要的步骤。

Auto-detected Build Steps

Build steps and their settings are detected automatically by scanning VCS repository. You can configure build steps manually if auto-detect did not find relevant build steps.

	Build Step	Parameters Description
☐	PowerShell	PowerShell <Any Bitness> File: build/build-with-localhost.ps1
☐	PowerShell	PowerShell <Any Bitness> File: build/build-with-tencentyun.ps1
☐	PowerShell	PowerShell <Any Bitness> File: build/remove-with-localhost.ps1
☐	PowerShell	PowerShell <Any Bitness> File: tools/dotnet-install.ps1
☐	PowerShell	PowerShell <Any Bitness> File: tools/install .net core 2.0.ps1
☐	PowerShell	PowerShell <Any Bitness> File: tools/PublishNewVersion.ps1
☐	PowerShell	PowerShell <Any Bitness> File: upgrade/functions.ps1
☐	PowerShell	PowerShell <Any Bitness> File: upgrade/upgrade.ps1
☐	Docker Compose	Start/stop docker-compose from 'docker-compose.override.yml'
☐	Docker Compose	Start/stop docker-compose from 'docker-compose.yml'
☐	Docker	Docker build; Dockerfile location: docker/appHost/Dockerfile
☐	Docker	Docker build; Dockerfile location: docker/host/Dockerfile
☐	NuGet Installer	Solution: Admin.Host.sln
☐	NuGet Installer	Solution: Admin.UI.sln
☐	NuGet Installer	Solution: App.Host.sln
☐	NuGet Installer	Solution: Cms.Host.sln
☐	Visual Studio (sln)	Build file path: Admin.Host.sln Targets: Rebuild Configuration: <default> Platform: <default>
☐	Visual Studio (sln)	Build file path: Admin.UI.sln Targets: Rebuild Configuration: <default> Platform: <default>

图 11-60

注 意

使用 Docker 托管的 Agent 服务镜像并不支持 PowellShell。如果选择了不支持的步骤，将无法使用刚才创建的 Agent 执行代码构建。

我们添加几个简单的步骤，如图 11-61 所示。

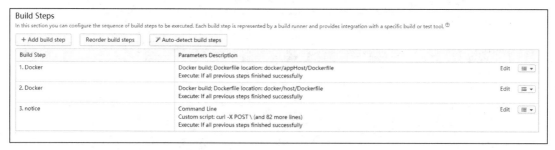

图 11-61

步骤 1、2 使用 Docker 构建 Docker 镜像，相关参考界面如图 11-62 所示。

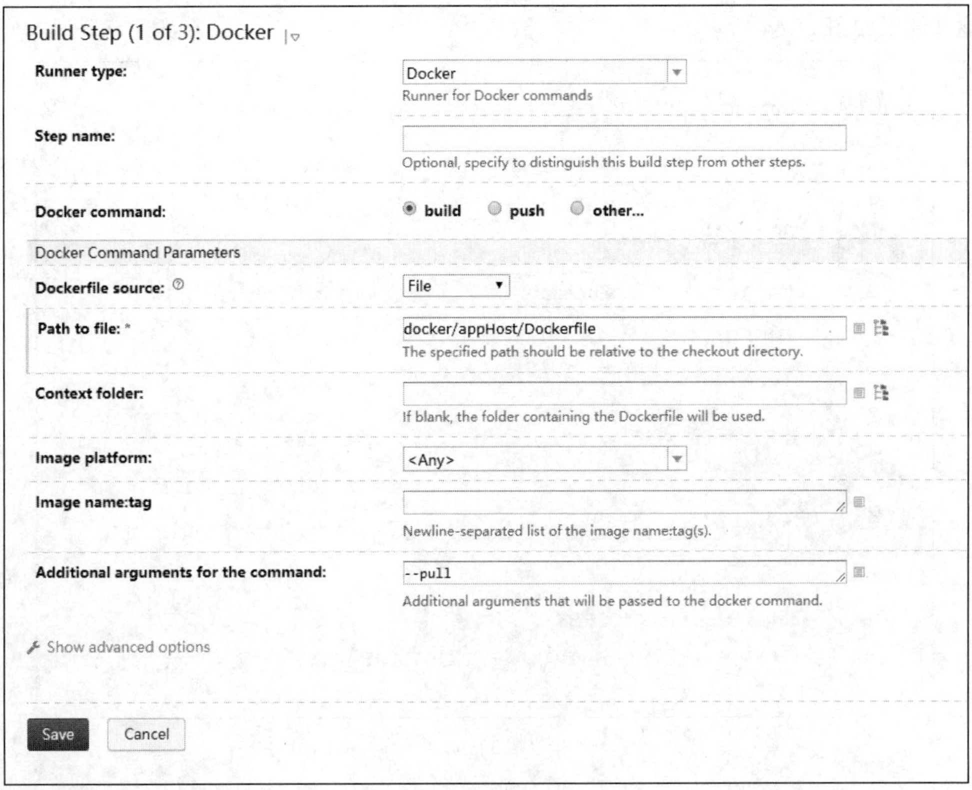

Build Step (1 of 3): Docker |▽

Runner type:	Docker ▼
	Runner for Docker commands
Step name:	
	Optional, specify to distinguish this build step from other steps.
Docker command:	● build ○ push ○ other...

Docker Command Parameters

Dockerfile source: ⑦	File ▼
Path to file: *	docker/appHost/Dockerfile
	The specified path should be relative to the checkout directory.
Context folder:	
	If blank, the folder containing the Dockerfile will be used.
Image platform:	\<Any\> ▼
Image name:tag	
	Newline-separated list of the image name:tag(s).
Additional arguments for the command:	--pull
	Additional arguments that will be passed to the docker command.

🔧 Show advanced options

[Save] [Cancel]

图 11-62

步骤 3 使用 CMD 命令发送钉钉消息，以通知团队，如图 11-63 所示。

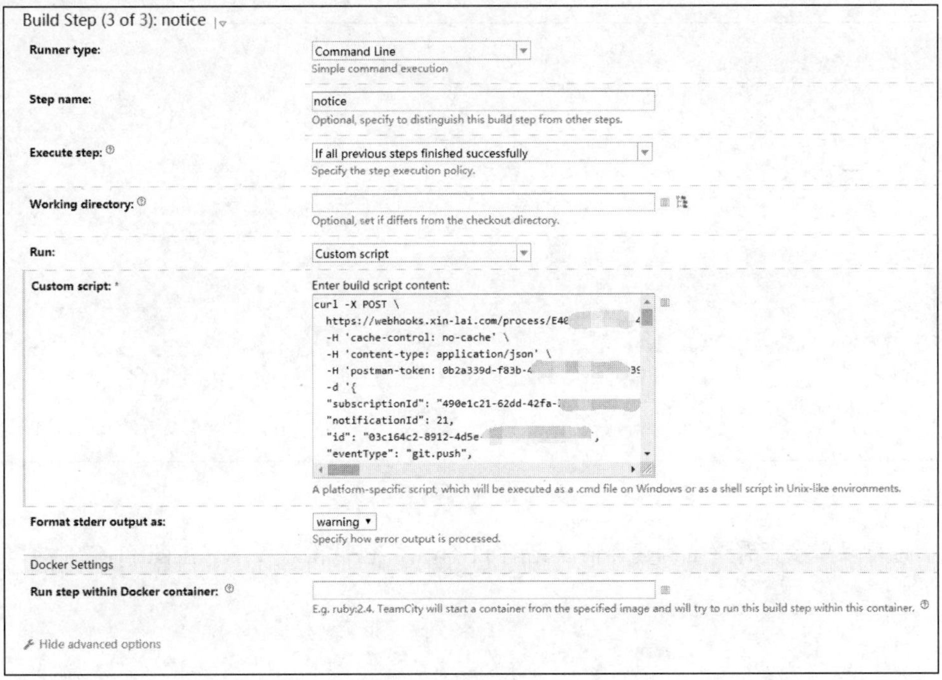

Build Step (3 of 3): notice |▽

Runner type:	Command Line ▼
	Simple command execution
Step name:	notice
	Optional, specify to distinguish this build step from other steps.
Execute step: ①	If all previous steps finished successfully ▼
	Specify the step execution policy.
Working directory: ①	
	Optional, set if differs from the checkout directory.
Run:	Custom script ▼
Custom script: *	Enter build script content:

```
curl -X POST \
  https://webhooks.xin-lai.com/process/E40...
  -H 'cache-control: no-cache' \
  -H 'content-type: application/json' \
  -H 'postman-token: 0b2a339d-f83b-4...39
  -d '{
  "subscriptionId": "490e1c21-62dd-42fa-...
  "notificationId": 21,
  "id": "03c164c2-8912-4d5e-...,
  "eventType": "git.push",
```

A platform-specific script, which will be executed as a .cmd file on Windows or as a shell script in Unix-like environments.

Format stderr output as:	warning ▼
	Specify how error output is processed.

Docker Settings

Run step within Docker container: ⑦	
	E.g. ruby:2.4. TeamCity will start a container from the specified image and will try to run this build step within this container. ⑦

🔧 Hide advanced options

图 11-63

通知结果如图 11-64 所示。

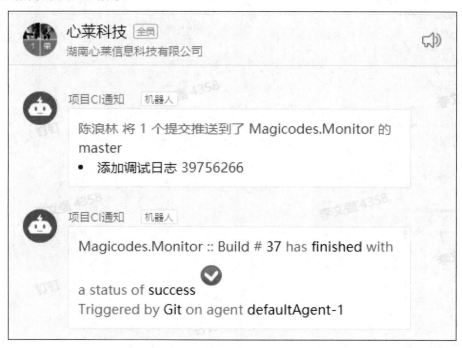

图 11-64

接下来，我们可以配置触发器、失败条件判断以及参数等其他配置。整个构建步骤配置起来非常简单，大家也可以结合之前的 CI 教程来完善配置，比如添加对镜像推送的步骤等。

完成之后，我们可以尝试着运行构建，并查看构建历史，如图 11-65 所示。

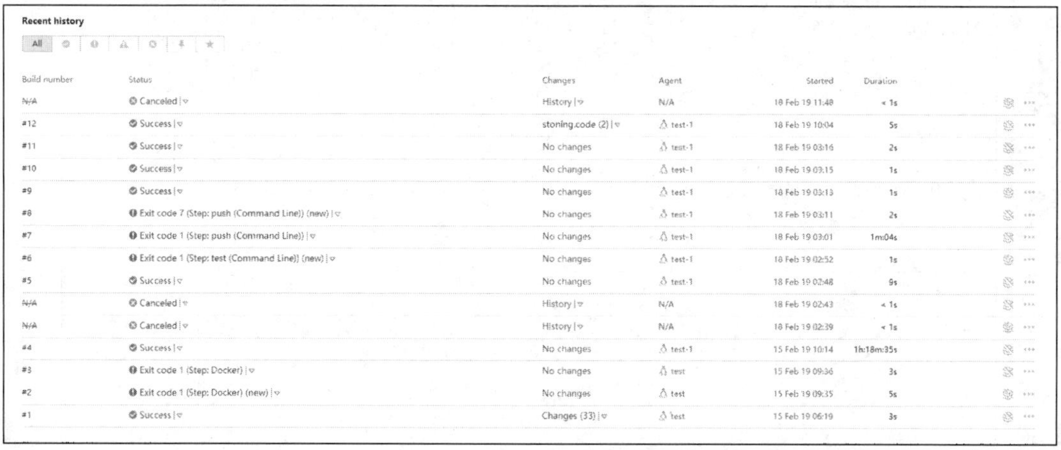

Recent history

Build number	Status	Changes	Agent	Started	Duration
N/A	Canceled	History	N/A	18 Feb 19 11:48	< 1s
#12	Success	stoning.code (2)	test-1	18 Feb 19 10:04	5s
#11	Success	No changes	test-1	18 Feb 19 03:16	2s
#10	Success	No changes	test-1	18 Feb 19 03:15	1s
#9	Success	No changes	test-1	18 Feb 19 03:13	1s
#8	Exit code 7 (Step: push (Command Line)) (new)	No changes	test-1	18 Feb 19 03:11	2s
#7	Exit code 1 (Step: push (Command Line))	No changes	test-1	18 Feb 19 03:01	1m:04s
#6	Exit code 1 (Step: test (Command Line)) (new)	No changes	test-1	18 Feb 19 02:52	1s
#5	Success	No changes	test-1	18 Feb 19 02:48	9s
N/A	Canceled	History	N/A	18 Feb 19 02:43	< 1s
N/A	Canceled	History	N/A	18 Feb 19 02:39	< 1s
#4	Success	No changes	test-1	15 Feb 19 10:14	1h:18m:35s
#3	Exit code 1 (Step: Docker)	No changes	test	15 Feb 19 09:36	3s
#2	Exit code 1 (Step: Docker) (new)	No changes	test	15 Feb 19 09:35	5s
#1	Success	Changes (33)	test	15 Feb 19 06:19	3s

图 11-65

我们也可以直接查看整个构建详情（见图 11-66），包括构建日志（见图 11-67）。

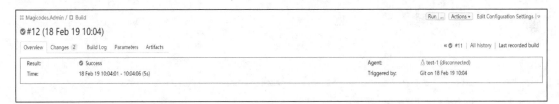

Magicodes.Admin / Build
#12 (18 Feb 19 10:04)
Run
Actions
Edit Configuration Settings
Overview
Changes 2
Build Log
Parameters
Artifacts
#11 | All history | Last recorded build
Result:
Success
Time:
18 Feb 19 10:04:01 - 10:04:06 (5s)
Agent:
test-1 (disconnected)
Triggered by:
Git on 18 Feb 19 10:04

图 11-66

#12 (18 Feb 19 10:04)
Overview
Changes 2
Build Log
Parameters
Artifacts
#11 | All history | Last recorded build
Tree view | Tail
Download full build log (~14.86 KB) | .zip
View: All messages
Console view
Repeat block names

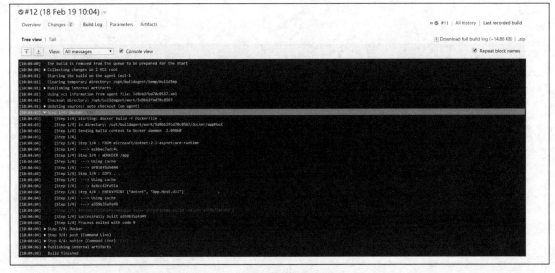

图 11-67

在这个过程中，可能需要用到一些构建参数、环境变量等。我们可以打开对应 Agent 的 Agent Parameters 面板来查看详情，如图 11-68、图 11-69 所示。

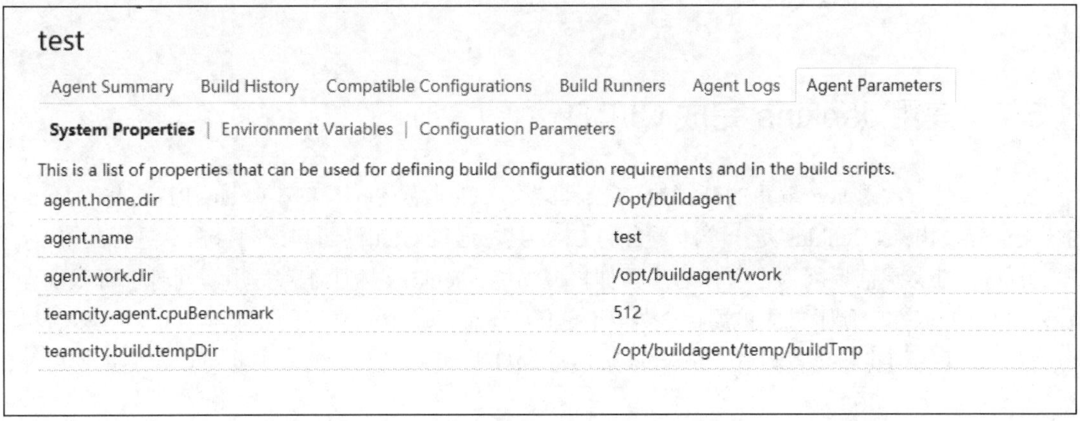

test
Agent Summary
Build History
Compatible Configurations
Build Runners
Agent Logs
Agent Parameters
System Properties | Environment Variables | Configuration Parameters
This is a list of properties that can be used for defining build configuration requirements and in the build scripts.
agent.home.dir
/opt/buildagent
agent.name
test
agent.work.dir
/opt/buildagent/work
teamcity.agent.cpuBenchmark
512
teamcity.build.tempDir
/opt/buildagent/temp/buildTmp

图 11-68

–	/opt/buildagent/bin/agent.sh
AGENT_NAME	test
ASPNETCORE_URLS	http://+:80
CONFIG_FILE	/data/teamcity_agent/conf/buildAgent.properties
DOCKER_IN_DOCKER	start
DOTNET_CLI_TELEMETRY_OPTOUT	true
DOTNET_RUNNING_IN_CONTAINER	true
DOTNET_SDK_VERSION	2.2.103
DOTNET_SKIP_FIRST_TIME_EXPERIENCE	true
DOTNET_USE_POLLING_FILE_WATCHER	true
GIT_SSH_VARIANT	ssh
HOME	/root
HOSTNAME	teamcity-agent-59969d9885-488tg
JAVA_HOME	/opt/java/openjdk
JAVA_TOOL_OPTIONS	-XX:+UnlockExperimentalVMOptions -XX:+UseCGroupMemoryLimitForHeap
JAVA_VERSION	jdk8u192-b12
JDK_18	/opt/java/openjdk
JDK_18_x64	/opt/java/openjdk
JDK_HOME	/opt/java/openjdk
JENKINS_PORT	tcp://10.3.255.214:80
JENKINS_PORT_50000_TCP	tcp://10.3.255.214:50000
JENKINS_PORT_50000_TCP_ADDR	10.3.255.214
JENKINS_PORT_50000_TCP_PORT	50000

图 11-69

11.5.7 使用 Jenkins 完成 CI/CD

Jenkins 是一款用 Java 编写的开源的 CI 工具。当 Oracle 收购 Sun Microsystems 时，它作为 Hudson 的分支被开发出来。Jenkins 是一个跨平台的 CI 工具，通过 GUI 界面和控制台命令进行配置。

Jenkins 非常灵活，因为它可以通过插件扩展功能。Jenkins 插件非常好用，同时也可以很容易地添加自己的插件。除了它的扩展性之外，Jenkins 还有另一个非常好的功能——可以在多台机器上进行分布式的构建和负载测试。Jenkins 是根据 MIT 许可协议发布的，因此可以自由地使用和分发。

Jenkins 的使用也比较简单，理念和 TeamCity 相近，我们就不多介绍了，只是别忘了安装 Docker 相关的插件，如图 11-70 所示。

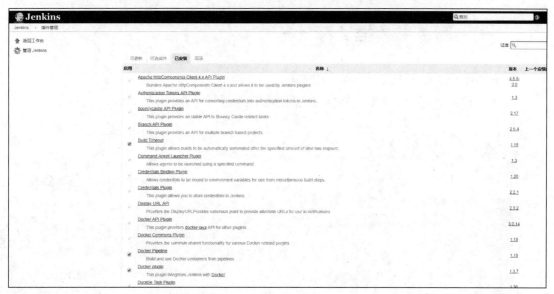

图 11-70

Python Web 开发领域应用入门指南

基于Django 2.2，从零开始学习项目开发的全过程

Nginx

部署

DRF

uWSGI

Django

实战

Web 开发

Django是一款高性能的Python Web开发框架。本书全面讲解Django开发的相关内容，共分为5篇：基础知识篇讲解Python基础知识、各种常用的数据结构、正则表达式、HTTP协议、字符串编码等；两个实践学习篇（从一个简单的资源管理做起、从博客做起）讲解两个具体的项目，从功能需求设计、模块划分，到最终的编码实现，手把手教你如何从零开始打造自己的项目；使用Django开发API篇通过完整的案例来逐步深入，让你享受使用Django Rest Framework进行API开发的乐趣；Django系统运维篇讲解如何线上部署一个系统、需要掌握什么基础知识以及使用的每个组件的作用，让你明白其中的原理并在发现问题之后知道如何排查。